生命科学前沿及应用生物技术

水处理多糖生物絮凝剂研究

栾兴社　编著

科学出版社

北　京

内 容 简 介

本书是作者根据多年对微生物多糖絮凝剂的研究成果和国际学术界众多相关研究报道撰写而成的。多糖生物絮凝剂用于水和废水处理具有的突出特点是无毒无害、安全高效、具生物可降解性和对环境无二次污染。本书内容涉及多糖生物絮凝剂的主要类别；微生物生产培养条件优化；多糖生物絮凝剂的合成及工程策略；多糖生物絮凝剂的制备与表征；多糖生物絮凝剂的反应机制；多糖生物絮凝剂的接枝改性；理化因素对絮凝活性的影响；生产的关键性技术；多糖生物絮凝剂的应用及节杆菌 LF-Tou2 多糖生物絮凝剂研究。

本书适合微生物学、发酵工程、生物工程、环境工程、化学工程等相关专业的高年级本科生、研究生及科研人员、教师，以及行业技术操作、管理人员参考。

图书在版编目 (CIP) 数据

水处理多糖生物絮凝剂研究/栾兴社编著. —北京：科学出版社, 2019.6
ISBN 978-7-03-061581-7
（生命科学前沿及应用生物技术）

Ⅰ. ①水… Ⅱ. ①栾… Ⅲ. ①水处理—多糖—絮凝剂—研究
Ⅳ. ①TQ085

中国版本图书馆 CIP 数据核字(2019)第 111128 号

责任编辑：李 悦 孙 青 / 责任校对：郑金红
责任印制：赵 博 / 封面设计：刘新新

科学出版社 出版
北京东黄城根北街 16 号
邮政编码：100717
http://www.sciencep.com
北京凌奇印刷有限责任公司印刷
科学出版社发行 各地新华书店经销
*
2019 年 6 月第 一 版 开本：720×1000 1/16
2019 年10 月第二次印刷 印张：13 1/4
字数：267 000
定价：98.00 元
(如有印装质量问题, 我社负责调换)

前　言

多糖生物絮凝剂取之于动物、植物和微生物，在生物絮凝剂成员中占有数量上的绝对优势。来源于微生物的多糖生物絮凝剂是利用现代微生物技术，通过优化微生物发酵，从细胞或其分泌物提取、纯化而获得的一种具有絮凝活性的生物聚合物。多糖生物絮凝剂具有的突出特点是无毒无害、安全高效、具生物可降解性和对环境无二次污染。一般来说，产物生产是以天然碳水化合物为原料，经特殊微生物代谢、系列酶催化合成，发酵过程可实现大规模、高速率、自动化。可以说多糖生物絮凝剂是一种取之不尽的自然资源，是能够进行可持续性发展的社会资源。从现代社会维护人体健康、保持生态平衡角度来讲，多糖生物絮凝剂是最具发展潜力的绿色产品。在人类与环境和睦相处，经济与自然协同发展的时代，多糖生物絮凝剂将在江河、湖泊、水库等地表水、工业污水、养殖废水、地下水等无毒处理与净化中发挥重要作用。

我国是世界贫水国家之一，淡水资源短缺，且污染形势严峻；化学合成絮凝剂在生产和使用中对人类和环境已暴露出突出缺陷；多糖生物絮凝剂可实现快速、低成本的水和废水处理，提高水质的无毒重复循环使用，实际上，多糖生物絮凝剂已形成强烈的社会需求。

本书是作者根据多年对微生物多糖絮凝剂的研究成果和国际学术界众多研究报道综合写成的。内容涉及多糖生物絮凝剂的主要类别；微生物生产培养条件优化；多糖生物絮凝剂的合成及工程策略；多糖生物絮凝剂的制备与表征；多糖生物絮凝剂的反应机制；多糖生物絮凝剂的接枝改性；理化因素对絮凝活性的影响；生产的关键性技术；多糖生物絮凝剂的应用及节杆菌 LF-Tou2 多糖生物絮凝剂研究，共十章。本书编写力求突出以下几点。

（1）系统性　在明确概念的情况下，渐次认识多糖生物絮凝剂的类别，了解菌种培养、产物合成、结构分析，接枝改性强化功能，应用于絮凝的机制和影响因素，最后通过实例认识多糖生物絮凝剂的研究应用全过程。

（2）可读性　采用叙述科学事实与学科理论相贯通的写作手法，在多糖生物絮凝剂研究的浪潮里，不时加入作者的研究水滴。

（3）指导性　分门别类突出研究的创新点，综合条理形成知识模块，然后上升为科学理论指导科学实践。

本书可供微生物学、发酵工程、生物工程、环境工程、化学工程等相关专业的高年级本科生、科研人员、教师、研究生，以及行业技术操作、管理人员参考。

本书在编写过程中参考了许多同仁大量的著作和科研论文，得到了合作伙伴和技术团队的关心及大力支持，特别是得到了科学出版社的领导和编辑的悉心指导，在此深表感谢。由于生命科学和生物技术的发展突飞猛进，日新月异，作者水平和时间有限，疏漏和不足之处在所难免，诚挚地希望广大读者给予批评指正。

编　者

2018年9月12日

目　　录

1　多糖生物絮凝剂的主要类别

多糖生物絮凝剂（polysaccharide bio-based flocculant，PBF）是一类具有絮凝活性的生物多糖，是生物大分子多聚物。微生物多糖是微生物利用简单底物或复杂底物经生长和代谢而产生的大量胞外生物聚合物[1]。它们在组成和结构上表现出相当大的多样性。在自然界中，微生物多糖在保存遗传信息、产生或降低能量、保护微生物免受入侵，在维持细胞活力和储存碳基大分子方面发挥着至关重要的作用[2]。最近人们积极利用可再生资源作为合成化学品的替代品，因此这就带动了对微生物多糖研究方面的深入探索和在应用领域中的有力尝试[3]。对微生物多糖产生兴趣的主要原因在于它们是在微生物细胞表面发现的无毒和生物可降解的聚合物，并在细胞的生物活性中起着生物多样性的作用[4]。微生物多糖是具有多种生物学功能的大分子碳水化合物聚合物，可作为脂多糖（lipopolysaccharide，LPS）附着在外细胞膜上，或以分离的表面层[荚膜多糖（capsular polysaccharide，CPS）]或松散连接于细胞壁（胞外多糖）的分泌物形式存在于细胞膜上[5~7]。在这三种独特的形式中，胞外多糖（exopolysaccharide，EPS）代表着一种多功能类，即它们具有更高的生物学功能。近年来，由于合成化学絮凝剂对人类健康和生态环境带来严峻挑战，所以在水处理絮凝过程中用微生物多糖絮凝剂替代化学絮凝剂的社会需求变得愈加强烈。

本章介绍了主要生物多糖的几种形式，即几种主要的多糖生物絮凝剂，如海藻酸钠、壳聚糖、纤维素、淀粉、普鲁兰、黄原胶和果胶的结构、性质、生产及应用。对海洋、植物和微生物多糖生物絮凝剂的来源也进行了描述。

1.1　多糖生物絮凝剂

1.1.1　多糖

来源于各种生物种类的多糖用于絮凝剂拥有最大的工业容量。多糖生物絮凝剂之所以用途广阔，是由于它们资源丰富和对于水处理的生态友好。多糖是单糖的天然聚合物，也称为生物聚合物。它们是独特的原材料，不但价格低廉，而且在世界上许多国家都拥有广泛的资源。生物多糖具有无毒、生物相容性、生物可降解性、多功能性、高化学反应性、手性、螯合性和吸附性等生物学和化学性质。多糖的优异絮凝和吸附行为是由于其某些特殊性质所致。这些性质包括：①由于葡萄糖单位的羟基而具有较高的亲水性；②存在大量的官能团[乙酰氨基、伯胺基和（或）羟基]；③这些基团的高化学反应性；④聚合物链的柔性结构。开发以生物多糖为基础的水处理新产品是克服合成化学聚合物缺点的一种有前途的途径，也是合理利用可再生生物资源的优选途径。在自然环境条件下，大多数生物聚合物的活性较低[5]。因此，这一领域的首要任务是建立生物多糖的绿色生产工艺及在此基础上改造或合成为功能性更高的产品。为了在生产中提高生产效率和在实际应用中提高其利用率，寻求相应的科学方法具有重要的意义。这将为人们更深入地理解生物聚合物水溶液中分子间相互作用的性质提供可能性。生物多糖工程技术的最佳选择可以是用聚合试剂进行化学改性或制备复合材料。文献综述表明，在水质修复领域利用生物多糖复合材料的研究取得了显著进展。

生物多糖在结构上具有特定的功能基团，通过添加活性基团或生物活性基团来制备复合材料，使其易于工程化。例如，j-卡拉胶的水凝胶聚合物链可通过羧甲基的化学修饰制备成羧甲基卡拉胶。

近年来，用生物多糖特别是微生物多糖作为生物絮凝剂的报道越来越多。微生物胞外多糖由于其产生效率高和制取方便，从而展现了广阔的工业前景。利用天然聚合物的吸附性质可有许多途径开发新产品。其中生物多糖，如甲壳素、淀粉及其衍生物，因其独特的结构、物理化学特性、化学稳定性，而对芳香化合物和金属的高反应活性及选择性增加，这是由于聚合物链中存在着化学反应基团（羟基、乙酰氨基或氨基）。此外，这些天然聚合物吸附有毒化合物的研究报道也越来越多，这表明近年来科研人员对用生物多糖合成新型吸附剂材料方面做出了积极贡献。

在化学絮凝剂出现之前，天然絮凝剂已在早期居民的水质净化中得到认可并使用。在亚洲和非洲的古老文明中就已使用植物提取物和衍生物作为净水的初级絮凝剂。这一点也在印度的桑斯克里特的著作中得到了证实，可以追溯到公元400年，以及《旧约全书》和罗马的记录。随着合成化学絮凝剂的推广应用，通过天然絮凝剂对水质进行澄清的传统方法几乎不再提起。目前，尽管合成化学絮凝剂仍然具有广泛的可接受性和常规地位，但使用化学絮凝剂对人类和生态环境的负面影响已经凸显出来，并且愈加严重。

使用合成化学絮凝剂的限制因素包括对人和生态环境有毒性、剂量大、使用有二次污染、水处理工艺中产生大量污泥以及处理后水的 pH 有相当大的变化。此外，据报道以有机聚合物或聚电解质为基础的合成化学絮凝剂对环境安全构成了严重威胁，因为一些衍生物和副产品难以生物降解。经过一个漫长时期降解形成的单体对人类健康和生物品质十分有害，如聚丙烯酰胺降解的中间产物丙烯酰胺单体就具有强烈的神经毒素作用和致畸、致突变和致癌性。

1.1.2　多糖生物絮凝剂

生物多糖的大分子属性和结构组成呈现的特殊理化性能使其具有絮凝和吸附功能，此处可以定义为多糖生物絮凝剂。在水处理过程中，多糖生物聚合物作为絮凝剂所表现出的强大絮凝能力，作为绿色生物材料的多重性功能不断地得到优良评价。

这些多糖生物絮凝剂与传统的合成化学絮凝剂相比，具有许多优点。例如，产品本身无毒，生产和使用安全；应用绿色絮凝剂处理污水要比使用金属盐产生的污泥量低得多；在絮凝过程中不消耗水的天然碱度；绿色生物絮凝剂具有可生物降解性、对人体健康安全、各种胶体悬浮液混凝/絮凝（CF）的有效剂量范围广；它们取材方便，生产可规模化，生产和使用对环境没有二次污染；与合成化学絮凝剂相比更具有成本效益。天然生物絮凝剂具备的优良性质，使其成为合成化学絮凝剂的可行替代品。所以，从已知的不同植物种类的种子提取物到海洋甲壳和节肢动物的废壳提取物、树皮树脂和微生物发酵生产都可获得多糖生物絮凝剂。

在各种絮凝剂中，多糖生物絮凝剂由于其生物可降解性和对浊度、化学需氧量（chemical oxygen demand，COD）、固体、色素和染料的高去除能力而显现出特别的吸引力。近年来，多糖生物絮凝剂在使用广泛、环境友好、生物可降解性和令人瞩目的分子结构特征方面有着巨大优势，使它们在水和废水处理、纺织、采矿、美容、药理学、食品、发酵等领域得到广泛应用。这些絮凝剂主要来源于壳聚糖、海藻酸钠、纤维素、淀粉和微生物基原料。它们通常无毒、可生物降解、热稳定和剪切稳定。此外，为提高其絮凝性能还可以对它们进行化学改性。多糖生物絮凝剂能够广泛工业应用在于它们是利用廉价生物质底物来降低生产成本，能够开发更有效的发酵和回收工艺，以及能够对提取的生物多糖进行性能改进和实施成本效益好的化学修饰。

1.2　微生物多糖的形式

微生物多糖分为三种独特的形式：脂多糖（LPS）、荚膜多糖（CPS）和胞外多糖（EPS）。

1.2.1　脂多糖

脂多糖是由疏水力结合在一起的大分子聚合物，而疏水力是由双层膜内部的非极性脂类生成的。磷脂双层膜还具有离子相互作用，即 LPS 与细胞壁结构结合的二价阳离子 Ca^{2+}和 Mg^{2+}的相互作用。螯合离子相互作用赋予细胞外膜横向稳定性。细菌附着和抗吞噬能力的配体是由 LPS 的 *O*-特异性多糖区提供的[1]。LPS 作为渗透屏障，黏附受体用于定植，是菌株的抗原决定因素，它们介导由生物膜形成过程中代谢成分所产生的细胞成分的释放。LPS 的结构能显著影响细胞表面结合水的能力。LPS 是革兰氏阴性菌的共同特征。

1.2.2 荚膜多糖

荚膜是某些细菌表面的特殊结构，是位于细胞壁外表面的一层松散的黏液物质，荚膜的成分因不同菌种而异，主要是由葡萄糖与葡萄糖醛酸组成的聚合物，也有的含多肽与脂质。

荚膜多糖是以共价键结合在一起的多糖结合层的聚合，存在于微生物细胞最外层，通常具有高度的免疫原性[4]。它们也是细菌的共同特征，可以比作真菌的包膜。CPS 的作用主要表现在以下两个方面：一是微生物多糖黏附于细胞表面，抵抗细胞入侵；二是由于其对水的高度亲和力，对脱水起着遏制作用。

1.2.3 胞外多糖

胞外多糖是一些特殊微生物在生长代谢过程中分泌到细胞壁外，易与菌体分离，分泌到环境中的水溶性多糖，属于微生物的次级代谢产物。对微生物的生长有重要意义。

近几十年来，微生物 EPS 之所以得到大力研究和开发，是因为它们在产品结构、性能及生产方面所具有的特别优势。新的微生物 EPS 的开发已成为工业微生物研究的热点之一。

EPS 是最具有生物多样性的多糖。它们是由细胞壁锚定的酶合成并分泌到环境中的。EPS 是由糖残基组成的高分子量水溶性生物聚合物，其性质可是中性的（非离子的）或酸性的（如羧基）。EPS 由疏水区和亲水区组成，由基体中的离子作用力连接在一起。微生物 EPS 按其单体组成可分为两类：同型多糖和杂多糖。同型多糖由一个单糖单元组成，杂多糖由 2～8 个单糖单元组成。EPS 的分类是非常复杂的，因此，进一步的表征因素，如连接键、单体单元的性质和单体单元的类型，都是区分 EPS 的依据。单体之间的连接键：1,4-β 键或 1,3-β 键和 1,2-α 键或 1,6-α 键，具有很强的刚性或柔韧性。赋予 EPS 功能广泛的主要属性是生物可降解性、生物相容性、对人和环境无毒、可食用性和流变性能[4,8,9]。在水中，EPS 因其独特的溶解性和流变性能，能够分散、增稠或操纵黏度效应，使其在水和石油工业中得到广泛应用[10,11]。

EPS 在废水处理中所表现出的其他生理特性还包括结构稳定、颗粒沉降加速、结晶控制、包埋和生物膜形成。同样令人极为感兴趣的是，在水和废水处理中广泛使用 EPS 作为水质净化生物絮凝剂[1,5]。由于使用聚丙烯酰胺及衍生物和铝盐等合成聚合物作为絮凝剂所造成的高度有害影响（致癌性、致阿尔茨海默病、神经毒性），工业上迫切需要生态系统友好的绿色产品。微生物 EPS 可提供生态纯和安全的替代品[12]。

EPS 在生物膜中起着至关重要的作用。它们占生物膜聚集体的 50%～90%，但它们的数量变化取决于化学和物理性质。它们参与了黏附过程的启动，包括表面定植、细胞聚集和固定化，从而增加生物膜的细胞密度、亲水区的保水、提供营养、防止外界干扰、吸附和吸收有机化合物和无机离子，以及储存作为生物膜形成能量的过剩碳[4,13]。

到目前为止，多糖生物絮凝剂除了来源于动物废物和植物外，还有种类众多的微生物来源。由于微生物易于培养，可工业化生产，所以科技界已形成了研究热点。由细菌和真菌产生的 EPS，比已应用于商业的海藻酸盐和植物多糖具有更稳定和独特的性质。商业上开发成熟的微生物多糖的例子有黄原胶（xanthan）、凝胶多糖（curdlan）、海藻酸盐（alginate）、纤维素（cellulose）、右旋糖酐（dextran）、结冷胶（gellan）、透明质酸（hyaluronan）、果聚糖（levan）、普鲁兰（pullulan）、硬葡聚糖（scleroglucan）、琥珀酰聚糖（succinoglycan）和葡聚糖（glucan）。虽然微生物 EPS 具有奇妙的功能，但其生产成本高是限制其大量使用的一个主要因素。它们的生产还受 pH、温度和碳源等物理因素的影响[11]。

1.3　多糖类生物絮凝剂的主要类型

1.3.1　海藻酸盐

海藻酸盐是一种天然的线性、阴离子多糖，是由（1→4）连接的 β-D-甘露糖（M-区块）和 α-L-古罗糖醛酸（G-区块）残基组成[14,15]。已鉴定出 200 多种海藻酸盐 M 和 G 单体的长度和排列。海藻酸钠是斯坦福大学于 1881 年首次从海藻中提取出来的，其商业生产始于 20 世纪初，主要产自海带属和大囊藻属（占>40%海藻干物质）。海藻酸盐是海藻（褐藻）的细胞内结构成分，发挥着如同植物中类似纤维素的作用，而对于产生海藻酸盐的细菌来说它们产生后分泌于细胞外。海藻酸钠的产量为每年 3 万 t 以上。海藻酸钠是可生物降解的、生物相容性的、无毒的、非免疫的生物聚合物聚电解质。由于其突出的特点、多功能性和生物相容性[14~16]，海藻酸钠已广泛应用于生物医学、医药等领域和生物技术领域。商业海藻酸钠的平均分子量为 32 000g/mol 和 400 000g/mol。高 M 区段含量的海藻酸钠的免疫原性是高 G 区段含量的海藻酸钠的 11 倍。然而，商业上可用的高度纯化的海藻酸钠没有明显的炎症反应报道[9]。在过去的几年里，天然海藻酸钠的絮凝作用和脱色能力得到了广泛的研究[17~22]。海藻酸钠的强大絮凝性能及吸附性能源于沿聚合物分子链分布的游离羟基和羧基。

1.3.2 脱乙酰壳聚糖

壳聚糖（chitosan）是最重要的天然基生物聚合物之一，是通过甲壳素非均相碱脱乙酰作用得到的。甲壳素是葡萄糖衍生物的长链聚合物，存在于如螃蟹、龙虾等外壳中。甲壳素是一种丰富的天然生物聚合物（达 1×10^{13}kg）[23]，是法国化学家 Henri Braconnote 于 1811 年首次发现的。1843 年，Lassaigne 报道了在甲壳素结构中存在氮。随后在 1878 年，Ledderhose 发现甲壳素是由氨基葡萄糖和乙酸组成的[24]。甲壳素由大量的导致其不溶于水的 A-单元组成，而其高 D-单元的含量使其在酸性水溶液中可溶解（pH<5.7）。壳聚糖是一种线性的阳离子多糖，β（1→4）-连接的 2-乙酰氨基-2-脱氧-D-吡喃葡萄糖（A-单元，中性糖单元 GlcNAc）和 2-氨基-2-脱氧-D-吡喃葡萄糖（D-单元，带正电荷的糖单元 GlcN）[25~28]。壳聚糖中 D-单元的量通常大于 60%。市售产品表明：40%～90%不同程度的脱乙酰度（DD）及各种分子量为 50 000～2000 000Da。壳聚糖中 A-单元的含量可从 0.7（70%乙酰化）到 0（0%乙酰化，所有单元带电）。

因此，壳聚糖可被认为是两性电解质（富含 A-单元）或聚电解质（富含 D-单元）。由甲壳素商业生产的壳聚糖和葡糖胺估计年产量分别是 2000t 和 4000t。脱乙酰壳聚糖通常衍生自节肢动物、甲壳类（虾和螃蟹）、丝状真菌和酵母[29,30]。甲壳类外壳是众所周知的来源。然而，壳聚糖的工业生产有以下几个缺陷：①在较高温度和较长反应时间条件下，需要大量的化学品；②具有负面的环境影响，季节性供应限制，成本高，工艺费力；③包括除去碳酸钙的脱矿质处理；④得到的是蛋白质污染的高分子量壳聚糖。从这几个方面来说限制了壳聚糖在生物医学领域的应用。

但是，壳聚糖仍然是商业合成高分子絮凝剂最有前途的天然替代品之一。主要是由于伯胺基的存在[31,32]，壳聚糖在多糖生物絮凝剂中表现出独特的絮凝性能。壳聚糖的聚阳离子表现出很好的性能，如生物降解性、生物相容性、物理和生物活性、絮凝性；它的单体也是无毒的，具有免疫性和抗菌作用[33]。

1.3.3 纤维素

纤维素是由 β（1→4）D-葡萄糖组成的线性多糖单位。纤维素是地球上最丰富的天然生物聚合物资源，具有全球经济重要性。纤维素的年生产能力为 10^{11}～10^{12}t。纤维素可以有不同的来源，如植物和木材、动物和微生物[34,35]。

纤维素首先是在 1838 年由 Anselme 和 Payen 通过分离植物物质时发现的。在 1920 年由 Staudinger 首先证明了纤维素的聚合物结构。基于链间和链内氢键的位置，纤维素有 5 种不同形态。天然纤维素或纤维素Ⅰ具有两种不同的晶体结构，即Ⅰα 和Ⅰβ。也可以发现纤维素其他晶体结构包括纤维素Ⅲ和Ⅳ。纤维素Ⅱ是最稳定的结构，可通过碱处理纤维素Ⅰ得到[35]。纤维素不溶于水和大部分有机溶剂，它在 320℃ 25MPa 的水中变成非晶态，可以在高温下通过与高浓度酸反应而化学转化为葡萄糖单元[36]。

植物基纤维素通常在与半纤维素、木质素、果胶和其他物质的混合物中发现。而细菌产生的纤维素完全是纯纤维素，具有更高的水含量和更高的拉伸强度。半纤维素材料在其结构中包括各种单体，如木聚糖，并可化学转化为生物多糖絮凝剂[37,38]。

细菌纤维素是由某些细菌，如木质素不动杆菌（*Acinetobacter lignin*）产生的，是 1886 年 Brown 研究防止紫外线辐射、对付恶劣的化学环境和抗氧化作用时首先发现的。纤维素是生产环境友好化学品，如生物高分子絮凝剂的一种有吸引力的替代品[35,39]。

1.3.4　淀粉

淀粉（starch）是一种天然的、线性的、可生物降解的、廉价的、来源于植物的多糖生物聚合物。大约 3 万年前，人们从欧洲的石磨上发现了香蒲根茎的淀粉颗粒。淀粉是植物光合作用的产物，它是从各种植物源中衍生而来的，包括小麦、水稻、玉米、大麦、高粱、谷子、黑麦、豆类、香蕉、杧果、马铃薯、木薯等。商业上长期以来把木薯和玉米作为淀粉的主要来源[40~44]。淀粉不溶于冷水、乙醇或其他溶剂，但可溶解在热水里。它在天然生物聚合物中得到了广泛的关注，因为它的特性包括可生物降解性、高度可用性、低成本及应用的多功能性。粗淀粉混合物包括直链淀粉和支链淀粉。根据淀粉的来源，直链淀粉和支链淀粉的含量分别高达 25%和 95%。淀粉的 Tg 在–50℃～110℃内变化，具有与聚烯烃相似的模量。直链淀粉是一种线性聚合物 α（1→4）D-葡萄糖基单元，而支链淀粉具有 D-葡萄糖基残基的高支化聚合物 α（1→4）键和 α（1→6）键。淀粉分子量分布范围为 10^4～10^7g/mol[45~47]。

1.3.5　普鲁兰

普鲁兰，是由 α-1,4 糖苷键连接的麦芽三糖重复单位经 α-1,6 糖苷键聚合而成的直链状多糖，相对分子量为 2 万～200 万，聚合度 100～5000，是水溶性的、线性胞外多糖生物聚合物。普鲁兰是 Bauer 在 1938 年首先发现的。它可以通过酵母类真菌普鲁兰出芽短梗霉（*Aureobasidium pullulans*）发酵而产生。由于糖苷连接的类型，普鲁兰具有独特的理化性质，如高水溶性、低黏度、有黏着能力、形成薄和生物可降解膜的能力等。普鲁兰有许多应用，如作为食品和化妆品添加剂、血浆替代品、絮凝剂、树脂、薄膜和黏合剂添加剂。它也曾在药物和生物医学中应用，如靶向药物、基因递送、组织工程、伤口愈合，甚至诊断成像的介质[48~50]。普鲁兰的分子量为4.5×10^4～6×10^5Da，分子量的大小受培养条件影响较大。

1.3.6 黄原胶

黄原胶是一种对水高度亲和、在低浓度下能提高溶液黏度的支链多糖。它可以从微生物源中提取。黄原胶在1952年由美国农业部伊利诺伊州皮奥里尔北部研究所Allene Rosalind Jeans首次发现，由Kelco公司在20世纪60年代初以碳水化合物为主要原料，经好氧发酵生物工程技术制备，并以Kelzan商标命名进行商业生产[51]。商业规模的黄原胶主要由细菌野油菜黄单胞菌（*Xanthomonas campestris*）发酵获得[52,53]。由于黄原胶优秀的流变性质，它被广泛地应用于食品和发酵、洗漱用品、油回收、化妆品、废水处理等。黄原胶具有和纤维素 β（1→4）D-葡萄糖一样的主干，侧链 β（1→4）D-甘露糖、β（1→2）D-葡萄糖醛酸和 D-甘露糖通过 α（1→3）连接到主干中的葡萄糖残基上。到现在为止，关于黄原胶絮凝活性和作为絮凝剂适用性的报道较少。

1.3.7 果胶

果胶（pectin）是一种水溶性的多成分多糖，具有的主要组分是 α-D-半乳糖醛酸及α（1→4）-D-半乳糖醛酸，羧基游离或甲基酯化。同型半乳糖醛酸聚糖是果胶的主要成分，可用热水或螯合剂提取。果胶主要来源于植物细胞壁和农业、食品工业废物，如柑橘类水果的皮（如柠檬、酸橙、橙子、葡萄柚）和苹果渣。果胶具有絮凝活性，可在各种悬液中用作絮凝剂。在悬液中添加 Al^{3+}和 Fe^{3+}能显著增强果胶在高岭土中的絮凝活性[54~57]。

1.4 多糖生物絮凝剂的来源

多糖生物絮凝剂可根据来源分为3类：①微生物多糖絮凝剂；②海洋多糖絮凝剂；③植物多糖絮凝剂。生物多糖作为一种天然絮凝剂，一般可以来源于自然起源，如甲壳动物壳废物、农业/林业原料和微生物。纤维素、淀粉等来源于农业/林业，而海藻酸钠、壳聚糖和微生物多糖通常从海藻、甲壳动物和微生物中或微生物的培养液中提取。微生物，包括细菌、酵母菌、真菌和藻类，是多糖生物絮凝剂的重要来源。由于微生物易于培养，原料易得，产品生产条件温和，可工业化规模化，所以对微生物絮凝剂的科学研究和应用开发已成为科学前沿。微生物絮凝剂的理论研究与技术开发有菌种选育、培养条件优化、产物性能研究、设备配套、工艺确定、发酵控制、产物分离和应用研究。菌种选育是最重要的技术环节，研究产物结构性能和代谢途径具有潜在成本效益。

表 1-1 列举了微生物多糖絮凝的部分产生菌。微生物产生的多糖生物絮凝剂种类繁多，除了纤维素、壳聚糖、海藻酸钠、普鲁兰、黄原胶外，还有杂多糖、蛋白多糖及其他。

表 1-1　微生物多糖生物絮凝剂部分产生菌

微生物	来源	结构	参考文献
Abisidia butleri	NCIM977	壳聚糖	[58]
Abisidia coerulea	ATCC14076	几丁质	[59]
Agrobacterium tumefaciens	土壤	纤维素	[60]
Aspergillus japonicus	烹饪调料植物叶片	普鲁兰	[61]
Aspergillus niger	ATCC9642	壳聚糖	[62]
Aspergillus terreus	土壤	壳聚糖	[63]
Aureobasidium pullulans	土壤	普鲁兰	[49]
Azotobacter chrococcus	土壤	海藻酸盐	[64]
Azotobacter indicus	土壤	海藻酸盐	[65]
Azotobacter vinelandii	ATCC9046	海藻酸盐	[66]
Basidiomyces	森林植物	壳聚糖	[67]
Botrydiplodia theobromae	药厂	壳聚糖	[68]
Candida albicans	TISTR5239	壳聚糖	[69]
Cladosporium cladosporioides	药厂	壳聚糖	[68]
Cryptonectria paracitica	树皮	普鲁兰	[70]
Cunninghamella berthplletiae	IFM	壳聚糖	[71]
Cuuninghamella blakesleeana	NCIM687	壳聚糖	[72]
Fomitopsis pincola	土壤	壳聚糖	[73]
Gluconacetobacter sp.	水果	纤维素	[74]
Gluconacetobacter hansenii	腐烂苹果	纤维素	[75]
Gluconacetobacte sacchari	ATCC10245	纤维素	[76,77]
Gluconacetobacte xylinus	椰林	纤维素	[78]
Gonggronella butleri	USDB0201	纤维素	[61,79]
Rhizobum eldoglucannase	三叶草根	纤维素	[80]
Rizomucor pusillus	NS	壳聚糖	[81]
Rhizopus oryzae	TISTR3189、NCIM1009	壳聚糖	[82]
Zygosaccharomyces rouxii	TISTR5058	壳聚糖	[69]
Citrobacter sp.	厨房下水道	壳聚糖	[83]
Citrobacter sp.	发酵液	壳聚糖	[84]
Enterobacter sp.	活性污泥	杂多糖	[85]
Arthrobacter sp.	土壤	蛋白多糖	[86]
Klebsiella sp.	土壤	杂多糖	[87]

表 1-2 列举了产生多糖生物絮凝剂的部分海洋和植物生物种类。来源于海洋和植物的许多种生物种类能够产生用于水质处理的多糖生物絮凝剂，分述如下：①种子胶，如咖啡种子、瓜儿豆、葫芦巴产生的活性多糖由三个甘露聚糖组分组成，纯甘露聚糖、葡甘露聚糖和半乳甘露聚糖；②水果，如番木瓜、罗望子、柑橘的废弃物的絮凝作用主要归因于多糖和蛋白质成分；③黏液是在细胞内形成的正常代谢产物，黏液具有絮凝功能，它们是一种极化糖蛋白和胞外多糖，如仙人掌和亚麻籽是黏液的丰富来源。

表 1-2　产生多糖生物絮凝剂的部分海洋和植物源生物种类

微生物/植物	来源	结构	参考文献
Ascophyllum nodosum	海带	海藻酸盐	[88]
Durvillaea antarctica	海带	海藻酸盐	[89,90,91]
Laminaria hyperborea	海带	海藻酸盐	[15]
Laminaria japonica	海带	海藻酸盐	[92]
Macrocystis pyrifera	海带	海藻酸盐	[93]
Sargassum sp.	海带	海藻酸盐	[94]
Metapenaeus monoceros	虾壳	几丁质	[95]
Penaeus longirostris	虾壳	几丁质	[96]
Red queen crab	蟹壳	几丁质	[97]
Abelmoschus esculentus	Orka 种子	阴离子多糖	[98]
Cassava	木薯	淀粉	[99]
Cassia tora & Cassia obtusifolia	豆科	阳离子决明子	[100]
Citrus maxima	柚皮	果胶	[101]
Guar gum	瓜儿豆胚乳	多糖（半乳甘露聚糖）	[102]
Malva sylvestris	马来豆荚和裂片	阴离子多糖	[103]
Phyllostachys heterocycla	竹林	二羧基纤维素	[104]
Plantago ovata	伊莎贝尔籽壳	阴离子多糖（木聚糖骨架）	[105]
Plantago psyllium	洋车前子	阴离子多糖	[106]
Strychnos potatorum	尼玛利种子	阴离子多糖	[99]
Tamarindus indica	罗望子	多糖	[107]
Trigonella foenum-graecum	葫芦巴籽	多糖	[108]

参 考 文 献

[1] Nwodo U U, Green E, Okoh A I. Bacterial exopolysaccharides: functionality and prospects. Int J Mol Sci, 2012, 13: 14002-14015.

[2] Indira M, Venkateswarulu T C, Chakravarthy K, et al. Morphological and biochemical characterization of exopolysaccharide producing bacteria isolated from dairy effluent. J Pharm

Sci Res, 2016, 8: 88-91.
[3] Poli A, Donato P, Abbamondi G R, et al. Synthesis, production, and biotechnological applications of exopolysaccharides and polyhydroxyalkanoates by archaea. Archaea, 2011: 1-13.
[4] Oner E T. Microbial production of extracellular polysaccharides from biomass. Berlin: Springer, 2013.
[5] Liang T, Wang S. Recent advances in exopolysaccharides from *Paenibacillus* spp. : production, isolation, structure, and bioactivities. Mar Drugs, 2015, 13: 1847-1863.
[6] Madhuri K V, Prabhakar K V. Recent trends in the characterization of microbial exopolysaccharides. Orient J Chem, 2014, 30: 895-904.
[7] Al-Wasify R S, Al-Sayed A A, Saleh S M, et al. Bacterial exopolysaccharides as new natural coagulants for surface water treatment. Int J Pharm Tech Res, 2015, 8: 198-207.
[8] Allen J. Microbial polysaccharides: application, production and features. 2013, http://www.biologydiscussion. com. Accessed 25 Apr 2016.
[9] Donot F, Fontana A, Baccou J C, et al. Microbial exopolysaccharides: main examples of synthesis, excretion, genetics and extraction. Carbohyd Polym, 2012, 87: 951-962.
[10] Allen J. Characteristics of microbial extracellular polymeric substance. 2013, http://www.biologydiscussion. com. Accessed 25 Apr 2016.
[11] Ates O. Systems biology of microbial exopolysaccharides production. Front Bioeng biotechnol, 2015, 3: 1-16.
[12] Lee S, John R, Mei F, et al. A review on application of flocculants in wastewater treatment. Proc Safety Environ Protect, 2014, 92: 489-508.
[13] Freitas F, Alves V, Reis A M. Advances in bacterial exopolysaccharides: from production to biotechnological applications. Trends Biotechnol, 2011, 29: 388-398.
[14] Draget K I. Alginates. In: Phillips G O, Williams P A. Handbook of Hydrocolloids. Cambridge: Woodhead Publishing, 2009, 379-395.
[15] Lee K Y, Mooney D J. Alginates: properties and biomedical applications. Prog Polym Sci, 2012, 37: 106-126.
[16] Hay I D, Rehman Z U, Fata Moradali M, et al. Microbial alginate production, modification and its applications. Microbial Biotech, 2013, 6: 637-650.
[17] Diaz-Barrera A, Gutierrez J, Martinez F, et al. Production of alginate by *Azotobacter vinelandii* grown at two bioreactor scales under oxygen-limited conditions. Bioprocess Biosyst Eng, 2014, 37: 1133-1140.
[18] Rani P, Mishra S, Sen G. Microwave based synthesis of polymethylmethacrylate grafted sodium alginate: its application as flocculant. Carbohydr Polym, 2013, 91: 686-692.
[19] Sand A, Yadav M, Mishra D K, et al. Modification of alginate by grafting of *N*-vinyl-2-pyrrolidone and studies of physicochemical properties in terms of swelling capacity, metal-ion uptake and flocculation. Carbohydr Polym, 2010, 80: 1147-1154.
[20] Yang J S, Xie Y J, He W. Research progress on chemical modification of alginate: a review. Carbohydr Polym, 2011, 84: 33-39.
[21] Yuan Y H, Jia D M, Yuan Y H. Chitosan/sodium alginate, a complex flocculating agent for sewage water treatment. Adv Mater Res, 2013, 641-642: 101-114.
[22] Zhao Y X, Gao B Y, Wang Y, et al. Coagulation performance and floc characteristics with polyaluminum chloride using sodium alginate as coagulant aid: a preliminary assessment. Chem Eng J, 2012, 183: 387-394.
[23] Cauchie H M. Chitin production by arthropods in the hydrosphere. Hydrobiologia, 2002, 70:

63-96.
[24] Kavitha K, Keerthi T S, Mani T T. Chitosan polymer used as carrier in various pharmaceutical formulations: brief review. Int J Appl Biol Pharm Technol, 2011, 2: 249-258.
[25] Alves N M, Mano J F. Chitosan derivatives obtained by chemical modifications for biomedical and environmental applications. Int J Biol Macromol, 2008, 43: 401-414.
[26] Bhumkar D R, Pokharkar V B. Studies on effect of pH on cross-linking of chitosan with sodium tripolyphosphate. AAPS Pharm Sci Technol, 2006, 7: E138-E143.
[27] Kaur S, Dhillon G S. The versatile biopolymer chitosan: potential sources, evaluation of extraction methods and applications. Crit Rev Microbiol, 2014, 40: 155-175.
[28] Nilsen-Nygaard J, Strand S P, Varum K M, et al. Chitosan: gels and interfacial properties. Polymer, 2015, 7: 552-579.
[29] Sandford P A. Commercial sources of chitin and chitosan and their utilization. In: Varum M, Domard A, Smidsrød O. Advances in Chitin Sciences. NTNU Trondheim, Trondheim, 2003, pp. 35.
[30] Prashanth K V H, Tharanathan K N. Chitin/chitosan: modifications and their unlimited application potential-an overview. Trends Food Sci Technol, 2007, 18: 117-131.
[31] Guibal E, Van Vooren M, Dempsey B A, et al. A review of the use of chitosan for the removal of particulate and dissolved contaminants. Sep Sci Technol, 2006, 41: 2487-2514.
[32] Rojas-Reyna R, Schwarz S, Heinrich G, et al. Flocculation effciency of modified water soluble chitosan versus commonly used commercial polyelectrolytes. Carbohydr Polym, 2010, 81: 317-322.
[33] Alves N M, Mano J F. Chitosan derivatives obtained by chemical modifications for biomedical and environmental applications. Int J Biol Macromol, 2008, 43: 401-414.
[34] Kim C W, Kim D S, Kang S Y, et al. Structural studies of electrospun cellulose nanofibers. Polymer, 2014, 47: 5097-5107.
[35] Roy D, Semsarilar M, Guthrie J T, et al. Cellulose modification by polymer grafting: a review. Chem Soc Rev, 2009, 38: 2046-2064.
[36] Deguchi S, Tsujii K, Horikoshi K. Cooking cellulose in hot and compressed water. Chem Commun, 2006, 31: 3293-3295.
[37] Klemm D, Heublein B, Fink H, et al. Cellulose: fascinating biopolymer and sustainable raw material. Angew Chem Int Ed Eng, 2005, 44: 3358-3393.
[38] Wang S, Hou Q, Kong F, et al. Production of cationic xylan–METAC copolymer as a flocculant for textile industry. Carbohydr Polym, 2015, 124: 229-236.
[39] Huang Y, Zhu C, Yang J, et al. Recent advances in bacterial cellulose. Cellulose, 2014, 21: 1-30.
[40] Chauhan P, Yan N. Novel bodipy-cellulose nanohybrids for production of singlet oxygen. RSC Adv, 2016, 6: 32070-32073.
[41] Chauhan P, Yan N. Novel nitroaniline-cellulose nanohybrids: nitroradical photorelease and its antibacterial action. Carbohydr Polym, 2017, 10: 1016.
[42] Vollick B, Kuo P Y, Thérien-Aubin H, et al. Composite cholesteric nanocellulose films with enhanced mechanical properties. Chem Mater, 2017, 29: 789-795.
[43] Ashogbon A O, Akintayo E T. Recent trend in the physical and chemical modification of starches from different botanical sources: a review. Starch, 2014, 66: 41-57.
[44] Revedin A, Aranguren B, Becattini R, et al. Thirty thousand-year-old evidence of plant food processing. Proc Natl Acad Sci, 2010, 107: 18815-18819.
[45] Athawale V D, Lele V. Thermal studies on granular maize starch and its graft copolymers with

vinyl monomers. Starch, 2000, 52: 205-213.
[46] Babu R P, O'Connor K, Seeram R. Current progress on bio-based polymers and their future trends. Prog Biomater, 2013, 2: 1-16.
[47] Nair S B, Jyothi A N. Cassava starch-graft-polymethacrylamide copolymers as flocculants and textile sizing agents. Appl Polym Sci, 2014, 39810: 1-11.
[48] Babu R P, O'Connor K, Seeram R. Current progress on bio-based polymers and their future trends. Prog Biomater, 2013, 2: 1-16.
[49] Cheng K C, Demirci A, Catchmark J M. Pullulan: biosynthesis, production, and applications. Appl Microbiol Biotechnol, 2011, 92: 29-44.
[50] Singh R S, Saini G K, Kennedy J F. Pullulan: microbial sources, production and applications. Carbohydr Polym, 2008, 73: 515-531.
[51] Petri D S F. Xanthan gum: A versatile biopolymer for biomedical and technological applications. Appl Polym Sci, 2015, 132: 42035.
[52] Palaniraj A, Jayaraman V J. Production, recovery and applications of xanthangum by *Xanthomonas campestris*. Food Eng, 2011, 106: 1-12.
[53] Rosalam S, England R. Review of xanthan gum production from unmodified starches by *Xanthomonas comprestris* sp. Enzym Microb Technol, 2006, 39: 197-207.
[54] Patova O A, Golovchenko V V, Ovodov Y S. Pectic polysaccharides: structure and properties. Russ Chem Bull, 2014, 6: 1901-1924.
[55] Schols H A, Voragen A G J. Complex pectins: structure elucidation using enzymes. Prog Biotechnol, 1996, 14: 3-19.
[56] Ho Y C, Norli I, Alkarkhi A F M, et al. Analysis and optimization of flocculation activity and turbidity reduction in kaolin suspension using pectin as a biopolymer flocculant. Water Sci Technol, 2009, 60: 771-781.
[57] Ho Y C, Norli I, Alkarkhi A F M, et al. Characterization of biopolymeric flocculant (pectin) and organic synthetic flocculant (PAM): A comparative study on treatment and optimization in kaolin suspension. Bioresour Technol, 2010, 101: 1166-1174.
[58] Vaingankar P, Juvekar A. Fermentative production of mcycelial chitosan from Zygomycetes: media optimization and physico-chemical characterization. Adv Biosci Biotechnol, 2014, 5: 940-956.
[59] Nwe N, Furuikea T, Osaka I, et al. Laboratory scale production of ^{13}C labeled chitosan by fungi *Absidia coerulea* and *Gongronella butleri* grown in solid substrate and submerged fermentation. Carbohydr Polym, 2011, 84: 743-750.
[60] Li A, Geng J, Cui D, et al. Genome sequence of *Agrobacterium tumefaciens* strain F2, a bioflocculant-producing bacterium. J Bacteriol, 2011, 193: 5531.
[61] Maghsoodi V, Razavi J, Yaghmaei S, et al. Production of chitosan by submerged fermentation from *Aspergillus niger*. Trans C Chem Chem Eng, 2009, 16: 145-158.
[62] Tayel A A, Moussaa S H, El-Tras W F, et al. *Antimicrobial textile* treated with chitosan from *Aspergillus niger* mycelial waste. Int J Biol Macromol, 2011, 49: 241-245.
[63] Cheng L C, Wu T S, Wang J W, et al. Production and isolation of chitosan from *Aspergillus terreus* and application in Tin(II) adsorption. Appl Polym Sci, 2014, 131: 1-8.
[64] Khanafari A, Akhavan Sepahei A. Alginate biopolymer production by *Azotobacter chroococcum* from whey degradation. Int J Environ Sci Technol, 2007, 4: 427-432.
[65] Patil S V, Patil C D, Salunke B K, et al. Studies on characterization of bioflocculant exopolysaccharide of *Azotobacter indicus* and it's spotential for wastewater treatment. Appl Biochem Biotechnol, 2011, 163: 463-472.

[66] Diaz-Barrera A, Gutierrez J, Martinez F, et al. Production of alginate by *Azotobacter vinelandii* grown at two bioreactor scales under oxygen-limited conditions. Bioprocess Biosyst Eng, 2014, 37: 1133-1140.

[67] Kannan M, Nesakumari M, Rajarathinam K, et al. Production and characterization of mushroom chitosan under solid-state fermentation conditions. Adv Biol Res, 2010, 4: 10-13.

[68] George T S, Guru K S S, Vasanthi N R S, et al. Extraction, purification and characterization of chitosan from endophytic fungi isolated from medicinal plants. World J Sci Technol, 2011, 1: 43-48.

[69] Pochanavanich P, Suntornsuk W. Fungal chitosan production and its characterization. Lett Appl Microbiol, 2002, 35: 17-21.

[70] Forabosco F, Bruno G, Sparapano L, et al. Pullulans produced by strains of *Cryphonectria parasitica*-I. Production and characterisation of the exopolysaccharides. Carbohydr Polym, 2006, 63: 535-544.

[71] Amorim R V S, Pedrosa R P, Fukushima K, et al. Alternative carbon sources from sugar cane process for submerged cultivation of Cunninghamella bertholletiae to produce chitosan. Food Technol Biotechnol, 2006, 44: 519-523.

[72] Vaingankar P N, Juvekar A R. Fermentative production of mcycelial chitosan from *Zygomycetes*: media optimization and physico-chemical characterization. Adv Biosci Biotechnol, 2014, 5: 940-956.

[73] Kaya M, Akata I, Baran T, et al. Physicochemical properties of chitin and chitosan produced from medicinal fungus (*Fomitopsis pinicola*). Food Biophys, 2015, 10: 162-168.

[74] Jahan S, Kumar V, Rawat G, et al. Production of microbial cellulose by a bacterium isolated from fruit. Appl Biochem Biotech, 2012, 67: 1157-1171.

[75] Park J K, Park Y H, Jung J Y. Production of bacterial cellulose by *Gluconacetobacter hansenii* PJK isolated from rotten apple. Biotechnol Bioprocess Eng, 2003, 8: 83-88.

[76] El-Saied H, El-Diwany, A I, Basta A H, et al. Production and characterization of economical bacterial cellulose. Bioresources, 2008, 3: 1196-1217.

[77] Gomes F P, Silva N H C S, Trovatti E, et al. Production of bacterial cellulose by *Gluconacetobacter sacchari* using dry olive mill residue. Biomass Bioenergy, 2013, 55: 205-211.

[78] Keshk S A M S. Bacterial cellulose production and its industrial applications. Bioprocess Biotech, 2014, 4: 1-10.

[79] Streit F, Koch F, Laranjeira M C M, et al. Production of fungal chitosanin liquid cultivation using apple pomace as substrate. Braz J Microbiol, 2009, 40: 20-25.

[80] Robledo M, Rivera L, Jiménez-Zurdo J I, et al. Role of *Rhizobium endoglucanase* CelC2 in cellulose biosynthesis and biofilm formation on plant roots and abiotic surfaces. Microb Cell Factories, 2012, 11: 125.

[81] Driessel B, Christov L. Adsorption of colour from a bleach plant effluent using biomass and cell wall fractions from *Rhizomucor pusillus*. Chem Technol Biotechnol, 2002, 77: 155-158.

[82] Kleekayai T, Suntornsuk W. Production and characterization of chitosan obtained from *Rhizopus oryzae* grown on potato chip processing waste. World J Microbiol Biotechnol, 2011, 27: 1145-1154.

[83] Fujita M, Ike M, Tachibana S, et al. Characterization of a bioflocculant produced by *Citrobacter* sp. TKF04 from acetic acid and propionic acids. J Biosci Bioeng, 2000, 89: 40-46.

[84] Kim C W, Kim D S, Kang S Y, et al. Structural studies of electrospun cellulose nanofibers. Polymer, 2006, 47: 5097-5107.

[85] Tang W, Song L, Li D, et al. Production, characterization, and flocculation mechanism of cation

independent, pH tolerant, and thermally stable bioflocculant from *Enterobacter* sp. ETH-2. PLoS One 9, 2014, e114591.

[86] 栾兴社. 由节杆菌制备生物絮凝剂的方法. 2003. 专利号: ZL200310105515. X

[87] 栾兴社. 一株克雷伯氏菌及用它制备微生物絮凝剂的方法. 2015. 专利号: ZL201510656846.

[88] Ugarte R, Sharp G. Management and production of the brown algae *Ascophyllum nodosum* in the canadian maritimes. Appl Phycol, 2012, 24: 409-416.

[89] Kelly B J, Brown M T. Variations in the alginate content and composition of *Durvillaea antarctica* and *D. willana* from southern New Zealand. Appl Phycol, 2000, 12: 317-324.

[90] Fertah M, Belfkira A, Dahmane E, et al. Extraction and characterization of sodium alginate from Moroccan *Laminaria digitata* brown seaweed. Arab J Chem, 2014, 1: 1-8.

[91] Vauchel P, Kaas R, Arhaliass A, et al. A new process for extracting alginates from *Laminaria digitata*: reactive extrusion. Food Bioprocess Technol, 2008, 1: 297-300.

[92] Oh Y, Xu X, Kim J Y, et al. Maximizing the utilization of *Laminaria japonica* as biomass via improvement of alginate lyase activity in a two-phase fermentation system. Biotechnol J, 2015, 10: 1281-1288.

[93] Gomes F P, Silva N H C S, Trovatti E, et al. Production of bacterial cellulose by *Gluconacetobacter sacchari* using dry olive mill residue. Biomass Bioenergy, 2013, 55: 205-211.

[94] Chee S Y, Wong P K, Won C L. Extraction and characterisation of alginate from brown seaweeds (Fucales, Phaeophyceae) collected from port Dickson, Peninsular Malaysia. Appl Phycol, 2011, 23: 191-196.

[95] Younes I, Hajji S, Frachet V, et al. Chitin extraction from shrimp shell using enzymatic treatment. Antitumor, antioxidant and antimicrobial activities of chitosan. Int J Biol Macromol, 2014, 69: 489-498.

[96] Sila A, Mlaik N, Sayari N, et al. Chitin and chitosan extracted from shrimp waste using fish proteases aided process: Efficiency of chitosan in the treatment of unhairing effluents. J Polym Environ, 2014, 22: 78-87.

[97] Setoguchi T, Kato T, Yamamoto K, et al. Facile production of chitin from crab shells using ionic liquid and citric acid. Int J Biol Macromol, 2012, 50: 861-864.

[98] Lee C S, Chong M F, Robinson J, et al. Optimisation of extraction and sludge dewatering efficiencies of bio-flocculants extracted from *Abelmoschus esculentus* (okra). J Environ Manag, 2015, 157: 320-325.

[99] Jadhav M V, Mahajan Y S. A comparative study of natural coagulants in flocculation of local clay suspensions of varied turbidities. Int J Civ Environ Eng, 2013, 35: 1103-1110.

[100] Banerjee C, Ghosh S, Sen G, et al. Study of algal biomass harvesting through cationic cassia gum, a natural plant- based biopolymer. Bioresour Technol, 2014, 151: 6-11.

[101] Piriyaprasarth S, Sriamornsak P. Flocculating and suspending properties of commercial citrus pectin and pectin extracted from pomelo (*Citrus maxima*) peel. Carbohydr Polym, 2011, 83: 561-568.

[102] Mukherjee S, Mukhopadhyay S, Pariatamby A, et al. A comparative study of biopolymers and alum in the separation and recovery of pulp fibres from paper mill effluent by flocculation. Environ Sci, 2014, 26: 1851-1860.

[103] Anastasakis K, Kalderis D, Diamadopoulos E. Flocculation behavior of mallow and okra mucilage in treating wastewater. Desalination , 2009, 249: 786-791.

[104] Zhu H, Zhang Y, Yang X, et al. An eco-friendly one-step synthesis of dicarboxyl cellulose for potential application in flocculation. Ind Eng Chem Res, 2015a , 54: 2825-2829.

[105] Al-Hamadani Y A J, Yusoff M S, Umar M, et al. Application of psyllium husk as coagulant and coagulant aid in semi-aerobic landfill leachate treatment. J Hazard Mater, 2011, 190: 582-587.

[106] Agarwal M, Srinivasan R, Mishra A. Synthesis of Plantago *Psyllium mucilage* grafted polyacrylamide and its flocculation efficiency in tannery and domestic wastewater. Polym Res, 2002, 9: 69-73.

[107] Mishra A, Bajpai M, Pandey S. Removal of dyes by biodegradable flocculants: a lab scale investigation. Sep Sci Technol, 2006, 41: 583-593.

[108] Srinivasan R, Mishra A. Okra (*Hibiscus esculentus*) and fenugreek (*Trigonella foenum graceum*) mucilage: Characterization and application as flocculants for textile effluent treatments. Chin J Polym Sci, 2008, 26: 679-687.

2 微生物生产培养条件优化

获得优良的生物絮凝剂产生菌是微生物絮凝剂研究与生产的最重要的一步。因为要想提高成本效益和应用价值，培养基组成、生产工艺、产物转化率与产量、提取收率及产品活性是重要的决定因素。所以在一个新菌种、新产品研究与开发的历程中，为了赋予其商业价值，对低成本、高效率要不间断地对培养条件进行选择、优化。当然，当今世界微生物絮凝剂之所以形成了强烈的社会需求，与同样功能的合成化学产品相比，它们是来源于自然且属于天然范畴的生物物质，其本质就是无毒无害、具有生物可降解性、对环境友好。作者在二十几年微生物絮凝剂研究的道路上充分体会到：选育到优良的菌株就定位到了高的起点，采取科学的技术手段与发散思维进行降低成本提高产量的优化研究是中心内容，优化的素材在实验室内，也可能在大自然里。例如，作者从济南千佛山景区取样选育获得了优良微生物絮凝剂产生菌 LDX1-1，并从此环境中的松树中获得了刺激该菌产物产量及絮凝活性的生长因子。发酵液中影响多糖生物絮凝剂絮凝活性的主要营养条件是碳源和氮源、C/N 比、无机盐、生长因子、金属离子、离子强度、培养基初始 pH，主要的培养条件为接种量、培养温度、培养 pH、培养时间、通气速率等。因此，很有必要对这些条件通过可行的方法进行优化，以获得最佳条件组合，从而提高生物絮凝剂发酵转化率与产量，以及获得培养物的最高絮凝效率。同行研究报道一致证明，培养条件，甚至培养时间阶段，都会影响微生物絮凝剂大分子的基本组成、分子量大小和絮凝功能等。

2.1 培养条件的优化方法

培养基优化的含义就是对产生生物絮凝剂的特定微生物，通过试验手段配比和筛选找到一种最适合其生长及发酵的培养基，在原来的基础上提高发酵产物的产量，以期达到生产最多发酵产物的目的。发酵培养基的优化在微生物产业化生产中举足轻重，是从实验室到工业生产的必要环节。能否设计出一个好的发酵培养基，是一个发酵产品实现成功工业化的非常重要的一步。

2.1.1 试验设计

在工业化发酵生产中，发酵培养基的设计是十分重要的，因为培养基的成分对产物浓度、菌体生长都有重要的影响。试验设计方法发展至今可供人们根据实验需要来进行广泛的选择。

2.1.1.1 单因素法

单因素法（single factar way）的基本原理是保持培养基中其他所有组分的浓度不变，每次只研究一个组分的不同水平对发酵性能的影响。这种策略的优点是简单、容易、结果很明了，培养基组分的个体效应从图表上能很明显地看出来，而不需要统计分析。这种策略的主要缺点是：忽略了组分间的交互作用，可能会完全丢失最适宜的条件；不能考察因素的主次关系；当考察的试验因素较多时，需要大量的试验和较长的试验周期。但由于单因素方法容易和方便，一直以来它都是培养基组分优化的最流行的选择之一。

2.1.1.2 正交设计

正交设计（orthogonal design）就是从“均匀分散、整齐可比”的角度出发，以拉丁方理论和群论为基础，用正交表来安排少量的试验，从多个因素中分析出哪些是主要的，哪些是次要的，以及它们对试验的影响规律，从而找出较优的工艺条件。正交试验不能在给出的整个区域上找到因素和响应值之间的一个明确的函数表达式，即回归方程，从而无法找到整个区域上因素的最佳组合和响应值的最优值。而且对于多因素多水平试验，仍需要做大量的试验，实施起来比较困难。

2.1.1.3 均匀设计

均匀设计（uniform design）是我国数学家方开泰等独创的将数论与多元统计相结合而建立起来的一种试验方法。这一成果已在我国许多行业中取得了重大成果。均匀设计最适合于多因素多水平试验，可使试验处理数目减小到最小，仅等于因素水平个数。虽然均匀设计节省了大量的试验处理，但仍能反映事物变化的主要规律。

2.1.1.4 全因子设计

在全因子设计（full factorial design）中各因素的不同水平间的各种组合都将被试验。全因子的全面性导致需要大量的试验次数。一般利用全因子设计对培养基进行优化试验都为两水平，是能反映因素间交互作用（排斥或协同效应）的最小设计。全因子试验次数的简单算法为（以两因素为例）：两因素设计表示为 $a\times b$，第一个因素研究为 a 个水平，第二个因素为 b 个水平。例如，试验两个因素：7 个菌株在 8 种培养基上，利用 7×8（56）个水平进行试验；试验三个因素：碳源（糖蜜 4%、6%、8%、10%、12%）、氮源（NH_4NO_3 0g/L、0.13g/L、0.26g/L、0.39g/L、

0.52g/L）和接种量（10%、20%），利用 5×5×2 设计（50 个不同重复）。

2.1.1.5 部分因子设计

当全因子设计所需试验次数实际不可行时，部分因子设计（fractional factorial design）是一个很好的选择。在培养基优化中经常利用两水平部分因子设计，但也有特殊情况。例如，试验 11 种培养基成分，每成分三水平，仅做了 27 组实验，只是 311 全因子设计 177 147 组当中的很小一部分。两水平部分因子设计表示为：*2n–k*，*n* 是因子数目，*1/2k* 是实施全因子设计的分数。这些符号告诉你需要多少次试验。虽然通常部分因子设计没有提供因素的交互作用，但它的效果比单因素法更好。

2.1.1.6 Plackett-Burman 设计

Plackett-Burman 设计（Plackett-Burman design，PB）由 Plackett 和 Burman 提出，这类设计是两水平部分因子试验，适用于从众多的考察因素中快速、有效的筛选出最为重要的几个因素，供进一步详细研究用。理论上讲 PB 试验应该应用在因子存在累加效应、没有交互作用因子的效应可以被其他因子所提高或削弱的试验上。实际上，倘若因子水平选择恰当，设计可以得到有用的结果。例如，利用 PB 试验对培养基中的 20 种组分进行优化时仅需做 24 次试验。

2.1.1.7 中心组合设计

中心组合设计（central composite design）由 Box 和 Wilson 提出，是响应曲面中最常用的二阶设计，它由三部分组成：立方体点、中心点和星点。它可以被看成是五水平部分因子试验，中心组合设计的试验次数随因子数的增加而呈指数增加。

2.1.1.8 Box-Behnken 设计

Box-Behnken 设计由 Box 和 Behnken 提出。当因素较多时，作为三水平部分因子设计的 Box-Behnken 设计是相对于中心组合设计的较优选择。和中心组合设计一样，Box-Behnken 设计也是两水平因子设计产生的。

2.1.2 试验统计

目前，对培养基优化试验进行数学统计的方法很多，下面介绍几种目前应用较多的优化方法。

2.1.2.1 响应曲面分析法

Box 和 Wilson 提出了利用因子设计来优化微生物产物生产过程的全面方法，

Box-Wilson 方法即现在的响应曲面分析法（response surface methodology，RSM）。RSM 是一种有效的统计技术，它是利用试验数据，通过建立数学模型来解决受多种因素影响的最优组合问题。对 RSM 的研究表明，研究工作者和产品生产者可以在更广泛的范围内考虑因素的组合，以及对响应值的预测，而均比一次次的单因素法更有效。现在利用 SAS 软件可以很轻松地进行响应曲面分析。

2.1.2.2 改进单纯形优化法

单纯形优化法（modified simplex method）是近年来应用较多的一种多因素优化方法。它是一种动态调优的方法，不受因素数的限制。由于单纯形优化法必须要先确定考察的因素，而且要等一个配方实验完后才能根据计算的结果进行下一次试验，因此主要适用于试验周期较短的细菌或重组工程发酵培养基的优化，以及不能大量实施的发酵罐培养条件的优化。

2.2 培养条件对多糖生物絮凝剂产生的影响

2.2.1 碳源、氮源及 C/N 比对生物絮凝剂产生的影响

一般来说，菌体生长和产物代谢有着不同的最适 C/N 比。C/N 比不合适，很可能在浪费营养基质的情况下还不能达到期望的培养目的，偏离培养方向。多糖生物絮凝剂的主要成分是糖类，也可能含有少量蛋白质、核酸、腐殖酸等成分。所以产物合成所需的碳源、氮源和 C/N 比与采用的菌种遗传特征、产品合成形式及产品的结构组成有着密切关系。按元素流量分析，多糖絮凝剂产物合成需要的碳、氮要比聚氨基酸类大分子絮凝剂大得多。不合适的碳源、氮源与 C/N 比往往浪费培养基质，还会降低生物絮凝剂的产量，同时还会因为降低了利用效率而对菌体生长和产物积累带来其他负面影响。所以，对菌种培养和发酵生产碳源、氮源及 C/N 比的研究是一项最基础，也是最重要的工作。

到目前为止，在由单一碳源，如葡萄糖、蔗糖、乳糖、果糖、麦芽糖、木糖、淀粉、乙醇等醇、乙酸和丙酸等生产生物絮凝剂方面已进行了大量研究[1~11]。

Xiong 等[12]从污染的 LB 培养基中分离出一株产生胞外生物絮凝剂的细菌，经 16S rDNA 基因测序鉴定为地衣芽孢杆菌（*Bacillus licheniformis*），并对其生理生化特性进行了鉴定。碳源和氮源对絮凝剂的产生起着重要的作用。葡萄糖、可溶性淀粉和蔗糖产生的絮凝剂具有高絮凝活性，蔗糖产生的活性最高。尿素为最佳氮源，絮凝率（flocculating rate，FR）能够高达 600U/mL。当最佳碳源为 1%蔗糖、氮源为 0.1%尿素、C/N 比为 10/1，初始培养基 pH7.2，接种量 4%（*V/V*），在 37℃培养 48h 后，分离菌种能够在最短的发酵时间内产生最大的絮凝活性，即絮

凝活性最高可达 700U/mL。纯化后的生物絮凝剂化学分析表明，它是由 89%的碳水化合物和 11%的蛋白质（*m*/*m*）组成的蛋白多糖。中性糖、氨基糖和醛酸的质量比为 7.9∶4∶1。红外光谱分析进一步表明，结构中存在羧基、羟基和氨基，这是典型的杂多糖。生物絮凝剂的平均分子量为 1.76×10^6Da。扫描电子显微镜（SEM）图像显示，该生物絮凝剂是不规则结构，呈网状。其高效絮凝性能表明其在工业上有潜在的应用前景。

表 2-1 为各种微生物产生生物絮凝剂的碳源、氮源及 C/N 比的参数[13]。这些相关碳源和氮源不但为微生物生长代谢提供细胞物质和产物结构框架，还为细胞生长和产物合成提供能量来源。C/N 比则决定代谢合成的方向和产物状态，如分子量大小、产量高低。

表 2-1 各种微生物产生生物絮凝剂的参数

菌种	碳源	氮源	C/N 比	产量/（g/L）	FR/%	培养条件	参考文献
Aspergillus flavus	蔗糖	蛋白胨	5/1	0.5	95	pH7、40℃ 180r/min 60h	[14]
Bacillus clausil	葡萄糖	酵母膏	NA	1.1	88.6	pH7、37℃ 140r/min 72h	[15]
Corynebacterium glutamicum	蔗糖	尿素	20/1	NA	458U//mL	pH7.8、28℃ 120r/min 48h	[16]
Chryseobacterium daeguense	蔗糖	蛋白胨	0.5	NA	88.87	pH6、30℃ 180r/min 54h	[4]
Penicillum purpurogenum	葡萄糖	酵母膏	NA	6.4	96%	pH5、30℃ 150r/min 48h	[17]
Klebsiella pneumoniae	葡萄糖	尿素、$(NH_4)_2SO_4$	NA	2.84	97.5	pH8、30℃ 150r/min 72h	[18]
Solibacillus silvestris	麦芽糖	酵母膏	NA	1.7	88.7	pH7、37℃ 200r/min 48h	[19]
Bacillus mojavensis	谷氨酸	NH_4Cl	NA	5.2	96.12	pH7.2、30℃ 200r/min 24h	[10]
Citrobacter sp.	乙酸	乙酸	NA	0.2	94.7	pH7.2、30℃ 120r/min 48h	[11]
Agrobacterium sp.	蔗糖	酵母膏、$(NH_4)_2SO_4$	NA	14.9	973U//mL	pH7、37℃ 120r/min 48h	[20]
Halomonas sp.	糖蜜	蛋白胨、$(NH_4)_2SO_4$	NA	4.52	95	pH7.5、28℃ 160r/min 22h	[21]
Streptomyces sp.	葡萄糖	$(NH_4)_2SO_4$	NA	3.37	89.26	pH6.8、30℃ 160r/min 96h	[22]
Bacillus licheniformis	淀粉	NH_4Cl	30/1	0.98	97.6	pH7、37℃ 140r/min 48h	[23]
Rhizobium radiobacter	稻壳	尿素、酵母膏	NA	2.79	92.45	pH7、30℃ 100 天	[24]
Ochrobacterium ciceri	玉米芯	尿素、酵母膏	NA	3.8	94	pH7.5、30℃ 30h	[25]
Candida anglica	土豆	$(NH_4)_2SO_4$	NA	1.36	94.6	pH5.6、28℃ 150r/min 48h	[26]
Rhodococcua erythropolis	污泥	NH_4NO_3	7/1	1.6	87.6	pH7	[27]
Rhizobium radiobacter	葡萄糖	酵母膏	4/1	3.6	92	pH7.3、30℃ 150r/min 3 天	[28]
Arthrobacter humicola	葡萄糖	酵母膏	10/1	NA	89	pH7.3、25℃ 130r/min 2 天	[29]

例如，蔗糖、葡萄糖和淀粉作为碳源有利于黄曲霉（*Aspergillus flavus*）产生生物絮凝剂。蔗糖的生物絮凝剂产量最高，而果糖和甘油对培养基的絮凝活性有抑制作用。蛋白胨、酵母提取物和尿素有效地提高了生物絮凝剂的产量。最佳碳氮比为5/1，蛋白胨的固定浓度为7.5g/L[14]。

Li等[30]的研究结果表明，蔗糖、淀粉和乙醇是地衣芽孢杆菌生物絮凝剂生产的有利碳源，乳糖抑制生物絮凝剂的产生。因此，在生物絮凝剂的生产中选择廉价的淀粉底物作为唯一的碳源。这一菌株能够有效地利用有机氮和无机氮，来源包括牛肉膏、酵母膏、尿素、$(NH_4)_2SO_4$和NH_4Cl。以NH_4Cl为氮源产生生物絮凝剂的效果最好，具有成本效益，絮凝活性可以达到98.7%。

无花果沙雷菌（*Serratia ficaria*）以乳糖为碳源获得了最高生物絮凝剂产量（2.41g/L）和絮凝活性（97.15%）。相比之下，葡萄糖和乙醇作为碳源也是可行的。以牛肉膏和尿素为复合氮源，获得了较高的絮凝活性。谷氨酸棒状杆菌（*Corynebacterium glutamicum*）产生生物絮凝剂最适合的碳源是葡萄糖、果糖和蔗糖，乙酸钠和乙醇作为碳源时生物絮凝剂的产量相对较低。蔗糖絮凝活性最高，而价格又相对廉价，故被选为接受的碳源。添加玉米浆（CSL）和尿素，促进细胞生长和生物絮凝剂的产生。当固定蔗糖浓度为17g/L，C/N比增加到20∶1时，生物絮凝剂的产量逐步提高。进一步增加C/N比反而导致生物絮凝剂产量降低[3]。这表明过量提供蔗糖不但造成高底物浓度，抑制絮凝剂的生成，而且还会导致碳源的浪费。实际上，微生物絮凝剂的推广应用与发酵生产时碳源成本高有直接的关系。最近研究报道，为了使生物絮凝剂商业化，应用废原料、废水作为生产基质进行生物絮凝剂生产，具有成本效益[2,24,31~35]。污水污泥是一种碳、氮、磷等营养物质的丰富来源。因此，从废水中分离出微生物絮凝剂产生菌，推荐使用污泥作为生长的适合底物来生产多糖生物絮凝剂[33,36,37]。首先对活性污泥进行成分分析，根据培养菌的营养要求特征，可适当加入符合要求的营养盐，然后通过灭菌后进行无菌培养。至于产品后处理已有几种方法（离心法、超声法、加热法、EDTA和CER）用于由纯培养或混合培养提取胞外多糖。提取方法包括各种物理、化学方法或它们的组合。提取过程必须考虑效率。最佳提取方法应是不干扰相互作用，将细胞的胞外分泌物组分一起保持在基质中。每一种方法都有其优点和缺点。虽然物理方法导致细胞减少裂解，但是提取效率低。化学方法产生高蛋白质含量，而这些蛋白质可能来源于胞外酶和（或）细胞间材料污染。在工业应用中，两种方法的结合影响生产成本和效率。没有一个简单的和单一的方法能够从微生物细胞或活性污泥絮体中把成分进行100%提取，每项技术的提取效率取决于许多因素。因此，要对各种方法进行比较研究，以选择适用于所需应用的最佳选择。此外，提取必须针对每一种情况进行方法选择和技术优化，包括考虑许多参数（如提取时间、成本、化学药物的用量和细胞裂解的评价），这会影响产物的成本和性能。研究报道也多方面说明，提取方法有针对性，不同提取方法获得的产品的分子量和效能不同。

用污泥作为基质进行生物絮凝剂生产的策略符合效益最大化原则。这为微生物絮凝剂的生产指明了一个方向，即以废治废，属于废物增值技术途径，具有明显的环境效益和经济效益。

用猪场废水（COD 3000mg/L，TN 170mg/L）可以作为生物絮凝剂生产菌群 B-737 的一种经济廉价且具有适合 C/N 比的底物来生产生物絮凝剂，添加 1.6g/L K_2HPO_4和 0.8g/L KH_2PO_4，菌群 B-737 生长良好，生物絮凝剂产量达到 1.5g/L，COD 和 TN 分别降低 61.9%和 53.6%，不仅降低了 90%以上的培养基成本，而且为回用猪场废水提供了有效的新技术途径[38]。

一项研究是在开放系统下，用当归假丝酵母（*Candida anglica*）以马铃薯淀粉废水作为一种廉价的底物生产生物絮凝剂。在 pH5.6、温度 28℃、摇床转速 150r/min、接种量 10%的优化培养条件下，48h 后生物絮凝剂产量为 1.36g/L。把甘油作为碳源和马铃薯淀粉废水以体积比 1∶100 混合，然后添加 0.5%$(NH_4)_2SO_4$无机氮源，在非灭菌条件下进行培养，培养液对高岭土悬浮液和 COD 的絮凝活性分别达到 94.6%和 93.7%[26]。

2.2.2 初始 pH 对多糖生物絮凝剂产生的影响

在工业发酵中控制细胞生长和产物合成的最适 pH 是生产成功的关键之一。pH 对培养的影响表现在以下几个方面。①影响酶的活性，影响菌体的新陈代谢。一般认为，培养基的 H^+或 OH^-并不直接作用于细胞内酶蛋白，而是首先作用在细胞外的弱酸（或弱碱）上，使之成为易于透过细胞膜的分子状态的弱酸（或弱碱），这样的弱酸（或弱碱）进入细胞后再解离出 H^+或 OH^-，改变细胞内原有的中性状态，影响酶蛋白的解离和所带电荷，进而影响酶的结构和活性。②影响原生质膜的性质，改变膜电荷状态，影响细胞的结构。例如，产黄青霉的细胞壁厚度随 pH 的增加而减小：其菌丝的直径在 pH6.0 时为 2～3μm，在 pH7.4 时则为 2～18μm，呈膨胀酵母状的细胞增加，随 pH 下降，菌丝形状可恢复正常。③影响培养基某些重要营养物质和中间代谢产物的解离，从而影响微生物对这些物质的吸收利用。④影响代谢产物的合成途径。黑曲霉在 pH2～3 的情况下，发酵产生柠檬酸；而在 pH 接近中性时，则生成草酸和葡萄糖酸。又如，酵母菌在最适生长 pH4.5～5.0 时，发酵产物为乙醇；而在 pH8.0 时，发酵产物不仅有乙醇，还有乙酸和甘油。⑤影响产物的稳定性，如在 β-内酰胺类抗生素噻纳霉素的发酵中，当 pH>7.5 时，噻纳霉素的稳定性下降，半衰期缩短，发酵单位也下降。青霉素在碱性条件下发酵单位低，就与青霉素的稳定性差有关。⑥影响酶的活性。由于酶作用均有其最适的 pH，所以在不适宜的 pH 下，微生物细胞中某些酶的活性受到抑制，从而影响菌体对基质的利用和产物的合成。由于 pH 的高低对菌体生长和产物的合成能产生上述明显的影响，最适发酵 pH 的选择依据是获得合适的菌体量和最大比生产速率，以获得最高产量。发酵的 pH 随菌种和产品不同而不同，同一菌种的最适生长 pH 与产物合成最适 pH 可能不同。

培养基的合适初始 pH 会使接入的菌体细胞直接进入合适的生长与代谢环境，加快生长与产物的正常合成速度或提高产物产量。起始 pH 可用原料、缓冲体系和酸碱溶液进行调节。有的菌种生长和代谢需要的 pH 范围比较接近，这种情况便于控制；而另外的菌种生长和产物合成的 pH 范围差别较大，这就需要在培养时，先通过调整好起始 pH 满足细胞生长，然后再根据发酵液的实际状况进行 pH 调节控制。

培养物的初始 pH 会影响细菌的电荷、细胞和氧化还原电位、营养同化和生物絮凝剂生产微生物的酶促反应。不同微生物絮凝剂产生菌产生絮凝剂的初始 pH 不同。在较低的初始 pH，寄生曲霉（*Aspergillus parasiticus*）有利于菌丝生长和生物絮凝剂合成。在培养基 pH3～9 内，絮凝活性最低为 84%，最适 pH5～6。pH 高于 7 时，细胞生长和产生的生物絮凝剂的产量都在下降[39]。研究人员对生物絮凝剂产生菌黄曲霉产生生物絮凝剂的条件进行研究，设定在 pH5～9 中若干起始 pH 进行培养，观察到在起始 pH7 时经培养获得的发酵液絮凝活性达到最高值，这说明培养基的中性起始 pH 是黄曲霉产生微生物絮凝剂的最佳 pH[14]。

地衣芽孢杆菌的最佳 pH6.5～9，在 pH 大于 7 的条件下絮凝活性达到最高。对于柠檬酸杆菌（*Citrobacter* sp.）的研究结果表明，生物絮凝剂的产生在 pH7.2～10 内与培养基的初始 pH 无关[11]。在 pH4.5～10 内，从土壤中分离的无花果沙雷菌产生的生物絮凝剂絮凝活性为 63%～95%，在 pH6～8 时得到絮凝活性最大值，即 95.4%。采用生物絮凝剂处理纸浆废水，色度和化学需氧量（COD）的去除率分别达到99.9%和72.1%，优于传统的化学絮凝剂[2]。达瓜金杆菌（*Chryseobacterium daeguense*）生产生物絮凝剂的最佳初始 pH5～7，在 pH6.0 时产生的絮凝活性达到最高[4]。

产紫青霉（*Penicillium purpurogenum*）生产絮凝剂的最高产量是在初始 pH5.5 的条件下得到的。这个菌株能够产生一种物质来调节 pH。当初始 pH 调到 5～8，培养 1 天后 pH 变化到 5.5，一直保持稳定直到第 4 天[4]。由葡萄球菌（*Staphylococcus* sp.）和假单胞菌（*Pseudomonas* sp.）共 4 株菌组成的多菌共同发酵，在接种量为 2%、初始 pH6.0、培养温度为 30℃、摇床转速为 160r/min 的条件下，产生的生物絮凝剂絮凝活性最高可达 96.8%。从 1.0L 发酵液中可回收 15g 纯化的生物絮凝剂，对印染废水的絮凝效果较好，COD 和色度的最大去除率分别为 79.2%和 86.5%[35]。当培养基的初始 pH 设定在中性 pH（7.0）时，奇异变形杆菌

(*Proteus mirabilis*) 的絮凝活性达 91.78%，节省了用于调节 pH 的大量酸或碱[5]。在 pH7～12 内的碱性 pH 有利于巨大芽孢杆菌 (*Bacillus megaterium*) 产生生物絮凝剂，在 pH9.0 时生物絮凝剂的产率最大，而在酸性培养基中生物絮凝剂的产生则被抑制[40]。

微藻在生物燃料生产中得到了广泛的研究，但目前用于生物燃料生产的微藻收获技术还没有得到很好的发展。研究从活性污泥中分离出一株银纹芽孢杆菌 (*Solibacillus silvestris*) 在 pH7～9 的条件下生长，在 pH8.0 条件下获得了对微藻细胞的最佳絮凝效率，达到 90%，絮凝过程不需要金属离子。纯化后的生物絮凝剂化学分析表明，它是由 75.1%的碳水化合物和 24.9%的蛋白质 (*m*/*m*) 组成的蛋白多糖。生产的新型生物絮凝剂有潜力收获海洋微藻，以节省成本，生产微藻生物制品[19]。然而，对可贝塔菌 (*Cobeita* sp.) 来说，碱性 pH 对生物絮凝剂的产生有不良影响。该菌的最适起始 pH 为 3～7，在 pH6 的条件下，发酵液的最高絮凝活性为 90.5%[41]。

2017 年 Liu 等培养地衣芽孢杆菌 CGMCC 2876 时发现，在以葡萄糖和尿素为碳源、氮源的情况下，培养基的初始 pH 通过优化，确定最佳起始 pH 为 7.2。在 2L 发酵罐分批发酵过程中，epsB 重组菌株发酵 72h 后发酵液絮凝活性达到 9612.75U/mL，生物絮凝剂的产量达到 10.26g/L，分别比原菌株提高了 224%和 36.62%[42]。表 2-2 表明各种微生物的最佳培养条件，如 pH、温度和培养时间。pH、温度是菌种培养及产物生成的重要参数，是重要的环境因素，这是由菌种的性能决定的。培养时间，即发酵周期则反映了菌种生长和产物合成的内在关系，有的菌种产物生成和生长同步，发酵周期要短；另一些菌种是待菌种完全生长成熟时产物合成才发生，这种情况下发酵周期相对要长些。当然，发酵周期的长短也和产物最终浓度密切相关。

表 2-2　多糖生物絮凝剂产生的 pH、温度和培养时间

菌种	培养条件	生物絮凝剂特征	参考文献
Azotobacter indicus	pH7.4、48h、30℃	海藻酸盐	[43]
Azotobacter vinelandii	pH7.3、40h、30℃	海藻酸盐	[44]
Aspergillus japonicus	pH6.5、6 天、25℃	普鲁兰	[45]
Aureobasidium pullulan	pH5.5、48h、42℃	普鲁兰	[46]
Absidia butleri	pH5.5、72h、30℃	壳聚糖	[47]
Gluconacetobacter sacchari	pH5、96h、30℃	纤维素	[48]
Gluconacetobacter sp.	pH6、6 天、30℃	纤维素	[49]
Xanthanmonas campestris	pH7、96h、28℃	黄原胶	[50]
Xanthanmonas campestris	pH6、72h、30℃	黄原胶	[51]

2.2.3 金属离子对微生物絮凝剂产生的影响

微生物絮凝剂产生菌的培养环境中，对细胞生长、产物合成和絮凝活性的展示来说，金属离子的存在表现出促进作用或抑制作用。金属离子可以是细胞的结构成分、细胞生长和合成途径中酶促反应的激活剂，还是生物絮凝剂按絮凝的对应机制发挥絮凝作用的助絮剂，根据它们的带电性质与强弱发挥作用。

栾兴社等[52]在研究重金属离子对微生物絮凝剂产生菌节杆菌 LF-Tou2 的影响时发现，在设定的重金属培养体系中，由于 Fe^{2+}的存在，在细胞培养过程中 pH 严重下降，在 30h 时达到 pH3.80。Fe^{2+}对最后的絮凝率（96.36%）和细胞生长（培养液浊度 OD_{660}=2.150）没有负面影响。Mn^{2+}在细胞培养过程中使 pH 由降到升变化，有利于絮凝率的提高（97.87%），对细胞生长没有不利影响（OD_{660}=2.056）。Cu^{2+}对细胞生长负面影响非常明显，在接种培养后的 6～12h 细胞没有生长，直到第 18 小时生长开始发生。Cu^{2+}对絮凝活性的负面影响也很大，其絮凝率在 30h 时只有 86.10%。Zn^{2+}对 pH（30h 时为 6.40）、细胞生长（OD_{660}=2.024）和絮凝率（94.4%）影响都不明显。Hg^{2+}的存在抑制絮凝活性的提高（絮凝率在 30h 为 85.17%），可是与 Zn^{2+}相比能够刺激初期细胞的生长速度（培养 6h 时 OD_{660}=0.181，同期 Zn^{2+}培养的 OD_{660}=0.077）。Ni^{2+}对细胞生长（24h 时 OD_{660}=2.047）和最后絮凝率（93.9%）没有明显的不利影响。另外，从絮凝角度来看，在培养到 12h 时，产生的生物絮凝剂对金属离子絮凝去除率 Fe^{2+}、Mn^{2+}和 Ni^{2+}已达 100%；在培养到 18h 时，Hg^{2+}的去除率也达到 100%。

阳离子通过中和作用和稳定官能团的剩余负电荷，及在粒子间发生桥联来刺激培养液的絮凝活性。二价和三价阳离子的作用是通过降低生物聚合物和颗粒上的负电荷来增加生物聚合物在悬浮颗粒上的初始吸附[53]。

据目前研究结果所知，微生物与阳离子之间的界面及其对微生物絮凝剂生产菌株遗传体系的影响尚未探索清楚。有三种机制参与了微生物与阳离子表面之间的复杂作用：①微生物细胞附着到金属离子表面；②氧化反应；③与代谢物的吸附和（或）化学反应。在 Na^{+}、K^{+}、Ca^{2+}、Mg^{2+}和 Mn^{2+}存在时，对黄曲霉产生微生物絮凝剂的刺激作用较弱；Fe^{3+}对生物絮凝剂的产生有抑制作用，即使这种阳离子对细胞生长最为有利[14]。以培养无花果沙雷氏菌产生生物絮凝剂为例，在 Fe^{3+}、K^{+}、Ba^{2+}和 Ca^{2+}存在下，微生物絮凝剂分泌增强，但在 Cu^{2+}和 Mg^{2+}存在时絮凝剂的分泌却受到了抑制[2]。

在培养过程中，培养基中的金属离子对生物絮凝剂的产生有一定的影响，其影响的程度取决于微生物本身和外部环境两个方面。黄曲霉产生一种由蛋白质和多糖组成的不依赖阳离子而产生絮凝作用的蛋白多糖微生物絮凝剂，而由无花果沙雷氏菌产生的生物絮凝剂是一种阳离子依赖型的生物絮凝剂，其成分为一种不含蛋白质的多糖。对黄曲霉来说，在培养基中电荷密度会随着Fe^{3+}的添加而增加，与相同浓度的其他阳离子相比会导致培养液絮凝率急剧下降。更多对无花果沙雷氏菌的研究揭示，在培养基中添加Mg^{2+}进行培养后，发酵液的pH降低[2,14]。

在地衣芽孢杆菌中，Cu^{2+}对细胞生长有抑制作用，絮凝活性下降到53.1%。有些阳离子，如Na^{+}、Fe^{2+}、Ca^{2+}和Mg^{2+}与生物絮凝剂的产生没有明显的联系。对奇异青霉来说，有些阳离子，如K^{+}、Na^{+}和Fe^{2+}不影响生物絮凝剂的产生。Ca^{2+}、Mg^{2+}和Fe^{3+}促进微生物絮凝剂的产生，但Al^{3+}对此种絮凝剂的产生却表现出明显的抑制效果[7]。在链霉菌（*Streptomyces* sp.）培养液中，Mg^{2+}是最有利的阳离子来源，培养获得发酵液的絮凝活性可达73%，而其他阳离子，如K^{+}、Na^{+}、Mn^{2+}、Fe^{2+}和Fe^{3+}对此生物絮凝剂生产过程影响不明显[22]。在此情况下，达瓜金杆菌生物絮凝剂的产生受到Mg^{2+}、Mn^{2+}、Ca^{2+}和K^{+}强烈的激活作用，但Ba^{2+}、Fe^{3+}、Al^{3+}对其有抑制作用。所以，本项研究选择Mg^{2+}作为最有利的阳离子用于刺激细胞生长和生物絮凝剂的合成[4]。

地衣芽孢杆菌X14生物絮凝剂的产生不受Mg^{2+}、Ca^{2+}、Fe^{2+}和Na^{+}等阳离子影响，而Cu^{2+}对细胞代谢有抑制作用[54]。对于克贝塔菌，所有阳离子（除一种外）都能增强生物絮凝剂的产生（增强方式为：$Mn^{2+}>K^{+}>Na^{+}>Ca^{2}>^{+}Li^{+}>Mg^{2+}>Al^{3+}$）；$Mn^{2+}$导致絮凝活性超过90%，$Fe^{3+}$除外，它具有抑制生物絮凝剂产生的作用[41]。

2017年科技工作者研究报道了一种从南非蒂乌姆河分离到的微生物絮凝剂产生菌芽孢杆菌KP4067。生物絮凝剂生产的最佳培养条件接种量为4%（*V*/*V*），淀粉和酵母提取物为唯一的碳源和氮源。在培养时添加Ca^{2+}能大大提高发酵液絮凝活性（76%）。制备的粗生物絮凝剂在pH4～10内能够产生良好的絮凝效果。将此生物絮凝剂在100℃加热1h，其仍能保持较高的絮凝活性[55]。

微生物絮凝剂是次级代谢产物，由于其高效率、生物大分子本身无毒无害、结构具备生物可降解性、使用没有二次污染和使用后在生态环境中不产生有毒的降解中间产物而备受关注。

2.2.4 微生物絮凝剂产生的时间阶段

微生物絮凝剂的产生发生在不同微生物生长的不同阶段。影响胞外多糖产生的因素很多，包括基因型及生理和环境方面。环境方面涉及物理、化学和生物因素。许多研究人员报告，一般来说，生物絮凝剂的产生与细胞生长是平行的，在稳定早期达到最大絮凝活性。研究表明，生物絮凝剂是在生长过程中通过营养同化而产生的，而不是由细胞自溶产生的。产量在不同时期下降的原因可能是由于细胞自溶、金属络合和依赖于微生物细胞的酶活性下降[23,56~58]。

微生物絮凝剂的产生根据其在发酵液中的分泌时期可分为初级代谢产物和次级代谢产物。黄曲霉微生物絮凝剂的产生与生物量的增加相平行，培养 60h 后在稳定早期絮凝活性达到 87.2%。稳定后期由于解絮凝酶活性和细胞自身降解使絮凝剂絮凝活性开始缓慢下降[14]。寄生曲霉生物絮凝剂产生与生物量的生长相平行，在细胞生长稳定期发酵液的絮凝活性最高可达 98.1%[39]。

在无花果沙雷菌中，微生物絮凝剂的产生与生长是同时进行的。在稳定早期（72h）达到最大值；随后，由于细胞裂解和降解酶活性的作用，84h 后产量缓慢下降。产气肠杆菌（*Enterobacter aerogenes*）生长曲线实验表明，生物絮凝剂的分泌与细胞生长平行，最大的絮凝活性出现在细胞生长的稳定早期[57]。

在许多情况下，生物絮凝剂的产量在对数后期和稳定早期达到最大絮凝活性。由于解絮凝酶活性，絮凝活性开始下降，同样的现象也发生在广泛产碱菌（*Alcaligenes latus*）、酱油曲霉（*A.sojae*）、胶质芽孢杆菌（*Bacillus mucilaginosus*）、枯草芽孢杆菌（*B.subtilis*）和柠檬酸杆菌生物絮凝剂的产生上[11,58~60]。芽孢杆菌的细胞生长和生物絮凝剂的产生在生长稳定期 96h 时同时达到最高值。

地衣芽孢杆菌 X14 絮凝剂产生在指数阶段与细胞生长平行，20h 后细胞产量达到高峰；而生物絮凝剂的产量在稳定早期达到最大值（48h）。当菌株在 60h 进入死亡期时其培养液的絮凝活性不下降。因此，该菌株不分泌解絮凝酶，使提取过程变得更加容易[30]。

达瓜金杆菌微生物絮凝剂的产生与细胞生长阶段并不是平行的，在死亡期絮凝剂急剧增加。研究发现该生物絮凝剂在低营养条件下产生，并在结构中有高含量的 DNA[4]。奇异变形杆菌产生生物絮凝剂的过程几乎与细胞生长平行，在细胞生长稳定期絮凝活性最高[13]。银纹芽孢杆菌产生细胞外与生长相关的生物絮凝剂。微藻在细胞生长阶段的培养液中絮凝活性迅速增加，但进入稳定期后停止增长[19]。西塞里赫菌（*Ochrobactium iceri*）产生生物絮凝剂的时间过程是在对数生长期内 16h 达到高峰，在稳定后期下降，这是由于细胞裂解过程中细胞内物质的释放所致[32]。

链霉菌在细胞生长的对数期发酵液中的絮凝活性最高，这表明细胞的生物合成过程也是生物絮凝剂产生的过程[22]。莫海威芽孢杆菌（*Bacillus mojavensis*）在培养开始的 72h 内细胞生长增加，然后保持不变。微生物絮凝剂在生长阶段由生物合成产生，而非自溶阶段产生；培养物的絮凝活性在稳定早期 24h 达到最高。与研究的其他菌株比较，该菌缩短了生物絮凝剂分泌的培养时间[10]。

2.2.5 接种量对生物絮凝剂产生的影响

接种量是细胞生长和生物絮凝剂产生的重要参数。接种量小延长了延迟期；当接种量过大时，菌株的生态位过度重叠，从而限制了生物絮凝剂的产生[61]。

在黄曲霉的研究中，试验了接种量在 0.2%～10%（*V*/*V*）内对微生物絮凝剂产生的影响。接种量为 2%（*V*/*V*）时，培养物絮凝活性最高为 86.6%[14]。无花果沙雷菌微生物絮凝剂的产生最初是接种量越大，絮凝活性越高。在接种量为 1%时，絮凝活性最大；然后，随着接种量的提高，絮凝活性不再增加。地衣芽孢杆菌的最佳接种量为 1%（*V*/*V*）时，发酵液最大絮凝活性为 99.2%。研究发现通过培养基对菌株的充分驯化，能够缩短生物絮凝剂产生时菌种生长的迟缓期[23]。对含葡萄球菌和假单胞菌的多种微生物联合培养来说，最佳接种量为 1%（*V*/*V*）时，絮凝活性最高，达到 75.6%[35]。对从混合活性污泥中分离到的奇异变形杆菌来说，最适宜的碳源、氮源和 C/N 比（*m*/*m*）分别为葡萄糖、蛋白胨和 10。当最佳接种量为 2%（*V*/*V*）、初始 pH7.0、培养温度 25℃、摇床转速 130r/min 时，絮凝剂的絮凝活性达到 93.13%[7]。

短状杆菌（*Brachybacterium* sp.）最佳发酵条件为：初始培养基 pH7.2，培养温度为 30℃，搅拌速度为 160r/min，接种量为细胞密度 3.0×10^8CFU/mL 的液体菌种 2%（*V*/*V*）。最佳生物絮凝剂生产的碳源、氮源和阳离子源分别为麦芽糖（83%絮凝活性）、尿素（91.17%絮凝活性）和 $MgCl_2$（91.16%絮凝活性）。最佳生物絮凝剂的产生与细菌的对数生长期相吻合[62]。对于运动克雷伯氏菌（*Klebsiella mobilis*），培养液的絮凝活性和细胞生长开始是随着接种量的增加而增加的。在 5%的接种量下实现了生物絮凝剂的最高产量。进一步提高接种量，生物絮凝剂的活性不再发生增长变化[9]。利用稻草培养液对硬壁菌（*Firmicutes* sp.）为主体菌的细菌混合培养，最佳接种量为 8%，絮凝活性达 92.3%[24]。甲基杆菌（*Methylobacterium* sp.）和放线杆菌（*Actinobacterium* sp.）混合接种量为 1%（*V*/*V*）时，最高絮凝活性达 92%，继续提高接种量培养物的絮凝活性不再增加[63]。

栾兴社等在研究节杆菌（*Arthrobacter* sp.）LF-Tou2 产生生物絮凝剂的最优化条件时发现，接种量对絮凝活性生成的影响很大，但对细胞生物量生成的影响较小。当每毫升培养液的接种量为 1×10^5 个细胞时，形成的絮凝活性达到最大（97.85%），减少接种量（1×10^4 个细胞/ml）或增加接种量（1×10^7 个细胞/ml），发酵液形成的絮凝活性都降低，分别为 91.70%和 88.27%[64]。

2.2.6 离子强度对生物絮凝剂产生的影响

离子强度对调节生产过程中发酵培养基的 pH 起着关键作用。离子强度通常通过添加盐类加以实现，并取决于盐的电荷强度和离子浓度。适当的盐的存在对培养液起很好的缓冲作用，它可以减轻培养过程中 pH 变化的影响。

对地衣芽孢杆菌来说，用 K_2HPO_4 和 KH_2PO_4 最佳浓度分别为 3g/L 和 1g/L 作为缓冲液来稳定培养基 pH[23]。以奇异变形杆菌为例，其离子强度的研究结果是

K_2HPO_4和 KH_2PO_4最佳浓度分别为 0.3g/L 和 5g/L[7]。栅藻（*Scenedesmus* sp.）培养基用 0.3g/L K_2HPO_4和 0.3g/L KH_2PO_4缓冲 pH。相类似，多黏类芽孢杆菌（*Paenibacillus polymyxa*）缓冲成分用的是 K_2HPO_4（5g/L）和 KH_2PO_4（2g/L）。莫海威芽孢杆菌[10]和西塞里赫菌[32]、埃吉类芽孢杆菌（*Paenibacillus elgii*）在含 K_2HPO_4（1.5g/L）和 KH_2PO_4（1g/L）的培养基中产生生物絮凝剂[65]。

2.2.7 多种微生物共同培养对生物絮凝剂产生的影响

实际上多种微生物共同培养就称为混合发酵，是采用两种或多种微生物的协同作用共同完成某发酵过程的一种新型发酵技术，是纯种发酵技术的新发展，也是一种不需要进行复杂的 DNA 体外重组却可取得类似效果的新型发酵技术。优点是可提高发酵效率甚至可形成新产品。根据生物间的结合方式，可分如下 4 型。①联合发酵：用两种或多种微生物同时接种和培养，如我国发明的维生素 C 生产中山梨糖转化为二酮基古龙酸过程中的混菌发酵。②顺序发酵：先用甲菌进行常规发酵，再由乙菌等按顺序进行发酵，以共同完成数个生化反应。例如，少根根霉（*Rhizopus arhizus*）先把葡萄糖转化为反丁烯二酸，然后再由产气肠杆菌（*Enterococcus aerogenes*）或普通变形杆菌（*Proteus vulgaris*）将它还原为发酵产物琥珀酸。③共固定化细胞混菌发酵：把两种或多种微生物细胞同时包埋或吸附于同一载体上而进行的混菌发酵。例如，黑曲霉（*Aspergillus niger*）和运动发酵单胞菌（*Zymomonas mobilis*）共同把淀粉转化为乙醇等。④混合固定化细胞混菌发酵：将两种或多种微生物细胞分别固定化后，再把它们混在一起进行混菌发酵。

到目前为止，已有一些关于混合培养生产生物絮凝剂时微生物相互作用和细胞聚集的研究。Zhang 等报道了葡萄球菌（*Staphylococcus* sp.）和假单胞菌（*Pseudomonas* sp.）混合培养会对细胞生长和生物絮凝剂的产生出现协同作用。生物絮凝剂的产生与细胞生长在多菌混合培养的情况下比单独培养更有效。在混合培养条件下，葡萄球菌首先利用培养基中的营养物质，并连续提供有利于假单胞菌生长的更多营养物。反过来，假单胞菌又为葡萄球菌提供新的营养物质。所以，两种细菌混合培养生物絮凝剂产率高（15g/L）和比单独培养有更好的絮凝效果，最大絮凝活性达 96%[35]。甲基杆菌和放线杆菌两种细菌的混合培养产生 8.203g/L 絮凝剂和 95%絮凝活性[63]，显著高于其他多种微生物混合培养和单菌株纯培养产生的微生物絮凝剂的产量。

由两种细菌科贝特氏菌（*Cobetia* sp.）和芽孢杆菌（*Bacillus* sp.）组成的微生物联合体能产生一种高效生物絮凝剂，对啤酒废水、乳制品废水和河水的絮凝去除率分别达到 90.2%、78.8%和 99%[66]。放射型根瘤菌（*Rhizobium radiobacter*）和球形芽孢杆菌（*Bacillus sphaeicus*）混合培养法生产的多糖生物絮凝剂与单一培养物相比具有更高的絮凝活性，达 90%[67]。蜡状芽孢杆菌（*Bacillus cereus*）和膜醭毕赤酵母（*Pichia membranifaciens*）以乙醇废水为培养基混合培养产生了一种多糖基生物絮凝剂。与纯培养相比只用一半培养时间，并且表现出最高的絮凝活性（88%）[68]。最适营养源浓度为 16.0g/L（蔗糖）、1.5g/L（蛋白胨）和 1.6g/L（氯化镁），由纤维单胞菌（*Cellulomonas* sp.）和链霉菌（*Streptomyces* sp.）混合培养产生的微生物絮凝剂的最佳絮凝活性为 98.9%和高得率（4.45g/L）的杂多糖絮凝剂[69]。链霉菌和纤维单胞菌分泌糖蛋白和糖胺聚糖生物絮凝剂，在极端 pH 和高温条件下都是稳定的。以葡萄糖为碳源时链霉菌产生的最佳絮凝活性为 89%，产率为 3.37g/L；而纤维单胞菌产生的生物絮凝剂活性为 88.09%，产率为 4.04g/L。

由盐单胞菌和微球菌组成的细菌联合体生产生物絮凝剂，pH8 时最佳絮凝活性为 86%，产率为 3.51g/L，比单个菌株纯培养（盐单胞菌：1.213g/L；微球菌属：0.738g/L）要高得多，这可用它们一起生长提高了生物絮凝剂产生的协同效应来解释。提高了生物絮凝剂的产量就预示着生产成本的下降[70]。

参考文献

[1] Cosa S, Mabinya L V, Olaniran A O, et al. Bioflocculant production by *Virgibacillus* sp. rob isolated from the bottom sediment of Algoa Bay in the eastern Cape, South Africa. Molecules, 2011, 16: 2431-2442.

[2] Gong W X, Wang S G, Sun X F, et al. Bioflocculant production by culture of *Serratia ficaria* and its application in wastewater treatment. Bioresour Technol, 2008, 99: 4668-4674.

[3] He N, Li Y, Chen J. Identification of a novel bioflocculant from a newly isolated *Corynebacterium glutamicum*. Biochem Eng J, 2002, 11: 137-148.

[4] Liu W, Wang K, Li B, et al. Production and characterization of an intracellular bioflocculant by *Chryseobacterium daeguense* W6 cultured in low nutrition medium. Bioresour Technol, 2010, 101: 1044-1048.

[5] Mabinya LV, Cosa S, Mkwetshana N, et al. *Halomonas* sp. OKOH—a marine bacterium isolated from the bottom sediment of Algoa Bay—produces a polysaccharide bioflocculant: partial characterization and biochemical analysis of its properties. Molecules, 2011, 16: 4358-4370.

[6] Wu H J, Li Q B, Lu R, et al. Fed-batch production of a bioflocculant from *Corynebacterium glutamicum*. J Ind Microbiol Biotechnol, 2010, 37: 1203-1209.

[7] Xia S, Zhang Z, Wang X, et al. Production and characterization of a bioflocculant by *Proteus mirabilis* TJ-1. Bioresour Technol, 2008, 99: 6520-6527.

[8] Yang Z H, Huang J, Zeng G M, et al. Optimization of flocculation conditions for kaolin suspension using the composite flocculant of MBFGA1 and PAC by response surface methodology. Bioresour Technol, 2009, 100: 4233-4239.

[9] Wang S G, Gong W X, Liu X W, et al. Production of a novel bioflocculant by culture of *Klebsiella mobilis* using dairy wastewater. Biochem Eng J, 2007, 36: 81-86.

[10] Elkady M F, Farag S, Zaki S, et al. *Bacillus mojavensis* strain 32A, a bioflocculant-producing bacterium isolated from an Egyptian salt production pond. Bioresour Technol, 2011, 102: 8143-8151.

[11] Fujita M, Ike M, Tachibana S, et al. Characterization of bioflocculant produced by *Citrobacter* sp. TKF04 from acetic and propionic acids. J Biosci Bioeng, 2000, 98: 40-46.

[12] Xiong Y, Wang Y, Yu Y, et al. Production and characterization of a novel bioflocculant from *Bacillus licheniformis*. Appl Environ Microbiol, 2010, 76: 2778-2782.

[13] Salehizadeh H, Yan N. Recent advances in extracellular biopolymer flocculants. Biotechnology Advances, 2014, 32: 1506-1522.

[14] Rajab Aljuboori A H, Idris A, Abdullah N, et al. Production and characterization of a bioflocculant produced by *Aspergillus flavus*. Bioresour Technol, 2013, 127: 489-493.

[15] Adebayo-Tayo B, Adebami G E. Production and characterization of bioflocculant produced by *Bacillus clausii* NB2. Innov Rom Food Biotechnol, 2014, 14: 13-25.

[16] He N, Li Y, Chen J. Production of a novel polygalacturonic acid bioflocculant REA-11by *Corynebacterium glutamicum*. Bioresour Technol, 2004a, 94: 99-105.

[17] Liu L F, Cheng W. Characteristics and culture conditions of a bioflocculant produced by *Penicillium* sp. Biomed Environ Sci, 2010, 23: 213-218.

[18] Zhao H, Liu H, Zhou J. Characterization of a bioflocculant MBF-5 by *Klebsiella pneumoniae* and its application in Acanthamoeba cysts removal. Bioresour Technol, 2013, 37: 226-232.

[19] Wan C, Zhao X Q, Guo S L, et al. Bioflocculant production from *Solibacillus silvestris* W01 and its application in cost-effective harvest of marine microalga *Nannochloropsis oceanica* by flocculation. Bioresour Technol, 2013, 135: 207-212.

[20] Li Q, Liu H L, Qi Q S, et al. Isolation and characterization of temperature and alkaline stable bioflocculant from *Agrobacterium* sp. M-503. New Biotechnol, 2010, 27: 789-794.

[21] He J, Zhen Q, Qiu N, et al. Medium optimization for the production of a novel bioflocculant from *Halomonas* sp. V3a′ using response surface methodology. Bioresour Technol, 2009, 100: 5922-5927.

[22] Nwodo U U, Agunbiade M O, Green E, et al. A freshwater Streptomyces, isolated from Tyume river, produces a predominantly extracellular glycoprotein bioflocculant. Int J Mol Sci, 2012, 13: 8679-8695.

[23] Li Z, Zhong S, Lei H, et al. Production of a novel bioflocculant by *Bacillus licheniformis* X14 and its application to low temperature drinking water treatment. Bioresour Technol, 2009a, 100: 3650-3656.

[24] Zhao G, Ma F, Wei L, et al. Using rice straw fermentation liquor to produce bioflocculants during an anaerobic dry fermentation process. Bioresour Technol, 2012, 113: 83-88.

[25] Wang J N, Li A, Yang J X, et al. Mycelial pellet as the biomass carrier for semi-continuous production of bioflocculant. RSC Adv, 2013, 3: 18414-18423.

[26] Yan D, Yun J. Screening of bioflocculant-producing strains and optimization of its nutritional conditions by using potato starch wastewater. Trans Chin Soc Agri Eng, 2013, 29: 198-206.

[27] Peng L, Yang C, Zeng G, et al. Characterization and application of bioflocculant prepared by *Rhodococcus erythropolis* using sludge and livestock wastewater as a cheap culture media. Appl Microbiol Biotechnol, 2014, 98: 6847-6858.

[28] Rasulov B A, Li L, Liu Y H. et al. Production, characterization and structural modification of exopolysaccharide-based bioflocculant by *Rhizobium radiobacter* SZ4S7S14 and media optimization. Biotech, 2017, 7(3): 179.

[29] Mayowa O A, Esta V H, Carolina H P, et al. Flocculating performance of a bioflocculant produced by *Arthrobacter humicolain* sewage waste water treatment. Bmc Biotechnology, 2017, 17: 51.

[30] Li Z, Chen R W, Lei H Y, et al. Characterization and flocculating properties of a novel

bioflocculant produced by *Bacillus circulans*. World J Microbiol Biotechnol, 2009b, 25: 745-752.

[31] Dong S, Ren N, Wang A, et al. Production of bioflocculant using the effluent from a hydrogen-producing bioreactor and its capacity of wastewater treatment. J Water Resour Prot 2008, 1: 1-65.

[32] Wang L, Chen Z, Yang J, et al. Pb(II) biosorption by compound bioflocculant: performance and mechanism. Desalin Water Treat, 2013b, 53: 1-9.

[33] More T T, Yan S, Tyagi R D, Surampalli RY. Extracellular polymeric substances of bacteria and their potential environmental applications. J Environ Manage, 2014, 144(1): 1-25.

[34] You Y, Ren N Q, Wang A J, et al. Use of waste fermenting liquor to produce bioflocculants with isolated strains. Int J Hydrogen Energy, 2008, 33: 3295-3301.

[35] Zhang Z Q, Lin B, Xia S Q, et al. Production and application of a novel bioflocculant by multiple-microorganism consortia using brewery wastewater as carbon source. Environ Sci, 2007, 19: 667-673.

[36] More T T, Yan S, John R P, et al. Biochemical diversity of the bacterial strains and their biopolymer producing capabilities in wastewater sludge. Bioresour Technol, 2012a, 121: 304-311.

[37] More T T, Yan S, Hoang N V, et al. Bacterial polymer production using pre-treated sludge as raw material and its flocculation and dewatering potential. Bioresour Technol, 2012b, 121: 425-431.

[38] Pei R L, Xin X, Zhang X Q, et al. Piggery wastewater cultivating bioflocculant-producing flora B-737 and the fermentation characteristics. Chin J Environ Sci, 2013, 34: 1951-1957.

[39] Deng S, Yu G, Ting Y P. Production of a bioflocculant by *Aspergillus parasiticus* and its application in dye removal. Colloids Surf B Biointerfaces, 2005, 44: 179-186.

[40] Zheng Y, Ye Z L, Fang X L, et al. Production and characteristics of a bioflocculant produced by *Bacillus* sp. F19. Bioresour Technol, 2008, 99: 7686-7691.

[41] Ugbenyen A, Cosa S, Mabinya L, et al. Thermostable bacterial bioflocculant produced by *Cobetia* spp. isolated from Algoa Bay (South Africa). Int J Environ Res Public Health, 2012, 9: 2108-2120.

[42] Liu P, Chen Z, Yang L, et al. Increasing the biofocculant production and identifying the efect of overexpressing epsB on the synthesis of polysaccharide and γ-PGA in *Bacillus licheniformis*. Microbial Cell Factories, 2017, 16: 163.

[43] Patil S V, Salunkhe R B, Patil C D, et al. Bioflocculant exopolysaccharide production by *Azotobacter indicus* using flower extract of *Madhuca latifolia* L. Appl Biochem Biotechnol, 2010, 162: 1095-1108.

[44] Diaz-Barrera A, Gutierrez J, Martinez F, et al.2014. Production of alginate by *Azotobacter vinelandii* grown at two bioreactor scales under oxygen-limited conditions. Bioprocess Biosyst Eng, 2014, 37: 1133-1140.

[45] Mishra B, Suneetha V. Biosynthesis and hyper production of pullulan by a newly isolated strain of *Aspergillus japonicus*-VIT-SB1. World J Microbiol Biotechnol, 2014, 30: 2045-2052.

[46] Singh R, Gaur R, Tiwari S, et al. Production of pullulan by a thermotolerant *Aureobasidium pullulans* strain in non-stirred fed batch fermentation process. Braz J Microbiol, 2012, 43: 1042-1050.

[47] Vaingankar P N, Juvekar A R.Fermentative production of mcycelial chitosan from Zygomycetes: media optimization and physico-chemical characterization. Adv Biosci Biotechnol, 2014, 5: 940-956.

[48] Gomes F P, Silva N H C S, Trovatti E, et al. Production of bacterial cellulose by *Gluconacetobacter sacchari* using dry olive mill residue. Biomass Bioenergy, 2013, 55: 205-211.

[49] Jahan S, Kumar V, Rawat G, et al.Production of microbial cellulose by a bacterium isolated from fruit. Appl Biochem Biotech, 2012, 67: 1157-1171.

[50] Ferreira D S, Costa L A S, Campos M I, et al. Production of xanthan gum from soybean biodiesel: a preliminary study. BMC Proc, 2014, 8: 174.

[51] Carignatto C R R, Oliveira K S M, Lima V M G, et al. New culture medium to xanthan production by *Xanthomonas campestris* pv. *campestris*. Indian J Microbiol, 2011, 51: 283-288.

[52] 栾兴社, 王桂宏, 祝磊, 等. 节杆菌 LFTou2 产生絮凝剂的培养及去除重金属的作用研究. 化工科技, 2004, 12(3): 6-10.

[53] Salehizadeh H, Shojaosadati A. Salehizadeh H, et al. Extracellular biopolymer flocculant: recent trends and its biotechnological importance. Biotechnol Adv, 2001, 19: 371-385.

[54] Li Z, Zhong S, Lei H, et al. Production of a novel bioflocculant by *Bacillus licheniformis* X14 and its application to low temperature drinking water treatment. Bioresour Technol, 2009a, 100: 3650-3656.

[55] Nozipho N, Kunle O, Nwodo U, et al. Bioflocculation potentials of a uronic acid-containing glycoprotein produced by *Bacillus* sp. AEMREG4 isolated from Tyhume River, South Africa Biotech, 2017, 7: 78.

[56] Cosa S. Assesment of bioflocculant production by some marine bacteria isolated from the bottom sediment of Algoa Bay [M.Sc. thesis] Alice, South Africa: Faculty of Science and Engineering, University of Fort Hare, 2010.

[57] Lu W Y, Zhang T, Zhang D Y, et al. A novel bioflocculant produced by *Enterobacter aerogenes* and its use in defecating the trona suspension. Biochem Eng J, 2005, 27: 1-7.

[58] Vatansever A. Bioflocculation of activated sludge in relation to calcium ion concentration [M.Sc Thesis] Ankara: School of Natural and Applied Sciences, Middle East Technical University, 2005.

[59] Deng S B, Bai R B, Hu X M, et al. Characteristics of a bioflocculant produced by *Bacillus mucilaginosus* and its use in starch wastewater treatment. Appl Microbiol Biotechnol, 2003, 60: 588-593.

[60] Wu J Y, Ye H F. Characterization and flocculating properties of an extracellular biopolymer produced from a *Bacillus subtilis* DYU1 isolate. Process Biochem, 2007, 42: 1114-1123.

[61] Salehizadeh H, Shojaosadati A. Extracellular biopolymer flocculant: recent trends and its biotechnological importance. Biotechnol Adv, 2001, 19: 371-385.

[62] Nwodo U U, Agunbiade M O, Green E, et al. Characterization of an exopolymeric flocculant produced by a *Brachybacterium* sp. Materials, 2013, 6: 1237-1254.

[63] Luvuyo N, Nwodo U U, Mabinya L V, et al. Studies on bioflocculant production by a mixed culture of *Methylobacterium* sp. Obi and *Actinobacterium* sp. Mayor. BMC Biotechnol, 2013, 3: 1-7.

[64] 栾兴社, 王桂宏, 于伟正. 微生物絮凝剂产生菌节杆菌 LF-Tou2 的培养和絮凝条件研究. 现代化工, 2004, 24(6): 43-45.

[65] Li Q, Lu C, Liu A, et al. Optimization and characterization of polysaccharide-based bioflocculant produced by *Paenibacillus elgii* B69 and its application in wastewater treatment. Bioresour Technol, 2013, 134: 87-93.

[66] Ugbenyen A M, Cosa S, Mabinya L V, et al. Bioflocculant production by *Bacillus* sp. Gilbert

isolated from a marine environment in South Africa. Appl Biochem Microbiol, 2014, 50: 49-54.
[67] Wang L, Ma F, Qu Y, et al. Characterization a compound bioflocculant produced by mixed culture of *Rhizobium radiobacter* F2 and *Bacillus sphaeicus* F6. World J Microbiol Biotechnol, 2011, 27: 2559-2565.
[68] Zhang F, Jiang W, Wang X, et al. A new complex bioflocculant produced by mix-strains in alcoholic wastewater and the characteristics of the bioflocculant. Fresenius Environ Bull, 2011, 20: 2238-2245.
[69] Nwodo U U, Green E, Mabinya L V, et al. Bioflocculant production by a consortium of *Streptomyces* and *Cellulomonas* species and media optimization via surface response model. Colloids Surf B Biointerfaces, 2014, 116: 257-264.
[70] Okaiyeto K, Nwodo U U, Mabinya L V, et al. Characterization of a bioflocculant produced by a consortium of *Halomonas* sp. Okoh and *Micrococcus* sp. Leo. Int J Environ Res Public Health, 2013, 10: 5097-5110.

3 多糖生物絮凝剂的合成及工程策略

多糖生物絮凝剂是一种极具发展前景的绿色水质净化产品。在细胞壁多糖、荚膜多糖和细胞外分泌多糖这三种形式的多糖中，因为产量大和容易提取，细胞外分泌多糖更具有成本效益和规模化生产的意义。具有高效絮凝活性的生物多糖就在种类众多、成分各异、理化性质不同的多糖大家庭里。微生物合成胞外多糖由特定的分泌酶完成（聚合和前体合成酶），合成发生在细胞外或细胞壁内。产生和分泌不同胞外多糖的不同菌种各有着胞外多糖合成的聚合酶和前提物质，营养要求和发酵条件也各不相同，不同菌种能产生对应多糖的能力也各有高低。因此，研究了解多糖的生物合成途径和相关基本条件、影响因素，以便能更明确地调整产物合成方向和有效地激活产品合成速率与提高多糖产量。

3.1 胞外多糖生物合成步骤

胞外多糖的生物合成可分为三个主要步骤：①前体物质的合成；②聚合和通过细胞质膜转移；③通过外膜输出。这三个步骤随使用的碳源不同、菌种不同而有所变化，具体细节取决于聚合物合成的种类。

3.1.1 前体物质的合成

细胞内前体物质的合成步骤涉及中间糖的转化。代谢物进入胞外多糖前体，核苷二磷酸糖[如鸟苷二磷酸（GDP-糖）]与被同化的底物或碳源相对应。糖核苷（核苷二磷酸糖）提供单糖的活性形式。通过去甲基化、脱氢和脱羧反应各种单糖相互转化。

活性聚合物前体的生物合成需要聚合物特异性酶，这是重要的第一步，已经成为代谢工程师提高聚合物的产量和合成特定多糖的目标。在这种情况下，每种类型的聚合物（葡聚糖、纤维素、可德兰、普鲁兰、黄原胶和海藻酸钠等）特异性前体和特异性酶参与了它们的生物合成[1]。例如，尿苷二磷酸（UDP-葡萄糖）是木醋酸杆菌（*Acetobacter xylinum*）直接合成纤维素和普鲁兰出芽短梗霉合成普鲁兰的前体，分别使用尿苷二磷酸葡萄糖（UDPG）焦磷酸化酶和葡萄糖基转移酶[2,3]。类似地，每一种聚合物都有一个专用的前体和酶，因生物不同而异。

3.1.2 聚合和通过细胞质膜转移

胞外生物多糖生物合成的第二步涉及前体核苷二磷酸聚合的单体聚合成聚合物。单糖通过形成糖核苷酸复合物被激活，顺序地把糖添加到类异戊二烯类脂，同时添加酰基。高特异性糖基转移酶酶促单糖和酰基转移到位于细胞质膜上的类异戊二烯类脂受体（细菌萜醇，C55-类异戊二烯类脂）。低聚糖重复单位与乙酰基、丙酮基和其他酰基修饰，然后聚合。重复单元聚合后，多糖通过细胞质外膜排出，这可能通过形成一个多蛋白质复合物来协调，涉及细胞质和外膜蛋白及周质蛋白。

作为聚合物生物合成的例子，黄原胶生物合成途径已经研究明确[4]。黄原胶的合成始于重复戊糖单位的组装（GDP-甘露糖和 UDP-葡糖醛酸）。然后这些单元由 GumF 聚合，其为黄原胶聚合酶的催化亚单位，位于细胞质膜上，然后产生大分子黄原胶。一旦合成了黄原胶，它就会分泌到细胞外环境中。

在海藻酸盐合成中，该步骤需要转移细胞溶质前体 GDP-甘露糖醛酸通过细胞膜和单体在糖基转移酶催化下聚合到多聚甘露糖酯（Alg8）上[5]。图 3-1 表明了细菌多聚物合成的步骤。

3.1.3 通过外膜输出

胞外多糖的最后合成阶段是通过细胞质膜分泌到细胞外，它包括穿过周质空间、外膜，最后排入细胞外环境。*AlgE* 和 *GumJ* 分别是产生藻酸盐输出酶和黄原胶输出酶的基因。

在胞外多糖合成过程中，脂质转运体为细胞外膜，这有助于精确和有序形成碳水化合物链，接着该链通过细胞膜输出。多糖在细胞质膜的内侧聚合，然后通过中介脂质转运体直接输送。这些运输工具是长链的磷酸酯和类异戊二烯醇，与在脂多糖和肽聚糖的生物合成中描述的那些运输工具相同[6]。它们参与胞外多糖细胞外分泌，在杂多糖的合成中起着重要的作用。胞外多糖分泌后，酶干预特定的胞外多糖，聚合物释放。进一步分类将多糖分为重复单元聚合物和非重复单元聚合物，在合成过程中分别有着各自的起始化合物、前体和聚合酶。

胞外多糖合成的三个专用步骤需要一组专门的基因以一种多调控的方式工作。这些基因被翻译成蛋白质，最终完成胞外多糖合成。分子生物学家和基因工程师针对这些基因和蛋白质来构建菌种以获得期望质量和数量的胞外多糖。这将是一项有兴趣的工作，启发我们去理解胞外多糖超量生产的不同分子工程方法。

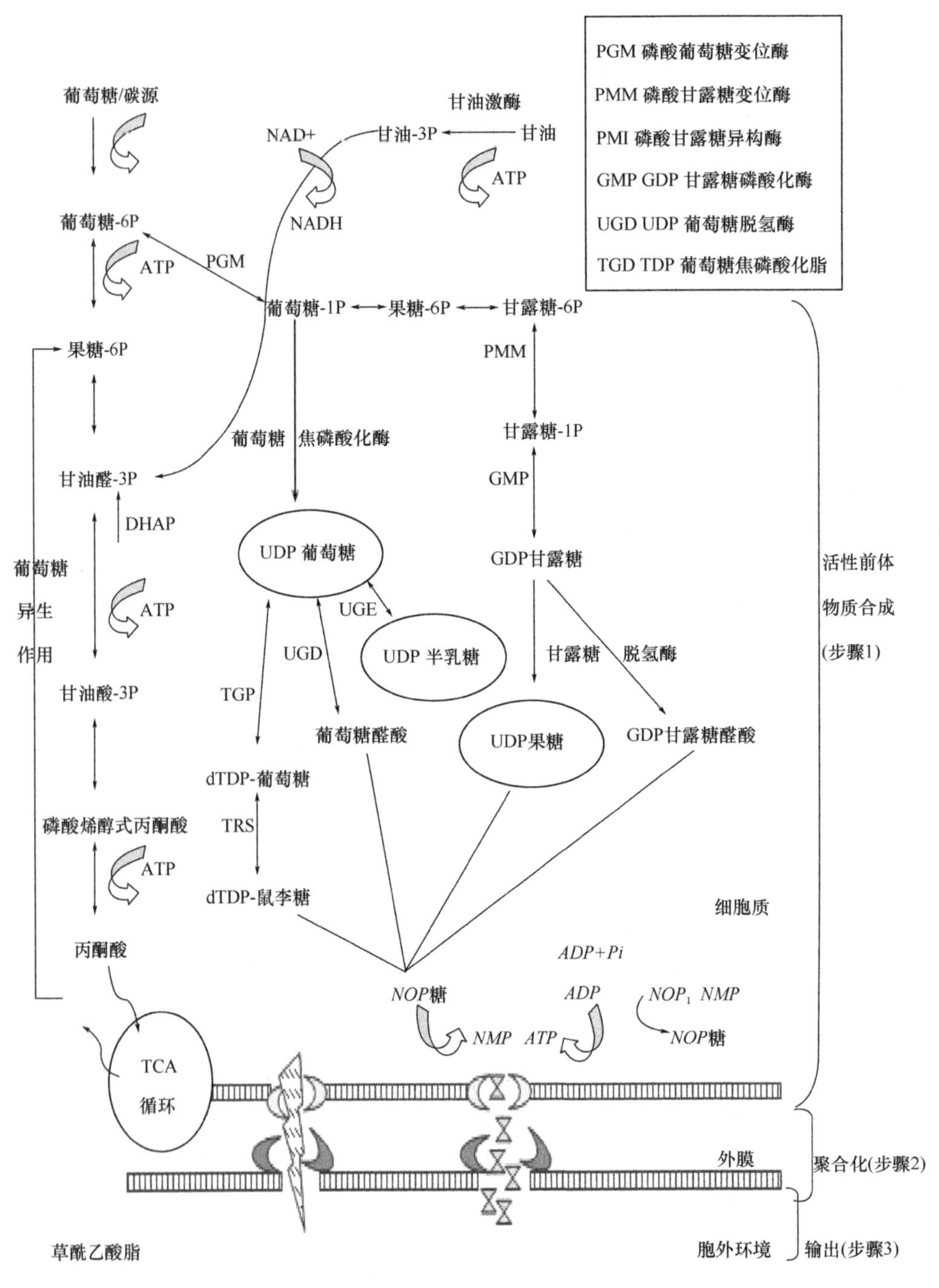

图 3-1 细菌多聚物合成的步骤

3.2 几种多糖的生物合成途径

多糖生物絮凝剂的合成是一个复杂的多阶段过程。这一过程涉及许多位于内膜和外膜上的酶和蛋白质。许多前体核苷酸二磷酸糖在转移和合成生物絮凝剂中附着在受体上。酶特异性、引物物质和细胞质膜对特异性多糖的结构、控制和组织有影响。虽然有些研究报道了多糖生物絮凝剂的生物合成，但对该过程还不完全了解。关于基因工程和生物合成途径的作用，仍然存在着重大的认知差距[7~16]。

3.2.1 壳聚糖生物合成

壳聚糖是在不同真菌，如黑曲霉（*Aspergillus nidulans*）、米根霉（*Rhizopus oryzae*）中合成的。米根霉、炭疽刺盘孢菌（*Colletotrichum lindemuthianium*）和毛霉属（*Muco*）是利用几丁质合酶（EC2.4.1.16）和几丁质脱乙酰基酶（CDA，EC3.5.1.41）这两种重要的酶合成壳聚糖的。首先，几丁质合酶催化尿苷-二磷酸-*N*-乙酰葡萄糖胺（UDP-GlcNAc）形成几丁质的链-乙酰葡糖胺（GlcNAc）单体并偶联在几丁质合成酶催化的反应中。在二价阳离子辅因子的存在下 UDP 和 GlcNAc 发生聚合。几丁质生物合成包括以下三个主要步骤：①用几丁质合酶形成几丁质聚合物链；②合成的高分子跨膜移位及分泌；③形成壳聚糖的结晶微纤维。然后，几丁质脱乙酰酶从几丁质的 *N*-乙酰葡萄糖胺组分上水解乙酸基，将它们转化为葡糖胺并最终形成脱乙酰壳聚糖。几丁质合酶和几丁质脱乙酰酶直接影响几丁质的分子量和脱乙酰度，即壳聚糖中 GlcNAc 基团的含量[17]。

3.2.2 纤维素生物合成

尽管有评论和论文报道了纤维素生物合成，但没有理想、单一的系统来研究这一过程。纤维素是由少数细菌合成的，如木葡糖酸醋杆菌（*Gluconacetobacter xylinus*）、根癌农杆菌（*Agrobacterium tumefaciens*）、根瘤菌属（*Rhizobium*）、气杆菌属（*Aerobacter*）和八叠球菌属（*Sarcina*）。植物纤维素（PC）和细菌纤维素（BC）在化学组成上是相同的，即 β-1,4-葡聚糖，但具有不同的物理性质[12]。在分子水平上很难发现不同来源的藻类纤维素。模式菌株盘基网柄菌在其生命周期的不同阶段产生纤维素，很早以前就表明了在这种微生物中存在纤维素合成酶活性。该菌细胞壁中含有 1,4-β-D-葡聚糖和 1,3-β-D-葡聚糖，在体外合成这些葡聚糖时检测到了可分离的酶，但用这种微生物进行的遗传学研究还没有取得进展。虽然没有文献证明细菌纤维素生物合成与绿色植物不同，但纤维素的细菌合成需要尿苷二磷酸葡萄糖（UDPG），而二磷酸葡萄糖胍（GDPG）则用于绿色植物纤维素生物合成[18]。

3.2.3 木糖生物合成

含有木糖的多糖可由埃吉类芽孢杆菌 B69 合成。合成过程从核苷糖、糖、尿苷二磷酸木糖（UDP-Xyl）和 UDP 葡糖醛酸（UDP-GlcA）开始。UDP-Xyl 来源于 UDP-GlcA 脱羧酶对 UDP-GlcA 的生物反应，UDP-GlcA 脱羧酶在细胞壁生物合成中由 UDP-Xyl 合成木聚糖起着关键作用。这些前体依次加入真菌、细菌、植物细胞和动物细胞中，用不同的特异性糖基转移酶合成含有木糖的聚合物，接下来，输出并聚合化[19,20]。一些真菌的木葡聚糖、木聚糖、木半乳聚糖、荚膜多糖是这些聚合物的最佳实例，包括细胞外基质中的蛋白多糖和细胞表面的植物多糖[22~25]。在根瘤菌属（*Rhizobiaceae*）产生的大多数杂多糖中，二磷酸十一异戊烯醇是众所周知的糖受体。重复单元在细胞质膜中形成，而聚合则发生在内膜的周质空间部位，采用 Wxy 样聚合酶和 Wzc 样内膜周质蛋白（MPA）与输出的聚合物偶联到细胞表面。内膜周质蛋白控制生长的杂多糖链长。位于两种膜上的蛋白质生理联合在胞外多糖有效转运方面起着重要作用。多糖的转运依赖于外膜蛋白（OMA），外膜蛋白在外膜中形成通道使生长的多糖离开细胞表面[9]。

3.2.4 海藻酸盐生物合成

图 3-2 表明拟南芥假单胞菌的海藻酸盐生物合成。海藻酸盐生物合成始于碳源转化为乙酰辅酶 A，然后通过糖异生作用经过 Krebs 循环转化为果糖-6-磷酸。果糖-6-磷酸通过一系列生物合成转化，最终转化为海藻酸盐合成的关键前体物质 GDP-甘露糖醛酸。GDP-甘露糖醛酸前体合成、细胞质膜转移与多聚甘露糖醛酸聚合，周质转移和修饰，并通过外膜依次输出。这些过程依次发生在海藻酸盐生物合成中。海藻酸盐可以通过后聚合进行修饰，多聚甘露糖醛酸被几个转乙酰酶乙酰化。然后，由一族差向异构酶差向异构化把非乙酰化的 M 残基转化为 G 残基，最终海藻酸盐通过跨膜孔分泌出细胞。参与合成的 13 个基因包括 *algA*、*algC*、*algD*、*alg8*、*alg44*、*algK*、*algX*、*algI*、*algJ*、*algF*、*algG*、*algL* 和 *algE*。*algL* 负责周质转运以及具有控制生物聚合物长度的作用。基因控制胞外多糖的生物合成，形成染色体或巨型质粒上的大簇。海藻酸盐生物合成基因几乎与假单胞菌属（*Pseudomonas*）和固氮菌属（*Azotobacter*）相一致，只是它们在调节上的行为略有不同[7,9,14,21]。

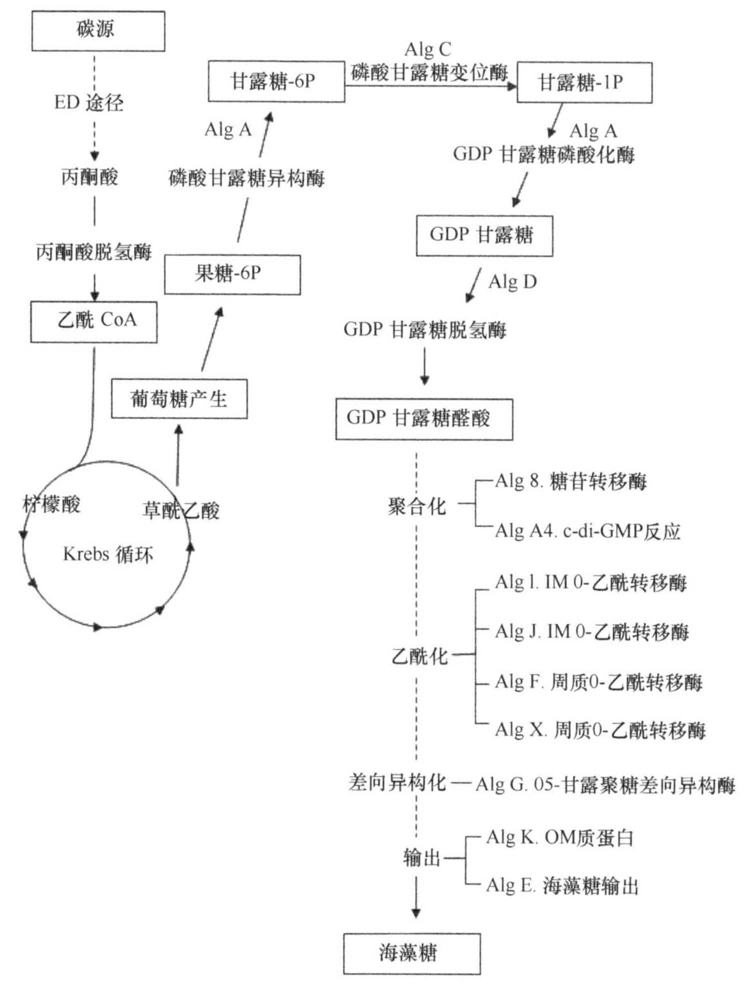

图 3-2　海藻糖合成途径[7,21]

3.2.5　普鲁兰多糖生物合成

在普鲁兰出芽短梗霉的普鲁兰多糖生物合成中，葡萄糖在关键酶包括 α -磷酸葡萄糖变位酶、尿苷二磷酸葡萄糖焦磷酸化酶（UDPG-焦磷酸化酶）和葡萄糖基转移酶存在下转化为普鲁兰多糖。此外，当不同的碳源，如蔗糖、甘露糖、半乳糖、麦芽糖、果糖，甚至农业废弃物被利用时，普鲁兰多糖合成需要已糖激酶和异构酶。合成开始时，α-D-葡萄糖残基添加到脂质分子中的普鲁兰多糖前提 UDPG 上，然后，从 UDPG 进一步转移 D-葡萄糖残基至脂质连接的异麦芽糖，异麦芽糖基与脂质连接的葡萄糖反应形成一个异潘糖基作为前体。最后，通过聚合异潘糖基反应在细胞内的壁膜上合成普鲁兰链，并释放到细胞表面形成黏液层[11,22,23]。

3.3 细菌多糖合成的工程策略

3.3.1 促进多糖代谢的基因工程

有几项研究报道是用基因工程的方法改造产生胞外多糖的微生物，其目标是用于生产新的多糖生物聚合物，并同时提高分泌物的产量。在胞外多糖生物合成代谢途径的三个阶段里涉及各种催化反应的酶。基因编码的酶调节核苷酸糖代谢物的形成，决定链长，进行重复单元组装、聚合物的聚合和胞外输出（图 3-1）[24]。

最近，人们进行了大量的研究用以关注细菌胞外多糖生物合成的不同操纵子、启动子和调控基因片段表达的一般机制。糖前体的变异性、蛋白质结构分析和新的生物信息学工具提供了新的途径来加强胞外多糖的生物合成和对胞外多糖形成的主要工程策略的理解。

胞外多糖生产工程的主要目标之一是以非常符合成本效益的方式提高胞外多糖的单位体积生产率。在此背景下，研究最近将重点放在提高生产的潜在工程策略研究上。Vorhölter 等[25]试图增加糖核苷酸池（胞外多糖前体）最终提高聚合物收率的碳通量。Guo 等[26]研究了产生磷酸谷胱甘肽酶（PGM）的 *xanA* 基因和磷酸甘露聚糖酶（PMM），PGM 参与了葡萄糖-6-磷酸转化为果糖-6-磷酸。他们发现 *xanA* 在前体代谢物过表达中是一个调节基因，具有关键作用。

研究人员详细研究了野油菜黄单胞菌（*Xanthanmonas campestris*）胞外多糖的产生，发现负责合成的 12 个基因是串联在一起的。这个操纵子包括 7 个基因支持单糖转移和脂酰化，形成完全酰化的重复单元。有人提议变更与此操纵子相关的启动子可以产生更多的前体代谢物[27~30]。

Vojnov 等研究含有 GumBCDEFGHIJKLM 基因片段的树胶-蛋白质操纵子。他们验证了一个简单的想法，即是否增加额外的启动子作为上游 GumC，用于促进黄原胶的生物合成。研究发现启动子插入到 GumC 提高了产率，过度表达了操纵子的转录，并最终使黄原胶生物合成从 66mg/g 细胞增加到 119mg/g 细胞[31]。

Janczarek 等[32]研究了显著影响胞外多糖合成的最敏感的基因片段。研究说明 GumD 过表达是参与胞外多糖组装和前体转换的关键。因此，建议克隆完整 GumD 基因簇的 16kb 染色体片段，该片段在野油菜黄单孢菌中具有高拷贝数。结果表明，通过把它们克隆在高拷贝数的质粒上，提高了胞外多糖基因的高效表达。

在另一种策略中，想法是在分子水平上工程化胞外多糖分子，最终获得聚合物期望的行为和材料特性，同时提高生物絮凝剂的性能。例如，这种分子改变可以从侧链中删除取代基或单体糖残基。

GT *GumI* 基因失活导致末端截短四聚体黄原胶，这种黄原胶黏度很低。同样，

GumK 的失活会导致葡萄糖醛酸侧链去除，导致胞外多糖的黏度比野生型胞外多糖高。该基因失活是通过在操纵子片段活性基因位点（GT *GumI* 和 GT *GumK*）中插入同源的外源基因来实现的。他们报告说转基因可以抑制工程化细胞内源性同源基因的表达，这种现象称为共同抑制[33]。

研究人员对于各种聚合物（海藻酸钠和黄原胶）在乙酰化和丙酮化度方面在工程上做了很多工作，以控制它们的流变特性。*O*-乙酰化和丙酮化水平可以用特定的菌株/突变体或改变生长培养基及控制培养条件，如通气、pH 和温度加以合理地控制[34~36]。

Rehm[5]对一般结构和功能关系提出了有趣的见解。乙酰化和丙酮化的程度对黏度有拮抗作用。当乙酰残基通过 GumF 整合到内部 α-甘露糖单元和 GumG 整合到外部 β-甘露糖单元时，GumL 酶将丙酮酰残基与外部的 β-甘露糖残基结合在一起[37]。研究发现，提高 GumL 的转录（即在上游克隆一个额外的启动子），高水平的丙酮化导致了产物的高黏度，而过多的乙酰基则降低了所得胞外多糖的黏度[38]。

在分类学上不同的微生物可以产生相同类型的不同浓度的细胞外化合物。铜绿假单胞菌（*Pseudomonas aeruginosa*）和维氏固氮菌（*Azotobacter vinelandii*）虽然有参与生物合成的大部分基因，但它们的组织结构、调控和遗传开关簇在转录和功能水平上均有差异。在铜绿假单胞菌和藤本植物中，由 13 个结构基因和 5 个调控基因组成的簇参与了胞外多糖生物合成[39]。在铜绿假单胞菌中转录由 *algT* 依赖的 *algR*、*algB*、*algC* 和 *algD* 基因片段调控；而在维氏固氮菌中，这些基因不依赖于 *algT*。调节基因 *algT* 编码 σ 因子（σ^{22}）的调节表达，这可以解释海藻酸钠浓度的变化[40]。

尽管文献中存在过量产生传统生物聚合物的基因组和蛋白质组水平的工程，但是 EPS 过量生产的重组分子工程技术几乎没有。分子技术可用于生物合成途径中 RNA 转录过表达、EPS 生物合成中蛋白质组的翻译过表达。最一般的方法是 EPS 操纵子上游结构内插入一个强启动子，超过基础水平的构建或诱导基因组和蛋白质组水平的表达。当碳通量有利于前提分子生成时，可以诱导胞外多糖过量表达，如前体分子核苷酸二磷酸葡萄糖结合基因沉默，使碳通量从胞外多糖合成转移的共轭物不损害有机体生存。同样，不可逆合成中过高表达的酶是一关键机制，可以用于诱导多余碳池转向胞外多糖生物合成的控制点。

3.3.2 促进多糖合成的代谢工程

随着科学家取得了大量关于微生物多糖生物合成途径和相关基因的研究成果，多糖合成的代谢工程方面的研究逐渐展开。代谢工程是重组 DNA 技术通过改变细胞内有关的酶活、酶量和输送体系、调节功能，改变细胞的遗传特性以改进微生物某些代谢活性，最大限度地提高目的产物产率的一门技术。微生物多糖合成的代谢工程的研究可以分为两个目标：一个是提高多糖的产量；另外一个是改变多糖的结构[41]。

提高微生物多糖的产量有可能带来生产效益的提高，降低生产成本。为此，近年来国内外研究人员在这方面进行了大量的代谢工程研究。归纳起来可以通过以下策略实现。

（1）通过调控涉及糖核苷酸合成途径的酶水平来提高胞外多糖的产量。嗜热链球菌（*Streptococcus thermophilus*）LY03 在以乳糖为碳源生长时，过表达催化葡萄糖-6-磷酸转化为葡萄糖-1-磷酸的葡萄糖磷酸变位酶和涉及合成 UDP-葡萄糖的 UDP-葡萄糖焦磷酸化酶，提高 Leloir 途径的酶活性。提高 Leloir 途径的酶活性和（或）过表达 UDP-葡萄糖焦磷酸化酶均能提高胞外多糖产量。通过敲除葡萄糖磷酸变位酶基因和提高 Leloir 途径的酶活性也能提高胞外多糖产量[42]。Leloir 途径的 UDP-半乳糖-4-差向异构酶被认为是合成乳酸细菌胞外多糖的关键酶[43]。

Welman 等[44]采用两种不同的方法研究了半乳糖阴性菌保加利亚乳杆菌胞外多糖的代谢。第一种方法，利用亲本菌株和化学诱导突变体，其 EPS 产量和比产量均比亲本高，获得了与在乳糖条件下形成 EPS 相关的酶活性和代谢物水平的比较信息。在连续培养条件下（D=0.10 h^{-1}），相对于亲本而言，突变株对 EPS 形成的较高代谢通量可能与 UDP-葡萄糖焦磷酸化酶（UGP）水平升高有关。突变株 UDP-半乳糖-4-异构酶（UGE）活性略有提高，提示该酶也可能参与 EPS 的超量生产。第二种方法是研究生长速率对亲本糖核苷酸代谢的影响，因为 EPS 的产生与这种菌株的生长有关。当生长速率从 0.05 h^{-1} 提高到 0.10 h^{-1} 时，亲本菌株的 UGE 活性增加，生长速率进一步提高到 0.35 h^{-1}，这可能与较高水平的代谢通量对 EPS 的形成有关。在这些增量的同时，细胞内 ATP 水平升高。这两项研究表明，葡萄糖-6-磷酸的累积在这个分支点有所降低，并且碳向果糖-6-磷酸或葡萄糖-1-磷酸的流动受到限制。与 EPS 通量增强相关的代谢变化为如何提高保加利亚乳杆菌的得率提供了依据。

可是，也有一些提高糖核苷酸合成途径的酶活力不能提高多糖产量的报道。乳酸乳杆菌（*Lactibacillus lactis*）UDP-葡萄糖焦磷酸化酶，能够大幅度提高 UDP-葡萄糖和 UDP-半乳糖的合成能力，胞外多糖产量却没有提高[45]。在其他的乳酸菌和药用菌灵芝中过量表达 UDP-葡萄糖焦磷酸化酶，又能同时提高胞外多糖产量[46]。上述研究表明，通过调控涉及糖核苷酸合成途径的酶水平来提高多糖产量的方式具有较大的灵活性。

（2）增加多糖合成基因簇基因在微生物中的表达，产生更高的多糖合成代谢流。用高拷贝载体 plL253 进行乳酸乳杆菌 NIZO B40 eps 基因簇的拷贝，结果发现虽然细胞生长速率由此而降低，胞外多糖的产量则提高 4 倍[47]。将多个糖基转移酶基因转入鞘氨醇单孢菌属（*Sphingomonas*），增强了糖基转移酶活力，使胞外多糖产量提高了 20%[48]。

其他策略：一些研究揭示能量和辅酶水平能够提高多糖的合成。调节辅酶平衡（NADH/NAD）能够减少碳代谢流向乳酸，而更多的流向其他代谢物，减少乳酸对乳酸菌生长的胁迫[49]。最近通过在干酪乳杆菌（*Lactobacillus casei*）LC2W 过表达 NADH 氧化酶，能使多糖产量提高 46%。但在多糖中的透明质酸的研究中，在链球菌属（*Streptococcus*）中过表达 NADH 氧化酶，能量的合成能力提高了 30%，生物量提高了 15%，透明质酸的产量却没有提高；在透明质酸代谢工程研究中，科研人员试图通过敲除透明质酸降解酶来提高其产量[50]。在菌株兽疫链球菌（*Streptococcus zooepidemicus*）中共表达有增强细胞摄氧作用的 *vgb* 基因和透明质酸合成 *hasABC* 基因，使透明质酸产量提高了 30%[51]；在海藻糖代谢工程研究中，通过在铜绿假单胞菌中过表达海藻糖盐合成途径间接调控因子 CupB5 蛋白和 ClpXP 蛋白酶基因，海藻糖的产量也能获得提高[52,53]。值得注意的是，近年来 Woodward 等首先通过化学合成方法制备了多糖合成的中间物质（*N*-乙酰-d-半乳糖胺），然后采用依次将酶糖基化的方法，构建了 Eoli86 寡糖重复单元，再成功地表达出聚合酶 Wzy，最终实现了体外合成 *O*-抗原多糖[54]。这项技术虽然超出了代谢工程的范畴，但是其为多糖产量的提高提供了更为广阔的研究空间。

通过代谢工程还能改变多糖的结构，这将有可能改变多糖的物理、化学和生物活性等，从而把多糖的优越性能在应用中加以展现。德氏乳杆菌保加利亚亚种（*Lactobacillus delbrueckii* subsp. *bulgaricus*）培养在以果糖为碳源的培养基中，胞外多糖的葡萄糖和半乳糖的比例为 1∶2.4。培养在果糖和葡萄糖的混合物中，胞外多糖中的葡萄糖、半乳糖和鼠李糖组成比例为 1∶7.0∶0.8[55]。菌株鼠李糖乳杆菌（*Lactobacillus rhamnosus*）E/N 分别以葡萄糖、半乳糖、蔗糖、乳糖、麦芽糖为唯一碳源通过发酵产生胞外多糖。经凝胶色谱研究表明，半乳糖、蔗糖和乳糖发酵产的多糖具有高分子量、低分子量分布，麦芽糖和葡萄糖发酵产的多糖仅有高分子量分布。原子力显微镜分析表明多糖的分子量比例和聚合链长度不同，且与多糖溶液黏度有相关性[56]。这些研究结果暗示了通过代谢工程调整碳的代谢流，可以改变多糖的组分、多糖分子量分布、空间构象等结构特征。就在最近，利用代谢工程改变碳代谢进行结构修饰已有成功的实例。Yin 等[57]利用含有岩藻糖的大肠杆菌 0860 抗原多糖为研究模式，将脆弱拟杆菌（*Bacterioides fragilis*）的 GDP-岩藻糖补救代谢途径（能够高效利用培养基中岩藻糖类似物合成 GDP-岩藻糖类似物）取代 0860 自身的 GDP-岩藻糖从头合成代谢途径，使该工程菌生长在岩藻糖类似物中，发现 *O*-抗原多糖被该岩藻糖类似物进行了结构同源修饰。将新的多糖合成元件（包括基因簇和糖基转移酶）导入到微生物体内将产生新的多糖合成途径，将有可能改变多糖的单糖组分。将含有嗜热链球菌 Sfi6 的多糖合成基因簇的质粒转入不产胞外多糖的乳酸乳杆菌 MG1363 菌株中，使乳酸乳杆菌 MG1363 能够合成胞外多糖，该多糖重复单元的乙酰半乳糖胺变成了半乳糖，而且糖基侧链缺失。这可能是由于产乙酰半乳糖胺能力的丢失，导致骨架上是半乳糖而不是乙酰半乳糖胺[58]。

细菌产生的种类繁多的胞外多糖是通过不同的生物合成途径合成的。更好地了解基础胞外多糖的生物合成及其调控机制的生化与遗传学对蛋白质工程方法产生新型聚合物的研究至关重要。具有高效下游萃取的大规模生产工艺与增强上游工艺同样重要。应努力合理地选择下游提取方法，以在不妨碍其自然属性的情况下获得最大的产品产量。

参 考 文 献

[1] Lin T Y, Hassid W. Pathway of alginic acid synthesis in the marine brown alga, Fucus gardneri Silva. J Biol Chem, 1996, 241: 5284-5297.

[2] Duan X, Chi Z, Wang L, et al. Influence of different sugars on pullulan production and activities of α-phosphoglucose mutase, UDPG-pyrophosphorylase and glucosyltransferase involved in pullulan synthesis in *Aureobasidium pullulans* Y68. Carbohydr Polym, 2008, 73: 587-593.

[3] Yoshinaga I, Kawai T, Ishida Y. Analysis of algicidal ranges of the bacteria killing the marine dinoflagellate *Gymnodinium mikimotoi* isolated from Tanabe Bay, Wakayama. Japan Fish Sci, 1997, 63: 94-98.

[4] Rosalam S, England R, Rosalam S. Review of xanthan gum production from unmodified starches by *Xanthomonas comprestris* sp. Enzym Microb Technol, 2006, 39: 197-207.

[5] Rehm B H. Bacterial polymers: biosynthesis, modifications and pulications. Microbiol, 2010, 8: 578-592.

[6] Sutherland I W, Sutherland I W. Polysaccharases for microbial exopolysaccharides. Carbohydr Polym, 1999, 38: 319-328.

[7] Hay I D, Rehman Z U, Fata Moradali M, et al. Microbial alginate production, modification and its applications. Microbial Biotech, 2013, 6: 637-650.

[8] Lee K Y, Mooney D J, Lee K Y, et al. Alginates: properties and biomedical applications. Prog Polym Sci, 2012, 37: 106-126.

[9] Skorupska A, Janczarek M, Marczak M. et al. Rhizobial exopolysaccharides: genetic control and symbiotic functions. Microbial Cell Fact, 2006, 5: 1-19.

[10] Chen Z, Liu P, Li Z, et al. Identification of key genes involved in polysaccharide bioflocculant synthesis in *Bacillus licheniformis*. Biotechnol Bioeng, 2017, 114: 645-655.

[11] Cheng K, Demirci A, Catchmark J. Pullulan: biosynthesis, production, and applications. Appl Microbiol Biotechnol, 2011, 92: 29-44.

[12] Jiang B H, Liu J L, Hu X M. Draft genome sequence of the efficient bioflocculant- producing bacterium *Paenibacillus* sp. strain A9. 2013, Genome Announc: 1(e00131-e00113).

[13] Li O, Qian C D, Zheng D Q, et al. Two UDP- glucuronic acid decarboxylases involved in the biosynthesis of a bacterial exopolysaccharide in *Paenibacillus elgii*. Appl Microbiol Biotechnol, 2015b, 99: 3127-3139.

[14] Pawar S N, Edgar K J, Pawar S N, et al. Alginate derivatization: a review of chemistry,

properties and applications. Biomaterials, 2012, 33: 3279-3305.
[15] Stone B A, Jacobs A K, Hrmova M, et al. Biosynthesis of plant cell wall and related polysaccharides by enzymes of the GT2 and GT48 families. Ann Plant Rev, 2011, 41: 109-166.
[16] Yan S, Wang N, Chen Z, et al. Genes encoding the production of extracellular polysaccharide bioflocculant are clustered on a 30-kb DNA segment in *Bacillus licheniformis*. Funct Integr Genom, 2013, 13: 425-434.
[17] Kaur S, Dhillon G S. The versatile biopolymer chitosan: potential sources, evaluation of extraction methods and applications. Crit Rev Microbiol, 2014, 40: 155-175.
[18] Keshk S A M S. Bacterial cellulose production and its industrial applications. Bioprocess Biotech, 2014, 4: 1-10.
[19] Li O, Qian C D, Zheng D Q, et al. Two UDP- glucuronic acid decarboxylases involved in the biosynthesis of a bacterial exopolysaccharide in *Paenibacillus elgii*. Appl Microbiol Biotechnol, 2015b, 99: 3127-3139.
[20] Nwodo U U, Green E, Okoh A I. Bacterial exopolysaccharides: Functionality and prospects. Int J Mol Sci, 2012, 13: 14002-14015.
[21] Remminghorst U, Rehm B H A. Bacterial alginates: from biosynthesis to applications. Biotechnol Lett, 2006, 28: 1701-1712.
[22] Duan X H, Chi Z M, Wang L, et al. Influence of different sugars on pullulan production and activities of α-phosphoglucose mutase, UDPG-pyrophosphorylase and glucosyltransferase involved in pullulan synthesis in *Aureobasidium pullulans* Y68. Carbohydr Polym, 2008, 73: 587-593.
[23] Leathers T D. Biotechnological production and applications of pullulan. Appl Microbiol Biotechnol, 2003, 62: 468-473.
[24] Broadbent J R, McMahon D J, Welker D, et al. Biochemistry, genetics, and applications of exopolysaccharide production in *Streptococcus thermophilus*: a review. J Dairy Sci, 2003, 86: 407-423.
[25] Vorhölter F J, Schneiker S, Goesmann A, et al. The genome of *Xanthomonas campestris* pv. *campestris* B100 and its use for the reconstruction of metabolic pathways involved in xanthan biosynthesis. J Biotechnol, 2008, 134: 33-45.
[26] Guo W, Chu C, Yang X X, et al. Phosphohexose mutase of *Xanthomonas oryzae* pv. *oryzicola* is negatively regulated by HrpG and HrpX, and required for the full virulence in rice. Eur J Plant Pathol, 2014, 140: 353-364.
[27] Huang H, Li X, Wu M, et al. Cloning, expression and characterization of a phosphoglucomutase/phosphomannomutase from sphingan-producing *Sphingomonas sanxanigenens*. Biotechnol Lett, 2013, 35: 1265-1270.
[28] Schatschneider S, Persicke M, Watt S A, et al. Establishment, in silico analysis, and experimental verification of a large-scale metabolic network of the xanthan producing *Xanthomonas campestris* pv. *campestris* strain B100. J Biotechnol, 2013, 167: 123-134.
[29] Wu Q, Tun H M, Leung F C C, et al. Genomic insights into high exopolysaccharide-producing dairy starter bacterium *Streptococcus thermophilus* ASCC 1275. Sci Rep, 2014, 4: 4974.
[30] Galindo E, Peña C, Núñez C, et al. Molecular and bioengineering strategies to improve alginate and polydydroxyalkanoate production by *Azotobacter vinelandii*. Microb Cell Factories, 2007, 6: 7.
[31] Vojnov A A, Zorreguieta A, Dow J M, et al. Evidence for a role for the gumB and gumC gene products in the formation of xanthan from its pentasaccharide repeating unit by *Xanthomonas campestris*. Microbiology, 1998, 144: 1487-1493.

[32] Janczarek M, Jaroszuk-Ściseł J, Skorupska A. Multiple copies of rosR and pssA genes enhance exopolysaccharide production, symbiotic competitiveness and clover nodulation in *Rhizobium leguminosarum* bv. *trifolii*. Antonie Van Leeuwenhoek, 2009, 96: 471-486.

[33] Hassler R A, Doherty D H. Genetic engineering of polysaccharide structure: production of variants of xanthan gum in *Xanthomonas campestris*. Biotechnol Prog, 1990, 6: 182-187.

[34] Donati I, Paoletti S. Material properties of alginates. Alginates: Biology and Applications. Springer, 2009, 1(13): 1-53.

[35] Gaytán I, Pena C, Núñez C, et al. *Azotobacter vinelandii* lacking the Na^+-NQR activity: apotential source for producing alginates with improved properties and at high yield. World J Microbiol Biotechnol, 2012, 28: 2731-2740.

[36] Peña C, Hernández L, Galindo E, et al. Manipulation of the acetylation degree of *Azotobacter vinelandii* alginate by supplementing the culture medium with 3-(N-morpholino)-propane-sulfonic acid. Lett Appl Microbiol, 2006, 43: 200-204.

[37] Becker A, Katzen F, Pühler A, et al. Xanthan gum biosynthesis and application: a biochemical/genetic perspective. Appl Microbiol Biotechnol, 1998, 50: 145-152.

[38] Rehm B H, Rehm B H. Synthetic biology towards the synthesis of custom-made polysaccharides. Microb Biotechnol, 2015, 8: 19-20.

[39] Hay I D, Rehman Z, Ghafoor A, et al. Bacterial biosynthesis of alginates. J Chem Technol Biotechnol, 2010, 85: 752-759.

[40] Ahmed N. Genetics of bacterial alginate: alginate genes distribution, organization and biosynthesis in bacteria. Curr Genomics, 2007, 8: 191-202.

[41] 曾化伟, 郑惠华, 陈惠, 等. 微生物多糖的生物合成及代谢工程研究进展. 陕西理工学院学报(自然科学版), 2015, 31(4): 49-57.

[42] Levander F, Svensson M, Radstrom P. Enhanced exopolysaccharide production by metabolic engineering of *Streptococcus thermophilus*. Appl Environ Microbiol, 2002, 68(2): 784-790.

[43] Mozzi F, Savoy G G, Font V G, et al. UDP-galactose 4-epimerase: a key enzyme in exopolysaccharide formation by *Lactobacillus casei* CRL87 in controlled pH batch culture. J Appl Microbiol, 2003, 94(2): 175-183.

[44] Welman A D, Maddox I S, Archer R H. Metabolism associated with raised metabolic flux to sugar nucleotide precursors of exopolysaccharides in *Lactobacillus delbrueckii* subsp. *bulgaricus*. J Ind Microbiol Biotechnol, 2006, 33(5): 391-400.

[45] Boels I C, Ramos A, Kleerebezem M, et al. Functional analysis of the *Lactococcus lactis* galU and galE genes and their impact on sugar nucleotide and exopolysaccharide biosynthesis. Appl Environ Microbiol, 2001, 67(7): 3033-3040.

[46] 张帆, 钟威, 穆虹, 等. 过量表达 OsUgp2 基因提高紫芝多糖含量. 菌物学报, 2011, 30(3): 442-452.

[47] Boels I C, Kranenburg van R, Kanning M W, et al. Engineering of carbon distribution between glycolysis and sugar nucleotide biosynthesis in *Lactococcus lactis*. Appl Environ Microbiol, 2003, 69(8): 5029-5031.

[48] Ruffing A, Chen R R. Metabolic engineering of microbes for oligosaccharide and polysaccharide synthesis. Microbial Cell Factories, 2006, 5(1): 1-9.

[49] Lin N, WangY L, Zhu P, et al. Improvement of exopolysaccharide production in *Lactobacillus casei* LC2W by overexpression of NADH oxidase gene. Microbiological Research, 2015, 171: 73-77.

[50] 崔亚娜, 苏旭东, 王羽, 等. 兽疫链球菌透明质酸分解酶基因的敲除. 中国生物工程杂志,

2009, 29(12): 94-99.

[51] 郝宁, 张晋宇, 陈国强. 在兽疫链球菌中表达 *vgb* 基因和 HA 合成基因提高透明质酸产量. 中国生物工程杂志, 2005, 25(6): 56-60.

[52] Qiu D, Eisinger V M, Head N E, et al. ClpXP proteases positively regulate Alginate overexpression and mucoid conversion in *Pseudomonas aeruginosa*. Microbiology, 2008, 154 (7): 2119-2130.

[53] Regt A K, Yin Y, Withers T R, et al. Overexpression of CupB5 activates alginate overproduction in *Pseudomonas aeruginosa* by a novel AlgW-dependent mechanism. Molecular Microbiology, 2014, 93(3): 415-425.

[54] Woodward R, Yi W, Li L, et al. *In vitro* bacterial polysaccharide biosynthesis: defining the functions of Wzy and Wzz. Nature Chemical Biology, 2010, 6(6): 418-423.

[55] Grobbeng J, Smith M R, Sikkem A J, et al. Influence of fructose and glucose on the production of exopolysaccharides and the activities of enzymes involved in the sugar metabolism and the synthesis of sugar nucleotides in *Lactobacillus delbrueckii* subsp. *bulgaricus* NCFB 2772. Appl Microbiol Biotechnol, 1996, 46(3): 279-284.

[56] Polak-Berecka M, Choma A, Wako A, et al. Physicochemical characterization of exopolysaccharides produced by *Lactobacillus rhamnosus* on various carbon sources. Carbohydrate Polymers, 2015, 117: 501-509.

[57] Yin W, Liu X W, Li R H, et al. Remodeling bacterial polysaccharides by metabolic pathway engineering. Proceedings of the National Academy of Sciences, 2009, 106 (11): 4207-4212.

[58] Stingele F, Vincents J F, Faber E J, et al. Introduction of the exopolysaccharide gene cluster from *Streptococcus thermophilus* Sfi6 into *Lactococcus lactis* MG1363: production and characterization of an altered polysaccharide. Molecular Microbiology, 1999, 32(6): 1287-1295.

4 多糖生物絮凝剂的制备与表征

多糖生物絮凝剂对人体健康和环境友好的突出优势引起了相关领域研究与开发利用的极大关注。可是，与传统的合成化学絮凝剂相比，多糖生物絮凝剂的广泛应用往往受到生产成本高的限制。为了降低生产成本，研究者们付出了很大的努力，致力于选育更好的菌株，选择更廉价的营养基质，以及优化更有效的、更经济的生产/发酵和回收工艺[1~4]。多糖生物絮凝剂的生产受物理、化学和生物等诸多因素的影响。就微生物多糖絮凝剂而言，培养条件包括碳源、氮源、C/N 比、无机盐种类与浓度、痕量元素、金属离子、离子强度、维生素和其他添加剂、发酵条件起始 pH、培养温度、通气量、搅拌转速、混合方式等条件控制，如微生物群体感应（QS）信号分子在影响多糖絮凝剂的产率和产量方面起着重要的作用[5~8]。最近，研究人员发现了在培养基中加入微生物群体感应信号分子能够提高微生物产生胞外多糖的能力。*N*-己酰基-高丝氨酸内酯的添加使根癌农杆菌 F2 的胞外多糖生物絮凝剂的产量提高了 1.6 倍，絮凝活性提高了 10%。同样，在 *N*-3-辛烷基-高丝氨酸内酯（微生物群体感应信号分子种类 *N*-酰基-高丝氨酸内酯之一）存在下，根癌农杆菌产生的胞外多糖生物絮凝剂的产量和絮凝活性分别提高了 1.55 倍和 10.96%。

4.1 纯培养法生产多糖生物絮凝剂

自从巴斯德 1876 年第一次发现在酵母中分泌生物絮凝剂以来，目前为止已经鉴定出 100 多种产生多糖絮凝剂的微生物。综合分析多数研究报道是用纯培养法生产多糖生物絮凝剂。海藻酸盐通常是由棕色海藻产生的，主要分布于褐藻纲，包括指掌状海带、极北海带、海带、马尾藻、山马尾藻、荚托马尾藻、小叶喇叭藻、岩衣藻和巨藻。细菌海藻酸盐通常由铜绿假单胞杆菌、印度固氮杆菌（*Azotobacter indicus*）和维氏固氮菌（*Azotobacter vinelandii*）等产生[9~14]。壳聚糖一般由甲壳类动物（虾和螃蟹）、节肢动物、真菌和酵母产生。虽然真菌壳聚糖的生产还没有扩大到工业化，但从真菌源生产壳聚糖的优势可以概括为：①中低分子量，适用于多种生物医学的应用；②实现更高程度的脱乙酰化；③缺少致敏虾蛋白；④通过改变发酵条件达到分子量和脱乙酰化程度的可控制；⑤真菌生物量可无限供给，大量来源于生物技术和制药工业废菌体；⑥可用低成本废弃物作为真菌培养的经济性底物。普鲁兰出芽短梗霉是主要的普鲁兰生产微生物[15]，许多其他微生物，如巴氏红酵母（*Rhodototula bacarum*）[16]、寄生隐丛赤壳菌（*Cryphonectria parasitica*）[17]、日本曲霉（*Aspergillus japonicas*）[12]等也分泌普鲁兰多糖。

不同的微生物菌株在不同的生长阶段产生多糖絮凝剂。因此，微生物多糖絮凝剂可分为初级和次级代谢生物产品。例如，普鲁兰出芽短梗霉多糖的产生与细胞生长相平行，在45℃、pH5.5、48h内普鲁兰多糖达到其最大产量，为37.1g/L。48h后由于没有降解酶（即普鲁兰酶）产生，所以普鲁兰的生产能够处于稳定状态。近年来，研究人员用一株新的日本曲霉进行了普鲁兰多糖超量生产研究，对其结果分析表明，该菌株分别以蔗糖和酵母膏为碳源和氮源，6天后能够大量产生普鲁兰多糖，产量为39g/L。通过普鲁兰酶对普鲁兰91%的水解率揭示，在α（1→4）连接的麦芽三糖单元中存在α（1→6）糖苷键。

栾兴社[18]在2015年从济南千佛山景区具有丰富植被的树林土壤里分离到了克雷伯氏杆菌（*Klebsiella* sp.）菌株LDX1-1，菌株的显著特点是生长、代谢速度快。以双糖和铵盐为速效碳源、氮源，淀粉为迟效碳源，玉米浆为生长因子，松针提取物为生长代谢激活因子。用20m^3机械搅拌通气式发酵罐进行产品生产。投料系数为80%，在发酵培养基灭菌前加入0.01‰～0.15‰的聚醚消泡剂与发酵液一起灭菌。发酵条件控制为：发酵温度24～30℃，通气比为0.25～0.8vvm，搅拌转速为200～600r/min，将液体菌种按2%～4%（体积比）的接种量接种于发酵培养基，在发酵罐中发酵培养24～32h，发酵结束得发酵液。经测定，LDX1-1产生的是蛋白多糖。生物絮凝剂产率≥60%，产量≥2.0%，絮凝率≥94%。把乙醇提取获得的干粉生物絮凝剂LF16k用于生活污水处理，LF16k使用剂量（干重）为每吨水3～5g，SS絮凝率≥90%，COD去除率≥85%，重金属Mn^{2+}去除率≥85%。其发酵周期短、产量大和絮凝效率高的突出优势，使其应用成本低于常规的化学絮凝剂和报道的多糖生物絮凝剂，具有广阔的开发前景和很好的应用价值。

4.2　多糖生物絮凝剂的提取与纯化

多糖生物絮凝剂的提取是典型工艺。采用不同的物理方法，包括离心、过滤、加热、超声波处理和化学方法，如碱/酸处理、溶剂萃取、阳离子交换树脂、乙二胺四乙酸（EDTA）和酶提取，具体使用什么提取方法视多糖类型及其来源情况而定。松散结合的多糖絮凝剂（LB-EPS）通常用温和的方法提取，如高速率剪切、低温加热或高速离心，而苛刻的方法，如高温加热、超声波或化学提取则用于提取紧密结合的多糖絮凝剂[19~21]。除上述传统的提取方法外，最近酶辅助提取法和微波辅助提取法受到越来越多的关注，因为它们使多糖的提取不发生任何明显降解[22]。溶剂萃取也许是最常用的生物絮凝剂分离和纯化技术。图4-1为微生物多糖提取纯化工艺示意图。

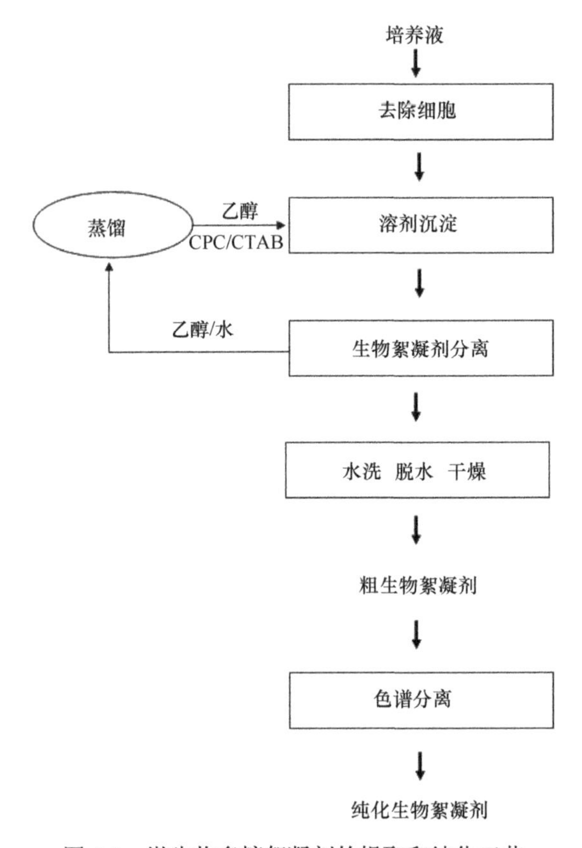

图 4-1 微生物多糖絮凝剂的提取和纯化工艺

同样，对于其他微生物多糖絮凝剂，如黄原胶、普鲁兰等，其提纯过程包括：从发酵液中去除细胞，用合适的溶剂沉淀生物絮凝剂，并使用超滤或色谱进一步纯化。对于野油菜黄单胞菌生产黄原胶，则通过巴氏杀菌去除发酵液中的微生物细胞，然后用溶剂萃取沉淀黄原胶作为粗生物絮凝剂，若需要进一步纯化则还要再通过吸附、酶解、过滤和重复沉淀进行处理[23,24]。

其他主要多糖，如海藻酸钠、壳聚糖通常是通过洗涤和去除不需要的成分获得的，将发酵液通过溶剂萃取，沉淀，最后烘干。例如，海藻酸钠是海藻通过热和冷萃取法分离到的。风干的样品海藻放入 50℃氯化钙溶液中热浸泡 3h，在室温下冷法保温一夜。为了去除过量的氯化钙和盐酸，样品在加酸前后用水冲洗干净。随后，加入碳酸钠将海藻酸转化为海藻酸钠，然后离心回收海藻酸钠。将体积比为 50∶50 的乙醇和水混合，加入上清液将海藻酸钠沉淀出来，最后在 50℃条件下进行干燥[19]。建议用碱、酸、福尔马林和甲醛预处理海藻，以用于固定酚类化合物和防止变色。最近的一项研究是60℃干燥的海藻样品用2%甲醛溶液浸泡一夜去除色素。样品用蒸馏水洗涤，加入0.2mol/L盐酸溶液中，然后放置24h。用蒸馏水再一次洗涤样品，在2%的碳酸钠溶液中搅拌、提取5h。最后，用乙醇沉淀对海藻酸钠进行纯化2次，再用甲醇和丙酮沉淀，室温干燥。

溶剂萃取也广泛应用于接枝多糖生物絮凝剂的提取与纯化。图4-2表示海藻酸钠接枝丙烯酰胺的纯化步骤。体积比为1∶1的乙酸和甲醛混合物用于提取水溶液中的生物絮凝剂。用甲醇去除溶剂，然后在真空烘箱中干燥接枝多糖絮凝剂[25]。

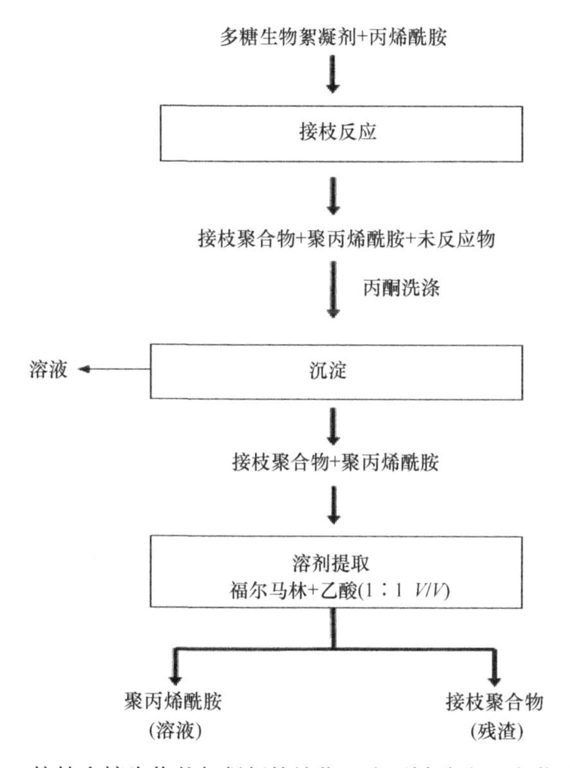

图4-2　接枝多糖生物基絮凝剂的纯化（聚丙烯酰胺-g-海藻酸钠）

图4-3显示用海洋原料（如虾、螃蟹）提取和纯化壳聚糖。虽然提取壳聚糖的海洋废弃物来源不同，但脱钙、脱蛋白和最终脱乙酰基是所有情况下常见的单元操作。在这个过程中，甲壳素首先通过脱矿质和脱蛋白回收，然后，脱乙酰化生产壳聚糖。海洋废弃物脱蛋白可以通过酶法处理。例如，用芽孢杆菌A21和灰色板机鱼蛋白酶，以酶/底物比为20U/mg在45℃水解3h，可获得高水平的蛋白质去除率（约77%±3%和78%±2%）[26]。

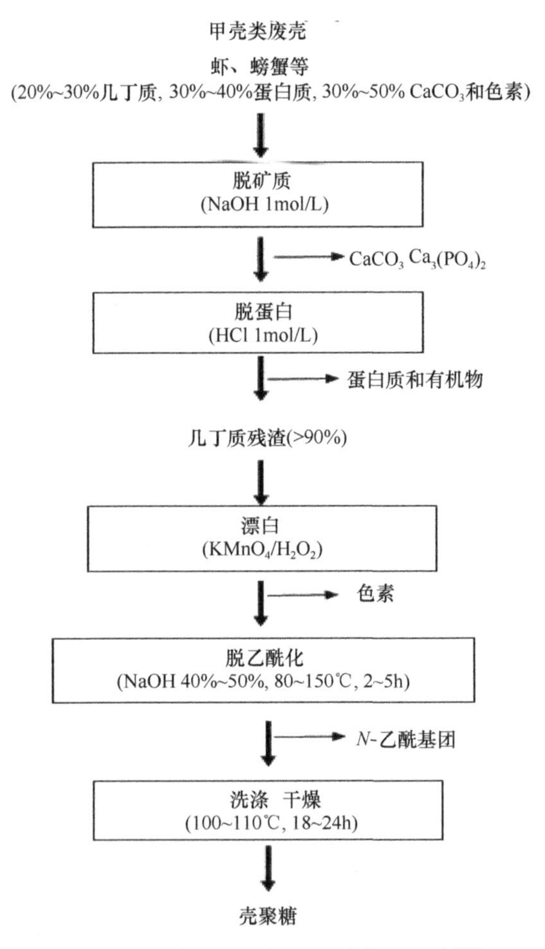

图 4-3 用海洋原料提取和纯化壳聚糖[26]

图 4-4 为用废弃真菌菌丝原料提取和纯化壳聚糖。干燥菌丝体经过精细均质化，用碱预处理提取碱溶性物质，如葡聚糖和真菌生物量中的蛋白质。干生物量用 NaOH 溶液（1mol/L，1∶40，*m*/*V*）浸泡，121℃高压蒸汽处理。用离心法去除碱不溶物质（AIM），清洗除去过量碱，然后在 95℃下用乙酸（2%，1∶40，*m*/*V*）反应 6h。包括壳聚糖在内的上清液与酸不溶组分分离。用氢氧化钠调节 pH10 沉淀壳聚糖。离心沉淀物、用蒸馏水洗至中性 pH，用乙醇（95%，1∶20，*m*/*V*）和丙酮（1∶20，*m*/*V*）提取，最后在 60℃下干燥[27]。

尽管生物絮凝剂的生产和提取是环境友好的、可控的、有效的，但生物絮凝剂的生产和回收成本较高。生物絮凝剂的提取可用溶剂法，在商业上若扩大生产规模更能降低溶剂损耗，更便于溶剂回收。化学接枝多糖生物絮凝剂提高了絮凝剂的机械和理化性质，如产物的生物降解性、高絮凝活性、高剪切稳定性、分子

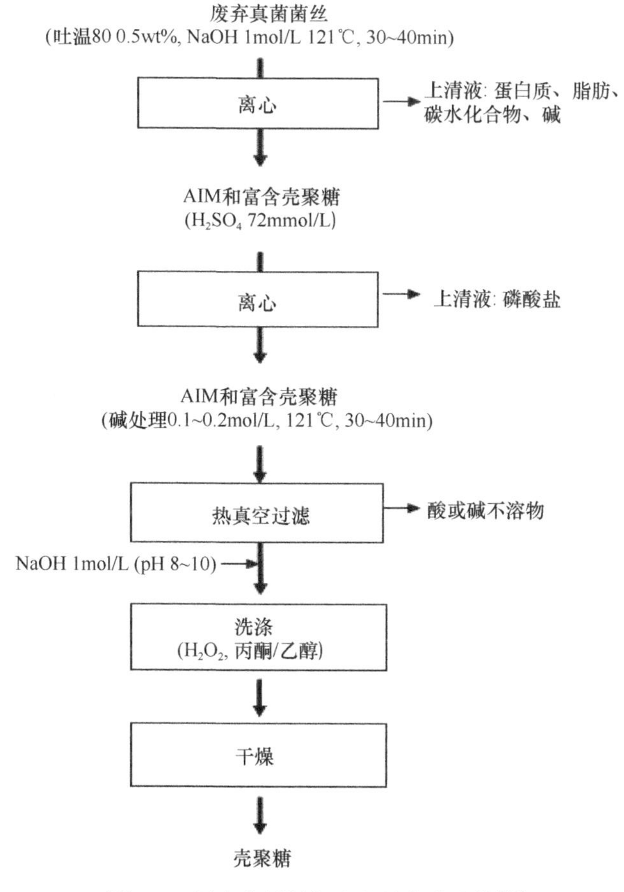

图 4-4　用真菌原料提取和纯化壳聚糖[26]

结构可控性等特点。尽管产品纯化具备优点，但这种方法仍然存在成本较高、对环境和人类造成二次污染的可能性[28]。

以甲壳动物废弃物为原料工业化加工制备壳聚糖，是通过化学脱乙酰化或用加热（>100℃）浓碱溶液（40%～50%wt）或酸的方法进行的，这样往往造成脱乙酰化不够一致，造成蛋白质污染和产生化学性质改变的产物。一些环境问题也存在，如大量产生碱性和酸性废物、要求苛刻的脱矿质处理条件、海产品供应的季节性限制、高生产成本和艰苦的劳动过程。绿色合成法高效、环境友好、价格低廉、潜力巨大，与碱法或溶剂法相比能够得到品质具有一致性的产品。此外，大量的真菌废弃物生物量可由生物加工工业获得，不受地理区域或季节限制。通过碱法由甲壳动物壳中提取制备的壳聚糖絮凝剂是具有较高分子量的多糖，由于对身体有过敏反应，故不适合生物医学方面的应用。而真菌源绿色方法提取的壳聚糖为低分子量或中分子量，不含过敏的虾蛋白，则适合应用于生物医学领域[26]。

多糖生物絮凝剂是可持续发展的自然资源，绿色产品，无毒、无害、高效，具生物可降解性。产品生产要按照有利于生态环境保护的原则来组织生产过程，确立绿色生产工艺，创造出绿色产品，以满足绿色消费。应建立如下生产目标：①在生产过程中，消除或减少废物、污物的产生和排放，以实现合理利用资源，促进产品生产和消费过程与环境相容，减少整个生产活动对人类和环境的危害；②通过资源的有效利用、短缺资源的代用、资源的再利用，以及节能、省料、节水，以实施资源的合理利用，减缓资源的耗竭。

4.3 多糖生物絮凝剂的接枝改性与特性

多糖生物絮凝剂的化学组成、理化性质和絮凝活性取决于絮凝剂的来源及其生产方法。例如，电荷密度和接枝率是决定多糖生物絮凝剂性能的重要因素。较早的研究表明，通过优化接枝率能提高絮凝效率。一种纤维素基絮凝剂 CMC-g-PDMC18 在较低的接枝率 181%，质量进料比 1∶5 和添加剂量为 90mg/L 时，脱色率达 97.3%。随着接枝率提高到 337%，絮凝剂用量为 60mg/L 时，脱色率反而下降到 92.2%。用微波辐射合成了纤维素-g-PAM，接枝率为 57.4%。纤维素-g-PAM 的元素分析结果表明，C、H、N 和 O 以质量比为 43.83∶11.24∶5.72∶39.21 存在，氮含量证实 PAM 成功接枝到了纤维素上。竹浆纤维素-g-聚丙烯酰胺絮凝剂 BPC-g-PAM 接枝率为 43.8%，DS 法测量为 1.31。BPC-g-PAM 在 pH4 时出现等电点，超过等电点 zeta 电位（zeta potential）为负值，在酸性或中性条件下具有有效絮凝活性。以 CMC/丙烯酸 1∶10（*m*/*m*）质量进料比及微波辐射 5min，合成了聚丙烯酸接枝羧甲基纤维素（CMC-g-PAA）。优化的 CMC-g-PAA 接枝率为 15.5%，特性黏度为 13.38（dL/g），因为它最大的水动力体积显示了最高絮凝活性。接枝率、特性黏度与絮凝效果呈线性相关[29~32]。

用微波辅助法制备聚甲基丙烯酸甲酯-海藻酸钠接枝物（SAG-g-PMMA）。通过特性黏度研究、红外光谱和元素分析证实 PMMA 接枝到了多糖上。结果表明：所有合成的 SAG-g-PMMA 的特性黏度均高于海藻酸钠，这是由于源自接枝率的水动力体积的增加所致。对最佳品级 SAG-g-PMMA 的元素分析表明，其成分之间存在中间成分（SAG 和 PMMA）[33]。

3-氯-2-羟丙基三甲基氯化铵（CTA）接枝壳聚糖-g-聚丙烯酰胺改性合成了强阳离子接枝共聚物絮凝剂（壳聚糖-CTA-g-PAM）。FTIR 分析在 $1476cm^{-1}$ 处出现了一个新峰，代表了接枝共聚物中季铵盐基甲基，证实 CTA 成功嫁接到壳聚糖-g-PAM 上。^{1}H-NMR 支持接枝反应的发生也是由于检测到位移 4.01ppm①处有一个新峰，与 CTA 的亚甲基质子共振相一致（H^9 质子）。絮凝效率随着 CTA 取代度的增

① $1ppm=1\times10^{-6}$，下同。

加而提高。具有高 CTA 取代度（44.7%）接枝多糖絮凝剂显示出了最大絮凝活性，最佳剂量仅为 1.3mg/L。用不同的羧甲基化基团和 CMS-CTA-P 中 20.3%、43.2%的 CTA 取代度，CMS-CTA-N 中 62.3%和 27.4%的 CTA 取代度，成功制备了两种淀粉基絮凝剂，（2-羟丙基）-三甲基氯化铵酯化羧甲基淀粉（分别为阳离子 CMS-CTA-P 和阴离子型 CMS-CTA-N）。FTIR 和 H-NMR 结果表明，在淀粉中成功地引入了阴离子和阳离子基团。以淀粉∶AM∶ATPPB 质量比=1∶1.4∶0.93（即 AM/ATPPB 1∶0.124mol），用玉米淀粉和丙烯酰胺（AM）、烯丙基三苯基溴化磷（ATPPB）同时 γ 射线照射制备了季铵盐磷酸阳离子淀粉（St-g-AM/ATPPB）絮凝剂。用 FTIR 和 ^{1}H-NMR 对 St-g-AM/ATPPB 进行了表征。化学位移在 7.726ppm、7.637ppm 和 7.574ppm 证实了 St-g-AM/ATPPB 中存在 ATPPB 结构。ST-g-AM/ATPPB 的 FTIR 光谱表明在丙烯酰胺部分有玉米淀粉和—$CONH_2$ 基团的吸收峰[34]。

以过硫酸钾为引发剂，把（3-丙烯酰胺丙基）-三甲基氯化铵（APTAC）接枝于普鲁兰（普鲁兰-g-APTAC）上合成了一种新型的普鲁兰基絮凝剂。红外光谱表明，在 1480cm^{-1} 处有吸收峰，对应于胺的甲基，确认了在普鲁兰上的接枝单体。以进料比 6.17～14.83mmol，普鲁兰对 APTAC 接枝率为 52.69%时得到最高的絮凝活性。核磁共振波谱 3.4～5.8ppm 代表普鲁兰糖环中与质子有关的吸收峰，其代表峰是接枝的 APTAC 单元。通过测定 1.9～2ppm 的亚甲基质子，确定了 APTAC 与普鲁兰的物质的量比，与 APTAC 以及在 5.6ppm 和 5.2ppm 检测到的普鲁兰 H–1 和 H–6 质子一致[35]。

以黄原胶为原料，合成了一种新型絮凝剂（Xan-g-PDMA）。用铈离子诱导接枝共聚合，在黄原胶上接枝 *N*,*N*-二甲基丙烯酰胺（DMA）。FTIR 证实 DMA 成功接枝到黄原胶上。当黄原胶对 DMA 进料率为 1.5g 对 0.109mol 时，Xan-g-PDMA 接枝率及特性黏度分别为 83.24%和 6.4dL/g[36]。

多糖生物絮凝剂的分子量是影响多糖生物絮凝剂性能和性质的一种重要因素，如溶液的黏度。高分子量和长链多糖絮凝剂比低分子量絮凝剂黏度高。半纤维素基絮凝剂 Xyl-g-METAC 的分子量为 102 250g/mol，比木聚糖（20 480g/mol）高，其相应的黏度也高。生物絮凝剂的分子量一般为 10^4～10^6Da。例如，获得的 99%絮凝活性的化学改性壳聚糖基絮凝剂，羧甲基壳聚糖接枝聚合（2-甲基丙烯酰氧乙基）-三甲基氯化铵（CMC-g-PDMC），分子量为 8.34×10^5g/mol。化学改性的木聚糖[2-（甲基丙烯酰氧基）乙基]-三甲基氯化铵（METAC）接枝木聚糖（Xyl-g-METAC），分子量为 102 250g/mol，用于阴离子偶氮染料溶液的脱色，絮凝活性达到 97.8%。最近，用丙烯酰胺与黄腐殖酸一起接枝合成了分子量为 2×10^5Da 的壳聚糖三元共聚物多糖基絮凝剂（CAMFA），对废水中染料的去除能力很强[37]。

不同多糖生物絮凝剂的来源、结构框架、组成成分、理化性质不同，随之带来的絮凝范围和絮凝活性不同。通过接枝改造，选择合适的接枝率，能够有效地改变絮凝剂的电荷种类、电荷密度，扩展了反应层次，提高了多糖生物絮凝剂的性能。

4.4 多糖生物絮凝剂的化学表征

近年来，许多研究对微生物产生的多糖生物絮凝剂进行了深入和广泛的报道，其中重要的内容是对决定结构基础的化学组成与分子量等方面进行表征。成分组成决定结构，结构决定多糖生物絮凝剂的絮凝活性等理化性能和絮凝机制、絮凝效果及应用领域。

4.4.1 糖蛋白生物絮凝剂

铜绿假单胞菌产生的特征性糖蛋白絮凝剂包含 89.4%的多糖和 6.2%的蛋白质。经测定，生物絮凝剂的单体组分有：D-木糖、L-鼠李糖、D-葡萄糖、D-葡萄糖醛酸和 *N*-乙酰-D-氨基葡萄糖。土杨芽孢杆菌（*Bacillus toyonensis*）产生耐热糖蛋白生物絮凝剂 Reg-6，化学分析表明，纯化后的 Reg-6 是一种糖蛋白，主要由多糖（77.8%）和蛋白质（11.5%）组成。在较宽的 pH（3～11）范围内，在 Mn^{2+} 存在下，对高岭土悬浮液具有较强的絮凝活性，相对较低的投加量为 0.1mg/mL。傅里叶变换红外光谱（FTIR）显示，羟基、羧基和酰胺基团优先作用于絮凝。扫描电子显微镜（SEM）显示桥联作用是 Reg-6 的主要絮凝机制，絮凝性能优异。由克雷伯氏菌（*Klebsiella* sp.）产生的热稳定生物絮凝剂 M-C11 由 91.2%的糖、4.6%的蛋白质和 3.9%的核酸组成（*m*/*m*）。克雷伯氏菌 ZZ-3 产生的生物絮凝剂为天然多糖，由 84.6%的多糖和 6.1%的蛋白质组成，分子量为 603～1820kDa，生物絮凝剂的单体组分为甘露糖、葡萄糖和半乳糖[38]。肺炎克雷伯氏菌 ZCY-7 产生的新型生物絮凝剂含多糖（82.4%）和蛋白质（14.2%）[39]。

Nwodo 等研究发现纤维单胞菌（*Cellulomonas*）和链霉菌（*Streptomyces*）混合培养产生了一种由多糖（34.4%）和蛋白质（18.56%）组成的微生物絮凝剂。在纯化的这种生物絮凝剂的结构中，多糖由中性糖（5.7%，*m*/*m*）、氨基糖（9.3%，*m*/*m*）和糖醛酸（17.8%，*m*/*m*）组成[40]。

Rajab Aljuboori 等将黄曲霉产生的生物絮凝剂进行纯化，经测定：分子量为 2.574×10^4Da 的杂多糖，含蛋白质 28.5%、糖 69.7%，包括中性糖（40%）、糖醛酸（2.48%）和氨基糖（1.8%）。该生物聚合物的单体组成为蔗糖、乳糖、葡萄糖、木糖、半乳糖、甘露糖和果糖，物质的量比为 2.4∶4.4∶4.1∶5.8∶9.9∶0.8∶3.1[41]。

另一项研究证明，寄生曲霉的生物絮凝剂主要成分为多糖（76.3%）和蛋白质（21.6%），平均分子量为 3.2×10^5Da[42]。盐杆菌（*Halobacillus*）产生的是主要包括多糖和蛋白质的生物絮凝剂[43]。

地衣芽孢杆菌 X14 产生了一种新型生物絮凝剂 ZS-7。经纯化测定分析证明，ZS-7 生物絮凝剂是由多糖（91.5%，*m*/*m*）和蛋白质（8.4%，*m*/*m*）组成的糖蛋白，分子量约为 6.89×10^4Da。X 射线光电子能谱（XPS）和傅里叶变换红外光谱表明存在氨基、酰胺、羧基、甲氧基和羟基。该絮凝剂对低温饮用水具有良好的絮凝性能和工业应用潜力，对 COD_{Mn} 和浊度的最大去除率分别为 61.2%和 95.6%，优于常规化学絮凝剂[44]。

由产碱假单胞菌（*Pseudomonas alcaligenes*）产生的生物絮凝剂包含糖（86.5%）和蛋白质（11.2%），平均分子量为 3.56×10^6Da[45]。铜绿假单胞菌产生糖-蛋白质衍生物生物絮凝剂，由蛋白质（27%，*m*/*m*）和碳水化合物（89%，*m*/*m*）组成。它含有中性糖、糖醛酸和氨基糖主要成分，相对比例分别为 30.6%、2.35%和 0.78%（*m*/*m*）[46]。

韦氏芽孢杆菌（*Bacillus velezensis*）是由咸水中分离的一株微生物絮凝剂产生菌，分泌的多糖含有 2%的蛋白质和 98%的碳水化合物。FTIR 分析表明，絮凝过程中主要存在羧基、羟基和氨基。絮凝活性的最佳浓度为 3.5mg/L。该多糖在 $CaCl_2$ 存在下，可在较宽的 pH（1～10）和温度（5～85℃）范围内絮凝高岭土悬浮液[47]。一株农杆菌（*Agrobacterium* sp.）产生了一种含有中性糖、醛酸、氨基糖和蛋白质的絮凝剂，质量比为 85.0∶9.9∶2.1∶3.0，分子量为 8.1×10^4Da[48]。达瓜金杆菌产生的絮凝剂由 32.4%蛋白质、13.1%多糖和 6.8%核酸组成[49]。奇异变形杆菌分泌酸性絮凝剂，分子量为 1.2×10^5Da，含蛋白质（30.9%，*m*/*m*）和酸性多糖（63.1%，*m*/*m*）。酸性多糖以中性糖、葡萄糖醛酸和氨基糖为主要单体，其相对比例为 8.2∶5.3∶1（*m*/*m*）[50]。

Nwodo 等在 2013 年发现[51]，由淡水中分离的短状杆菌用麦芽糖为碳源、尿素为氮源产生的生物絮凝剂组成成分为：碳水化合物 39.4%，蛋白质 43.7%（*m*/*m*），中性糖、氨基糖和糖醛酸质量比分别为 1.3∶0.7∶2.2。莱茵衣藻（*Chlamydomonas reinhardtii*）产生的生物絮凝剂由 42.1%（*m*/*m*）的蛋白质、48.3%的碳水化合物、8.7%的脂类，以及 0.01%的核酸组成[52]。

链霉菌产生含有 78%的碳水化合物和 22%的蛋白质（*m*/*m*）的生物絮凝剂，该生物聚合物由中性糖、氨基糖和糖醛酸组成，质量比为 4.6∶2.4∶3[53]。节杆菌（*Arthrobacter* sp.）生物絮凝剂，是一种由 56%的蛋白质和 25%的总碳水化合物组成的糖蛋白[54]。

Zheng 等的研究报道指出[55]，巨大芽孢杆菌产生糖-蛋白质生物高分子絮凝剂，经分析含中性糖 3.6%、糖醛酸 37.0%、氨基糖 0.5%、蛋白质 16.4%（*m*/*m*）。中性糖组分为甘露糖与葡萄糖，其物质的量比为 1.2∶1。侏儒囊菌（*Nannocystis* sp.）是一种黏杆菌，产生的生物絮凝剂含 40.3%蛋白质和 56.5%多糖，主要成分为葡萄糖、甘露糖和葡萄糖醛酸，相对比例为 5∶4∶1[56]。

纤维堆囊菌（*Sorangium cellulosum*）是另一种具有这种能力的黏杆菌。产生的生物絮凝剂含 38.3%的蛋白质和 58.5%的碳水化合物，包括葡萄糖、甘露糖和葡萄糖醛酸，质量比为 51.3%、39.2%和 10.5%[57]。蜡状芽孢杆菌与膜醭毕赤酵母混合培养产生的一种生物絮凝剂具有多糖特性，多糖含量达 63.4%（*m*/*m*）。其均一单糖为葡萄糖，多糖浓度为 40.1%（*m*/*m*）；总蛋白质含量仅为 0.87%（*m*/*m*）。生物絮凝剂具有热稳定性，分子量为 50 798Da[58]。

栾兴社[59]分离了微生物絮凝剂高产菌节杆菌 LF-Tou2，这是一株发酵周期低于 30h 的微生物絮凝剂快速产生菌。将发酵液除菌体，经 CTAB、离子交换和凝胶过滤纯化的样品进行测定分析，结果证明：FTIR 和 ^{1}H-NMR 分析含有—OH、—C—H 键，有糖环 C—O—C，主链有 β-糖苷键，在侧链有少量的 α-糖苷键，是典型的多糖物质。^{13}C-NMR 波谱说明是由 4 个不同单糖残基组成的杂多糖，并有甲基和乙酰基取代。凝胶法测定样品的分子量为 3.89×10^6Da。多糖总量为 95.16%，氨基酸总量为 4.849%。TCL 和 HPCE 分析单糖成分有半乳糖、葡萄糖、鼠李糖和甘露糖，其物质的量比为 9∶6∶1∶1。全自动氨基酸分析仪测定的氨基酸中脂肪族氨基酸∶疏水氨基酸∶芳香族氨基酸=30.51∶7.08∶1.00（*m*/*m*）。

4.4.2 纯多糖生物絮凝剂

维氏固氮菌（*Azotobacter vinelandii*）分泌的藻酸盐多糖生物絮凝剂分子量在 3L 生物反应器中为 1250kDa，而在 14L 搅拌发酵罐中的分子量为 590kDa。由朱尼不动杆菌（*Acinetobacter junii*）产生了一种多糖生物絮凝剂，其平均分子量为 2×10^5Da，由中性糖（73.21%）、糖醛酸组成。絮凝剂中糖以外的其他成分含有的氨基酸种类（含量）分别为：氨基酸（10.12%）、氨基糖（0.23%）、α-氨基酸（11.13%），以及芳香氨基酸（1.23%）[60]。

耐盐的嗜碱琼脂芽孢杆菌（*Bacillus argaradhaerens*）C9 分泌了一种多糖生物絮凝剂，含有 65.42%多糖、4.70%蛋白质和 1.65%核酸[61]。对多黏类芽孢杆菌产生的生物絮凝剂进行化学分析，结果表明，其多糖含量达 96.2%，分子量为 1.16×10^6Da[62]。由纤维单胞菌株产生的生物絮凝剂其主要成分为糖胺聚糖多糖，氯化十六烷基吡啶纯化的生物絮凝剂（CPB）中包括糖类、蛋白质和糖醛酸，比例为 28.9%、19.3%和 18.7%；而部分纯化生物絮凝剂（PPB），其相应比例是 31.4%、18.7%和 32.1%[63]。

盐单胞菌株（*Halomonas* sp.）V3a 分泌的生物絮凝剂主要是多糖，包括中性糖残基（20.6%）、糖醛酸残基（7.6%）、氨基糖残基（1.6%）和硫酸盐（5.3%）[64]。徘徊球菌（*Vagococcus* sp.）产生一种相对分子量大于 2×10^6 的生物多糖絮凝剂。无花果沙雷菌的生物絮凝剂是多糖，其平均分子量为 3.13×10^5Da[65]。土生克雷伯氏菌（*Klebsiella tergena*）分泌了一种以中性糖为主要单体，以糖醛酸为次要单体的胞外多糖成分，相对分子量约为 2×10^3 [66]。

谷氨酸棒杆菌生物絮凝剂的结构单元为半乳糖醛酸和痕量蛋白质，分子量达 10^5Da[67]。埃吉类芽孢杆菌产生的胞外多糖絮凝剂含葡萄糖、葡萄糖醛酸、甘露糖和木糖，分子量为 3.5×10^6Da[68]。印度固氮杆菌产生的胞外多糖絮凝剂的分子量约为 2×10^6kDa[69]。

Yim 研究证明[70]，微藻螺沟藻（*Gyrodinium impudicum*）产生的胞外多糖絮凝剂是一种以半乳糖为主要成分，另外还含有糖醛酸（2.9%，*m*/*m*）和硫酸盐（10.3%，*m*/*m*），分子量为 1.87×10^6Da。黏液芽孢杆菌（*Bacillus mucilaginosus*）分泌一种含糖醛酸（19.1%）、中性糖（47.4%）和氨基糖（2.7%）的絮凝剂[71]。普诚沙雷氏菌（*Serratia plumuthica*）絮凝剂为酸性多糖，分子量为 1.8×10^6Da，含半乳糖、蔗糖、葡萄糖、甘露糖和半乳糖醛酸，质量比为 34.5∶5.1∶24.5∶29.6∶9.2[72]。

与此同时，Liu 等研究的巨大芽孢杆菌产生的一种生物絮凝剂由葡萄糖和甘露糖组成，其物质的量比为 4∶1[73]。坚强芽孢杆菌（*Bacillus firmus*）产生的酸性多糖生物絮凝剂含有葡萄糖、果糖、甘露糖和半乳糖，物质的量比为 12.1∶5.7∶3.1∶1，分子量约 2×10^6Da[74]。芽孢杆菌能产生由葡萄糖、岩藻糖、葡萄糖醛酸和半乳糖组成，物质的量比约为 2.76∶1.10∶1∶0.12，分子量为 7×10^3Da 的多糖生物絮凝剂[75]。

4.4.3 葡萄糖胺生物絮凝剂

Fujita 等在研究微生物絮凝剂产生菌时分离到了一株柠檬酸杆菌 TKF04，惊奇地发现其产生的生物絮凝剂的单体成分是葡萄糖胺，用凝胶过滤法测定的分子量为 232～440kDa。当用壳聚糖酶对产生的生物絮凝剂进行处理，测红外光谱后发现属壳聚糖生物聚合物结构。絮凝试验时不需添加阳离子[76]。随后，Kim 等从一株柠檬酸杆菌新菌株中提取出一种新型的聚氨基葡萄糖聚合物 PGB-2。它由 97.3%的氨基葡萄糖和 2.7%的鼠李糖组成，凝胶渗透色谱测定的其平均分子量为 20kDa，在 2%乙酸中的溶解度为 5g/L，黏度为 2.9cp。PGB-2 的 FTIR 和 ^{1}H-NMR 谱与来自螃蟹壳的聚糖具有很好的同源性[77]。

另外一个发现是，Abdel-Aziz 等获得了蜂房芽孢杆菌（*Bacillus alvei*），该菌产生的多糖微生物絮凝剂 BPF 主要由氨基糖组成，这种絮凝剂在木炭或高岭土悬浮液中具有良好的絮凝活性，不需添加任何阳离子。红外光谱表明，BPF 具有壳聚糖样结构，分子量为 6.9×10^4Da。令人惊讶的是，这种 BPF 的保质期研究表明，它在室温下放置长达 6 个月仍保持了 94%的絮凝活性，表明它具有较高的稳定性[78]。Kimura 等[79]报道了一种由柠檬酸杆菌 G13 产生的甲壳素/壳聚糖类生物絮凝剂，其在高效液相色谱系统用凝胶过滤测定的分子量为 1.66×10^6Da，气相色谱和质谱联合分析证明含氨基葡萄糖和*N*-乙酰氨基葡萄糖。尽管分子量低高分布，但平均分子量比其他报道要高得多。

一直以来，科技界认为壳聚糖或几丁质是真核生物的合成产物，所以，这项研究的重要意义在于发现了在原核生物细菌中直接合成，并胞外分泌壳聚糖的例证，研究的价值展现了壳聚糖能够用细菌发酵进行生产的令人期待的广阔前景。

4.4.4 聚氨基酸类生物絮凝剂

Shih 等[80]发现一种聚-γ-谷氨酸（PGA）絮凝剂是由地衣芽孢杆菌 CCRC12826 分泌的。地衣芽孢杆菌在厌氧培养条件下，大量生产出一种优良的生物高分子絮凝剂。经凝胶渗透色谱分析，生物高分子絮凝剂是一种分子量大于 2×10^6Da 的极黏性材料。氨基酸分析和薄层色谱表明，它是谷氨酸的均聚物，推测为聚谷氨酸（PGA）。这种生物絮凝剂能有效地絮凝各种有机和无机悬浮液。它絮凝高岭土悬浮液不需阳离子，但其絮凝活性受 Ca^{2+}、Fe^{3+}和 Al^{3+}阳离子的协同促进。枯草芽孢杆菌 PUL-A 产生含 87%的聚-γ-谷氨酸的生物高分子絮凝剂，分子量为 1.3×10^6Da。

无论 PGA 的分子量大或小，生物聚合物溶液在 pH6.0 以下浓度都大大降低。生物聚合物溶液具有典型的假塑性流动行为和屈服应力。在酸性条件下，随着加热时间的增加和温度的升高，生物聚合物溶液的稠度明显降低。生物聚合物的絮凝活性在 pH5 时最高，但加热后则明显降低[75]。

Wu 和 Ye[81]报道了一种含有谷氨酸基的生物絮凝剂，研究分离的菌种为枯草芽孢杆菌 DYU1。FTIR、核磁共振（NMR）和氨基酸鉴定表明，生物聚合物 DYU 500 主要具有聚谷氨酸结构。凝胶渗透色谱测定 DYU 500 的平均分子量为（3.16～3.20）$\times10^6$Da。DYU 500 的主要成分为总糖、醛酸、蛋白质和聚酰胺（谷氨酸均聚物），占总糖、醛酸、蛋白质和聚酰胺的比重分别为 14.9%、2.7%、4.4%和 48.7%（*m*/*m*）。在 0.10～0.90mol/L 的最佳浓度范围内，添加二价阳离子 Ca^{2+}或 Mg^{2+}，可显著提高 DYU 500 在高岭土悬浮液中的絮凝活性。在弱酸性或中性（pH6.0～pH 7.0）条件下，阳离子的协同效应最强。DYU 500 的絮凝活性随培养温度的升高而线性下降，经 120℃加热处理，由于聚酰胺结构被破坏，其絮凝活性则完全丧失。

参 考 文 献

[1] Ferreira D S, Costa L A S, Campos M I, et al. Production of xanthan gum from soybean

biodiesel: a preliminary study. Bmc Proc, 2014, 8: 174.

[2] Salehizadeh H, Yan N. Recent advances in extracellular biopolymer flocculants. Biotechnol Adv, 2014, 32: 1506-1522.

[3] Yan S, Wang N, Chen Z, et al. Genes encoding the production of extracellular polysaccharide bioflocculant are clustered on a 30-kb DNA segment in *Bacillus licheniformis*. Funct Integr Genom, 2013, 13: 425-434.

[4] Zhao J, Ji S, Sun T, et al. Production bioflocculant prepared from wastewater supernatant of anaerobic co-digestion of corn straw and molasses wastewater treatment. Bioresources, 2017, 12: 1991-2003.

[5] Diaz-Barrera A, Gutierrez J, Martinez F, et al. Production of alginate by *Azotobacter vinelandii* grown at two bioreactor scales under oxygen-limited conditions. Bioprocess Biosyst Eng, 2014, 37: 1133-1140.

[6] More T T, Yan S, Tyagi R D, et al. Extracellular polymeric substances of bacteria and their potential environmental applications. Environ Manag, 2014, 144: 1-25.

[7] Wu D, Li A, Yang J, et al. N-3-Oxo-octanoylhomoserine lactone as a promotor to improve the microbial flocculant production by an exopolysaccharide bioflocculant producing bacterium *Agrobacterium tumefaciens*. RSC Adv, 2015a, 5: 89531-89538.

[8] Yang J, Wu D, Li A, et al. The addition of N- hexanoyl-homoserine lactone to improve the microbial flocculant production of *Agrobacterium tumefaciens* strain F2, an exopolysaccharide bioflocculant-producing bacterium. Appl Biochem Biotechnol, 2016a, 179: 728-739.

[9] Patil S V, Salunkhe R B, Patil C D, et al. Bioflocculant exopolysaccharide production by *Azotobacter indicus* using flower extract of *Madhuca latifolia* L. Appl Biochem Biotechnol, 2010, 162: 1095-1108.

[10] Gomes F P, Silva N H C S, Trovatti E, et al. Production of bacterial cellulose by *Gluconacetobacter sacchari* using dry olive mill residue. Biomass Bioenergy, 2013, 55: 205-211.

[11] Maghsoodi V, Razavi J, Yaghmaei S. Production of chitosan by submerged fermentation from *Aspergillus niger*. Trans C Chem Chem Eng, 2009, 16: 145-158.

[12] Mishra B, Suneetha V. Biosynthesis and hyper production of pullulan by a newly isolated strain of *Aspergillus japonicus*-VIT-SB1. World J Microbiol Biotechnol, 2014, 30: 2045-2052.

[13] Okaiyeto K, Nwodo U U, Mabinya L V, et al. *Bacillus toyonensis* strain AEMREG6, a bacterium isolated from South African marine environment sediment samples produces a glycoprotein bioflocculant. Molecules, 2015, 20: 5239-5259.

[14] Zhong C Y, Chen H G, Chen H G, et al. Bioflocculant production by *Haloplanusve scusandits* applicationin acid brilliant scarlet yellow/red removal. Water Sci Technol, 2016, 73: 707-715.

[15] Cheng K C, Demirci A, Catchmark J M. Pullulan: biosynthesis, production, and applications. Appl Microbion Biotechnol, 2011, 92: 29-44.

[16] Chi Z, Zhao S. Optimization of medium and cultivation conditions for pullulan production by a new pullulan-producing yeast strain. Enzym Microb Technol, 2003, 33: 206-211.

[17] Forabosco F, Bruno G, Sparapano L, et al. Pullulans produced by strains of *Cryphonectria parasitica*-I. Production and characterisation of the exopolysaccharides. Carbohydr Polym, 2006, 63: 535-544.

[18] 栾兴社. 一种克雷伯氏菌及用它制备生物絮凝剂的方法. 2015. 发明专利 ZL201510656846. 5.

[19] Chee S Y, Wong P K, Won C L. Extraction and characterisation of alginate from brown seaweeds (Fucales, Phaeophyceae) collected from port Dickson, Peninsular Malaysia. Appl Phycol, 2010, 23: 191-196.

[20] Fertah M, Belfkira A, Dahmane E, et al. Extraction and characterization of sodium alginate from Moroccan *Laminaria digitata* brown seaweed. Arab J Chem, 2014, 1: 1-8.
[21] Subudhi S, Bish V, Batta N, et al. Purification and characterization of exopolysaccharide bioflocculant produced by heavy metal resistant *Achromobacter xylosoxidans*. Carbohydr Polym, 2016, 137: 441-451.
[22] Michalak I, Chojnacka K. Algae as production systems of bioactive compounds. Eng Life Sci, 2015, 15: 160-176.
[23] Kachhawa D K, Bhattacharjee P, Singhal R S. Studies on downstream processing of pullulan. Carbohydr Polym, 2003, 52: 25-28.
[24] Petri D S F. Xanthan gum: A versatile biopolymer for biomedical and technological applications. Appl Polym Sci, 2015, 132: 42035.
[25] Tripathy T, Singh R P. Characterization of polyacrylamide-grafted sodium alginate: a novel polymeric flocculant. Appl Polym Sci, 2001, 81: 3296-3308.
[26] Kaur S, Dhillon G S. The versatile biopolymer chitosan: potential sources, evaluation of extraction methods and applications. Crit Rev Microbiol, 2014, 40: 155-175.
[27] Vaingankar P N, Juvekar A R, Fermentative production of mcycelial chitosan from Zygomycetes: media optimization and physico-chemical characterization. Adv Biosci Biotechnol, 2014, 5: 940-956.
[28] Yang R, Li H, Huang M, et al. A review on chitosan-based flocculants and their applications in water treatment. Water Res, 2016b, 95: 59-89.
[29] Cai T, Li H, Yang R, et al. Effcient flocculation of an anionic dye from aqueous solutions using a cellulose-based flocculant. Cellulose, 2015, 22: 1439-1449.
[30] Wang J P, Yuan S J, Wang Y, et al. Synthesis, characterization and application of a novel starch-based flocculant with high flocculation and dewatering properties. Water Res, 2013b, 47: 2643-2648.
[31] Szygul A, Guibal E, Palacin M A, et al. Removal of an anionic dye (Acid Blue 92) by coagulation-flocculation using chitosan. Environ Manag, 2009, 9: 2979-2986.
[32] Song Y B, Gan W, Li Q, et al. Alkaline hydrolysis and flocculation properties of acrylamide-modified cellulose polyelectrolytes. Carbohydr Polym, 2011, 86: 171-176.
[33] Roy D, Semsarilar M, Guthrie J T, et al. Cellulose modification bypolymer grafting: a review. Chem Soc Rev, 2009, 38: 2046-2064.
[34] Kolya H, Tripathy T. Preparation, investigation of metal ion removal and flocculation performances of grafted hydroxyethyl starch. Int J Biol Macromol, 2013a, 62: 557-564.
[35] Revedin A, Aranguren B, Becattini R, et al. Thirty thousand-year-old evidence of plant food processing. Proc Natl Acad Sci, 2010, 107: 18815-18819.
[36] Kolya H, Tripathy T, De B R. Flocculation performance of grafted xanthan gum: a comparative study. J Phys Sci, 2012, 16: 221-234.
[37] Tao L, Xuejun W, Guojun S, et al. Synthesis and flocculation performance of a chitosan-acrylamide-fulvic acid ternary copolymer. Carbohydr Polym, 2017, 170: 182-189.
[38] Yin Y J, Tian Z M, Tang W, et al. Production and characterization of high effciency bioflocculant isolated from *Klebsiella* sp. ZZ-3. Bioresour Technol, 2014, 171: 336-342.
[39] Yadav K K, Mandal A K, Sen I K. Flocculating property of extracellular polymeric substances produced by a biofilmforming bacterium *Acinetobacter junii* BB1A. Appl Biochem Biotechnol, 2012, 168: 1621-3164.
[40] Nwodo U U, Green E, Mabinya L V, et al. Bioflocculant production by a consortium of *Streptomyces* and *Cellulomonas* species and media optimization via surface response model.

Colloids Surf B Biointerfaces, 2014, 11: 257-264.

[41] Rajab Aljuboori A H, Idris A, Abdullah N, et al. Production and characterization of a bioflocculant produced by *Aspergillus flavus*. Bioresour Technol, 2013, 127: 489-493.

[42] Deng S, Yu G, Ting Y P. Production of a bioflocculant by *Aspergillus parasiticus* and its application in dye removal. Colloids Surf B Biointerfaces, 2005, 44: 179-186.

[43] Cosa S, Mabinya L V, Olaniran A O, et al. Production and characterization of bioflocculant produced by *Halobacillus* sp. Mvuyo isolated from bottom sediment of Algoa Bay. Environ Technol, 2012, 33: 967-973.

[44] Li Z, Zhong S, Lei H, et al. Production of a novel bioflocculant by *Bacillus licheniformis* X14 and its application to low temperature drinking water treatment. Bioresour Technol, 2009a, 100: 3650-3656.

[45] Wan C, Zhao X Q, Guo S L, et al. Bioflocculant production from *Solibacillus silvestris* W01 and its application in cost-effective harvest of marine microalga *Nannochloropsis oceanica* by flocculation. Bioresour Technol, 2013, 135: 207-212.

[46] Gomma E Z. Production and characteristics of a heavy metals removing bioflocculant produced by *Pseudomonas aeruginosa*. Pol J Microbiol, 2012, 61: 281-289.

[47] Zaki S A, Elkady M F, Farag S, et al. Characterization and flocculation properties of a carbohydrate bioflocculant from a newly isolated *Bacillus velezensis* 40B. J Environ Biol, 2013, 34: 51-58.

[48] Li Q, Liu H L, Qi Q S, et al. Isolation and characterization of temperature and alkaline stable bioflocculant from *Agrobacterium* sp. M-503. New Biotechnol, 2010, 27: 789-794.

[49] Liu W, Wang K, Li B, et al. Production and characterization of an intracellular bioflocculant by *Chryseobacterium daeguense* W6 cultured in low nutrition medium. Bioresour Technol, 2010, 101: 1044-1048.

[50] Xia S, Zhang Z, Wang X, et al. Production and characterization of a bioflocculant by *Proteus mirabilis* TJ-1. Bioresour Technol, 2008, 99: 6520-6527.

[51] Nwodo U U, Agunbiade M O, Green E, et al. Characterization of an exopolymeric flocculant produced by a *Brachybacterium* sp. Materials, 2013, 6: 1237-1254.

[52] Zhu C, Chen C, Zhao L, et al. Bioflocculant produced by *Chlamydomonas reinhardtii*. J Appl Phycol, 2011, 24: 1245-1251.

[53] Nwodo U U, Agunbiade M O, Green E, et al. A freshwater *Streptomyces*, isolated from Tyume river, produces a predominantly extracellular glycoprotein bioflocculant. Int J Mol Sci, 2012, 13: 8679-8695.

[54] Mabinya L V, Cosa S, Nwodo U, et al. Studies on bioflocculant production by *Arthrobacter* sp. Raats, a freshwater bacteria isolated from Tyume river, South Africa. Int J Mol Sci, 2012, 13: 1054-1065.

[55] Zheng Y, Ye Z L, Fang X L, et al. Bioflocculant produced by *Chlamydomonas reinhardtii*. Bioresour Technol, 2008, 99: 7686-7691.

[56] Ryu M J, Jang E K, Lee S P, et al. Physicochemical properties of a biopolymer flocculant produced from *Bacillus subtilis* PUL-A. Korean J Microbiol Biotechnol, 2007, 35: 203-209.

[57] Zhang J, Wang R, Jiang P, et al. Production of an exopolysaccharide bioflocculant by *Sorangium cellulosum*. Lett Appl Microbiol, 2002b, 34: 178-181.

[58] Zhang F, Jiang W, Wang X, et al. A new complex bioflocculant produced by mix-strains in alcoholic wastewater and the characteristics of the bioflocculant. Fresenius Environ Bull, 2011, 20: 2238-2245.

[59] 栾兴社, 王桂宏, 祝磊, 等. 节杆菌 LF-Tou2 产生絮凝剂的培养及去除重金属的作用研究.

2004. 环境科学与资源利用. 12(3): 6-10.

[60] Zhong C, Xu A, Wang B, et al. Production of a value-added compound from the H-acid wastewater- bioflocculants by *Klebsiella pneumonia*. Colloids Surf B Biointerfaces, 2014, 122: 583-590.

[61] Liu C, Wang K, Jiang J H, et al. A novel bioflocculant produced by a salt-tolerant, alkaliphilic and biofilm-forming strain *Bacillus agaradhaerens* C9 and its application in harvesting *Chlorella minutissima* UTEX2341. Biochem Eng J, 2015, 93: 166-172.

[62] Guo J, Zhang Y, Zhao J, et al. Characterization of a bioflocculant from potato starch wastewater and its application in sludge dewatering. Appl Microbiol Biotechnol, 2015b, 99: 5429-5437.

[63] Nwodo U U, Agunbiade M O, Green E, et al. Characterization of an exopolymeric flocculant produced by a *Brachybacterium* sp. Materials, 2013, 6: 1237-1254.

[64] He J, Zou J, Shao Z, et al. Characteristics and flocculating mechanism of a novel bioflocculant HBF-3 produced by deep-sea bacterium mutant *Halomonas* sp. V3a. World J Microbiol Biotechnol, 2010, 26: 1135-1141.

[65] Gong W X, Wang S G, Sun X F, et al. Bioflocculant production by culture of *Serratia ficaria* and its application in wastewater treatment. Bioresour Technol, 2008, 99: 4668-4674.

[66] Ghosh M, Pathak S, Ganguli A. Effective removal of Cryptosporidium by a novel bioflocculant. Water Environ Res, 2009a, 81: 160-164.

[67] He N, Li Y, Chen J. Production of a novel polygalacturonic acid bioflocculant REA-11 by *Corynebacterium glutamicum*. Bioresour Technol, 2004a, 94: 99-105.

[68] Li Q, Lu C, Liu A, et al. Optimization and characterization of polysaccharide-based bioflocculant produced by *Paenibacillus elgii* B69 and its application in wastewater treatment. Bioresour Technol, 2013, 134: 87-93.

[69] Patil S V, Patil C D, Salunke B K, et al. Studies on characterization of bioflocculant exopolysaccharide of *Azotobacter indicus* and its potential for wastewater treatment. Appl Biochem Biotechnol, 2011, 163: 463-472.

[70] Yim J H, Kim S J, Ahn S H, et al. Characterization of a novel bioflocculant, p-KG03, from a marine dinoflagellate, *Gyrodinium impudicum* KG03. Bioresour Technol, 2007, 98: 361-367.

[71] Deng S B, Bai R B, Hu X M, et al. Characteristics of a bioflocculant produced by *Bacillus mucilaginosus* and its use in starch wastewater treatment. Appl Microbiol Biotechnol, 2003, 60: 588-593.

[72] Liang S K, Song D D. Characteristics of a extracellular bioflocculant from a *Serratia plumuthica* isolate. Adv Mater Res, 2009, 79: 223-226.

[73] 刘紫娟, 徐桂云, 刘志培, 等. 絮凝剂 BP25 的化学组成及结构研究. 微生物学报, 2001, 41: 348-352.

[74] Suh H H, Moon S H, Seo W T, et al. Physico-chemical and rheological properties of a bioflocculant BF-56 from *Bacillus* sp. A56. J Microbiol Biotechnol, 2002, 12: 209-216.

[75] Zhang F, Jiang W, Wang X, et al. A new complex bioflocculant produced by mix-strains in alcoholic wastewater and the characteristics of the bioflocculant. Fresenius Environ Bull, 2011, 20: 2238-2245.

[76] Fujita M, Ike M, Tachibana S, et al. Characterization of a bioflocculant produced by *Citrobacter* sp. TKF04 from acetic and propionic acids. J Biosci Bioen, 2000, 98: 40-46.

[77] Kim D G, La H J, Ahn C Y, et al. Harvest of *Scenedesmus* sp. with bioflocculant and reuse of culture medium for subsequent high-density cultures. Bioresour Technol, 2011, 102: 3163-3168.

[78] Abdel-Aziz S M, Hamed H A, Mouafi F E, et al. Extracellular metabolites produced by a novel

strain, *Bacillus alvei* NRC-14: 3. synthesis of a bioflocculant that has chitosan-like structure. Life Sci J, 2011, 8: 883-890.

[79] Kimura K, Inoue T, Kato D, et al. Distribution of chitin/chitosan-like bioflocculant-producing potential in the genus *Citrobacter*. Appl Microbiol Biotechnol, 2013, 97: 9569-9577.

[80] Shih I, Van Y, Yeh L, et al. Production of a biopolymer flocculant from *Bacillus licheniformis* and its flocculation properties. Bioresour Technol, 2001, 78: 267-272.

[81] Wu J Y, Ye H F. Characterization and flocculating properties of an extracellular biopolymer produced from a *Bacillus subtilis* DYU1 isolate. Process Biochem, 2007, 42: 1114-1123.

5 多糖生物絮凝剂的反应机制

多年来众多研究证实，多糖生物絮凝剂对絮凝体系中悬浮胶体粒子的絮凝或失稳是通过 4 种机制实现的，即双电层压缩、电荷中和、桥联和卷扫絮凝[1]。这几种絮凝机制的发生与所用生物絮凝剂的类型和对其进行絮凝处理的水质性质有关。这些絮凝反应中的任何一种都可以单独发生或组合发生。

5.1 絮凝过程的基本机制

5.1.1 双电层压缩

这种絮凝机制依赖于过量电解质的作用（一种高电荷的离子物质），它作为混凝剂加入水体系中。混凝剂改变了系统的总离子浓度和粒子周围的双电层，把颗粒之间的排斥能屏障压缩降低。这一现象促进了分子吸引和相继的微观和宏观絮凝体的形成。若在水中存在二价离子，如 Ca^{2+}和 Mg^{2+}，则通过双电层压缩机制诱导某种形式的絮凝作用[2]。

5.1.2 电荷中和

当多糖生物絮凝剂所带电荷与胶体颗粒相反时，体系中电荷中和发生。在这种情况下，通过吸附多糖生物絮凝剂可以降低颗粒表面的电荷密度，从而导致颗粒失稳、排斥静电相互作用被吸引力所克服。这种机制对于低分子量物质是非常有效的，倾向是吸附和中和粒子上的相反电荷。

这涉及存在于絮凝剂上的反电荷离子吸附到胶体表面上。在正常的地表水条件下，胶体粒子通常带负电荷，带正电荷的絮凝剂被吸引到胶体表面，从而诱导表面电荷中和。这种机制的有效性强烈依赖于加入的絮凝剂剂量，因为一旦超过最佳投加量，就很容易发生粒子稳定化。

5.1.3 桥联

粒子的桥联作用是通过引入长链聚合物或聚电解质作为絮凝剂来实现的。这些絮凝剂能够延伸到溶液中，以捕获和结合多个微小颗粒。

桥联作用是类带电或中性多糖絮凝剂的主要絮凝机制，特别是当多糖絮凝剂从粒子表面延伸到溶液中距离大于颗粒间排斥发生的距离时。在这种情况下，多糖絮凝剂的片段吸附在颗粒表面，导致环状和尾部延伸入溶液中，可将悬垂的多糖段附着在其他相邻颗粒上，形成絮凝体。桥联可能是由范德华力、静电、氢键发生结合作用或多糖分子中的一些自由基与颗粒之间发生化学反应。这种机制对高分子量类带电多糖絮凝剂特别有效。

当生物絮凝剂大分子浓度较低时，吸附在某个颗粒表面上的大分子长链还会吸附在另一颗粒的表面上，通过桥联的方式将更多的颗粒连接在一起，形成絮凝体，导致絮凝现象发生。因此，桥联机制的必要条件是杂质微粒上存在表面空白。当大分子絮凝剂加量过大时，每一个杂质颗粒表面布满线状大分子，颗粒被完全包裹，造成颗粒稳定无法聚集，则没有絮凝现象发生。

5.1.4 卷扫絮凝

卷扫絮凝是通过金属氢氧化物的沉淀而发生的，这些沉淀相中夹杂着类似于金属氢氧化物的颗粒[3]。卷扫絮凝可以改善絮凝效果，与电荷中和相比具有更好的去除性能。由于这种絮凝机制需要更高的絮凝剂剂量才能发挥作用，在絮凝过程结束时产生了大量的污泥。

当在絮凝体系中投加适宜的微生物絮凝剂时，搅拌均匀，微生物絮凝剂和水质中的杂质形成小絮凝体。在重力作用下小絮凝体开始沉降。沉降的过程中，大量絮凝体就像一张密集的网从上而下将水中颗粒卷扫下来，沉淀的过程中絮凝体还会相互碰撞和聚集，形成更大的絮凝体快速沉淀分离。当水中胶体杂质浓度比较低的时候，所需要的微生物絮凝剂的剂量与原水中杂质的含量呈反比关系，即当原水中杂质负荷较多时，絮凝剂用量少；而当原水中杂质负荷较低时，絮凝剂用量反而多。

由此可以得出这样的推论：从上述絮凝机制的原理来判断，一种特定的絮凝剂只能使用某些而不是所有的絮凝机制模式。例如，矾絮凝剂（铝或铁）只能使用卷扫絮凝、电荷中和或双电层压缩（单一或联合）操作，但不能使用吸附和桥联机制操作。同样，基于聚电解质的絮凝剂不能使用卷扫絮凝，但它可以通过吸附和桥联、双电层压缩或电荷中和来运行。

5.1.5 多糖生物絮凝剂絮凝机制分析

由于特定絮凝剂与水质的性质和絮凝机制的操作对应，在特定絮凝系统中，多糖生物絮凝剂可能无法通过类似的基本絮凝机制发挥作用[4~8]。因此，建议根据具体情况评估絮凝过程的基本模式，以获得清晰的解释。

综合研究者在使用多糖生物絮凝剂作为初级絮凝剂时所提出的絮凝机制，表明吸附、桥联絮凝和电荷中和是通常明确指出的机制。以壳聚糖作为多糖生物絮凝剂的研究对象，认为其絮凝能力的产生是通过一种双重机制来实现的，包括电荷中和与桥联机制絮凝。壳聚糖是一种中分子量、高分子量聚合物，在天然水的pH 范围内带正电荷，通过吸附、电荷中和与粒子间桥联作用，有效地凝聚了带有负电荷的天然颗粒和胶体材料。

图 5-1、图 5-2 分别描述了多糖生物絮凝剂的桥联、电荷中和、静电贴片、卷扫机制。

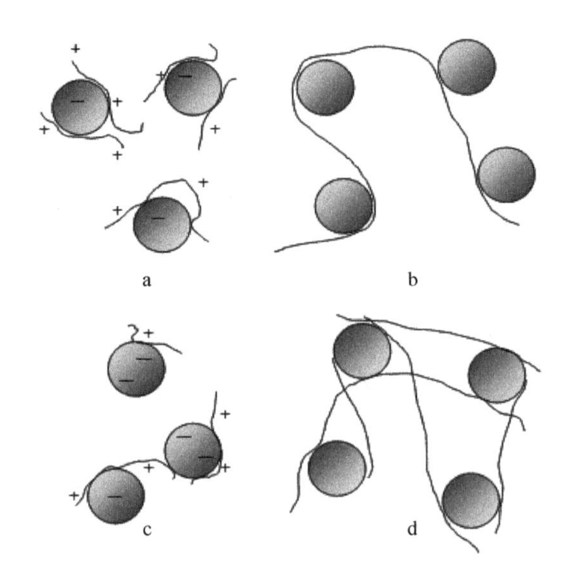

图 5-1　絮凝机制图解（一）

a. 电荷中和；b. 桥联；c. 静电贴片；d. 卷扫

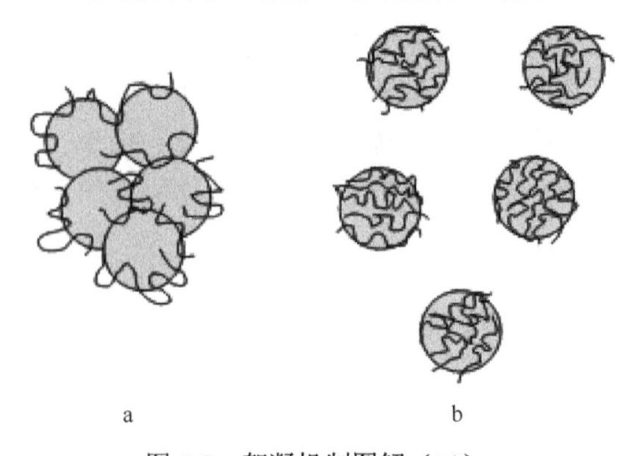

图 5-2　絮凝机制图解（二）

a. 合适剂量的桥联絮凝；b. 过量剂量的颗粒重稳

只有在絮凝剂聚合物骨架与分散胶体颗粒表面存在亲和力的情况下，才能在聚合物表面吸附颗粒。吸附亲和力必须足以超过与聚合物吸附相关的熵损失，因为在自由溶液中吸附链比随机螺旋具有更严格的构型[9]。根据活性絮凝剂电荷的性质，通过静电作用、氢键作用和离子结合作用，可以发生吸附相互作用。桥联絮凝的一个基本要求是，在颗粒上应有足够的未占用表面，以便将吸附在其他粒子上的聚合物链段附着在一起。因此，吸附量不应过高，否则粒子表面会被高度覆盖以至于吸附不足，造成可用的地点和颗粒会重新稳定[7]。值得注意的是，吸附量不宜过少，否则没有足够的桥联接触可以形成。因此，桥联絮凝有一个最佳剂量问题。

聚合物桥联比以其他方式（如金属盐）形成的聚集体（絮凝体）要强得多。这一点从常见的观察可以清楚地看出来，大的絮凝体即使在足够高的剪切条件下，如在搅拌容器中，也能形成长链聚合物。絮凝体的大小通常取决于外加剪切或搅拌速度。絮凝体越强，在一定的剪切条件下就能生长得越大[10]。桥联接触在高剪切水平下也能更好地抵抗断裂。然而，絮凝体断裂是不可逆的，因此碎絮不会在减少剪切条件下迅速重新形成[11]。不可逆断裂可能是由于条件粗放导致聚合物链断裂或被吸附的聚合物段的剥离，然后再以不利于桥联相互作用的方式重新吸附造成的[12]。大多数情况下，水质中的微粒和胶体组分都是带负电荷的。因此，活性凝聚组分为阳离子的生物多糖作为一种絮凝剂来说，是最有效的。静电相互作用在这种情况下具有很高的吸附能力系统，粒子表面的中和甚至电荷反转都会发生。因此，简单地说，由于粒子表面电荷的作用而产生絮凝的可能性很高，它们之间的电排斥也就减少了。在絮凝操作中，最优的絮凝是只需在中和颗粒表面电荷或使 zeta 电位接近于零所需的絮凝剂剂量下实现的[13]。高电荷密度的多糖生物絮凝剂更有效，这是因为在给定的剂量下，多糖生物絮凝剂会向粒子表面输送更多的电荷。由于高电荷密度聚合物倾向于在相当平坦的构型中吸附，所以桥联作用的机会很小。

当电荷密度较高的多糖生物絮凝剂吸附在带负电荷的颗粒表面时，另一种可能性出现了，这就是所谓的“静电贴片”机制[14,15]。“片状”吸附的一个重要后果是，当粒子接近时正片和负片之间存在静电吸引，这会产生粒子附着，从而产生絮凝作用。虽然以这种方式产生的絮凝体不如桥联形成的絮凝体强，但比金属盐存在或简单电荷中和形成的絮凝体还是要强得多。在静电贴片中，絮凝体破碎后的再絮凝比桥联更容易发生[11]。

5.2 絮凝机制评价

电荷中和、静电贴片和聚合物桥联是生物絮凝剂絮凝的主要机制。在一些研究中，用X射线衍射图来观察和推测天然聚合物在废水处理中可能的絮凝机制[16]。然而，X射线衍射分析表明，固体废弃物与多糖中的黏液相互作用。zeta电位分析（measurement of zeta potential）被用来测量胶体粒子周围电荷的大小，因为混凝和絮凝过程主要取决于电学性质[17]。利用zeta电位的测量可以确定生物絮凝剂的离子电荷和悬浮粒子的表面电荷，从而预测絮凝机制[18,19]。据报道，光衍射散射（light diffraction scattering，LDS）技术可以根据絮凝剂的性质对絮凝动力学进行监测，并对不同类型的絮凝机制进行评价。用LDS法可以评价絮凝剂的电荷密度对絮体分形维数的影响，从而测量絮体的密实度。通过zeta电位的测量和LDS技术的应用，可以对絮凝过程中生物絮凝剂的动力学和机制进行监测。

5.3 多糖生物吸附剂的反应机制

将有絮凝功能基础的生物多糖进行交联或固定在一定的载体上就生成了有强大吸附作用的多糖生物吸附剂。这种吸附剂不溶于水，利用存在于表面或分子网架中的带电基团对吸附物进行吸附，从而可达到对污染水质进行净化的目的。多糖吸附剂和其他化学吸附剂有着共同的特征，即在一轮吸附完成后可以再生，以实现重复使用，降低使用成本，提高水处理效率。

5.3.1 多糖复合材料

5.3.1.1 交联多糖

影响多糖材料吸附性能的两个最重要的因素是聚合物的亲水性和交联密度。多糖可以通过链中的羟基或氨基与偶联剂反应而交联，形成不溶于水的交联网络。多糖交联后形成凝胶，将其分为物理凝胶和化学凝胶。化学凝胶是由不可逆共价键形成的，而物理凝胶则是由各种可逆键形成的。许多研究人员已经用不同的偶联剂合成了交联多糖材料。

5.3.1.2 多糖复合材料

多糖复合物是将多糖固定在不溶性载体上，通过偶联或接枝反应形成杂化或复合材料。这种方法依赖于通过几个间隔臂将多糖结合到预先存在的矿物或有机基质上。复合材料可以结合无机材料和有机材料的物理和化学性质。从文献来看，不同种类的物质被用来与多糖，特别是壳聚糖形成复合物。这些复合材料包括蒙脱土、聚氨酯、活性黏土、膨润土、聚乙烯醇。壳聚糖复合材料具有较好的吸附和抗酸性环境能力，准备工作更简单。壳聚糖似乎是大多数研究人员最喜欢的多糖，这可能是因为它来源容易，数量充足。

1）壳聚糖/黏土复合材料

将分散的黏土缓慢地加入到溶解的壳聚糖中，然后将反应混合物搅拌，离心和洗涤而成壳聚糖/土复合材料。研究发现壳聚糖与蒙脱土的物质的量比对复合材料的化学环境及吸附性有影响。壳聚糖/蒙脱土复合材料中壳聚糖物质的量比的增加提高了其在水溶液中对刚果红染料的吸附能力，物质的量比不超过 1∶1 时，吸附容量基本保持不变。

2）壳聚糖/二氧化硅复合材料

采用溶胶-凝胶法在壳聚糖溶液中水解四乙氧基硅烷（tetraethoxysilane），得到复合壳聚糖/二氧化硅。将酸化的四乙氧基硅烷滴加到已制备的壳聚糖中，用磁力搅拌器搅拌 24h，然后在 60℃下干燥。

3）壳聚糖/活性黏土复合材料

将壳聚糖片与乙酸活化黏土混合，搅拌，制得壳聚糖/活性黏土复合微珠。微珠的优点是能够承受磨耗，使用连续的流动模式可以吸附处理水中的亚甲基蓝染料和活性红染料（RR 222），壳聚糖复合微珠具有与壳聚糖微球相当的吸附能力。

4）壳聚糖/聚氨酯复合材料

壳聚糖/聚氨酯（polyurethane）复合材料的制备与其他方法不同。当戊二醛浓度为 0.25%时，壳聚糖在聚氨酯基体泡沫上的固定化效果较好。当壳聚糖含量为 20%时，研究发现存在较发达的开放细胞结构，提高了酸性染料对复合吸附剂的可获得性。比较纯聚氨酯泡沫塑料和壳聚糖/聚氨酯复合材料对酸性染料吸附作用的结果表明，纯聚氨酯的吸附能力相对较低，纯聚氨酯中的胺基团不表现为染料吸附的活性中心。

5）壳聚糖/棉复合材料

在壳聚糖/棉复合微珠的制备中，在壳聚糖溶液中加入高碘酸钠（$NaIO_4$）对棉纤维进行处理。高碘酸钠用来将双醛引入多糖或糖蛋白。棉纤维经高碘酸钠处理后，在溶液中加入乙二醇终止反应。

6）壳聚糖/砂复合材料

将壳聚糖与砂子在盐酸溶液中在室温下搅拌，制得壳聚糖/砂复合材料。产生的混合物用氢氧化钠中和。然后，壳聚糖/砂复合沉淀物在真空烘箱中洗涤和干燥。由于该复合吸附剂的三维结构，该复合材料的吸附性能优于其单独使用的任何组分。壳聚糖中的胺基提供了与金属离子形成配合物的活性中心，配合物是稳定的。随着结构中乙酰基数量的增加，水溶液中重金属的最大吸附容量减少。近年来，为了提高壳聚糖/砂土复合材料的力学和化学稳定性，采用环氧氯丙烷和乙二醇二缩水甘油醚（EGDE）对壳聚糖进行包覆和交联。

7）壳聚糖/纤维素复合材料

纤维素是一种由区域对映选择性 β-1,4-糖苷键 D-葡萄糖单元组成的多分散线性均聚物。该聚合物在 C-2、C-3 和 C-6 原子处含有 3 个反应羟基，可用于典型的转化。每个 β-D-葡萄糖基中的三个羟基可以相互作用，形成分子内和分子间氢键，形成各种类型的超分子半晶结构。结晶型和氢键型对纤维素的化学行为有很强的影响，其后果之一是大分子在水和普通有机液体中的不溶解性。这一性质激发了研究者们去努力寻求能够替代合成途径中均相反应的溶剂。纤维素的改性可以通过酯化（esterification）、卤化（halogenation）、氧化（oxidation）[20]和醚化（etherification）[21]来实现。然而，关于壳聚糖固定化纤维素制备壳聚糖/纤维素复合微珠的研究是用离子液体（ionic liquid solution，ILS）1-丁基-3-甲基咪唑（1-butyl-3-methylimidazolium）取代乙酸作为溶解溶剂。离子液体作为绿色溶剂，由于其不挥发、不易燃、热稳定性和易循环性等特点，近年来受到人们的广泛关注，并有望取代传统的挥发性有机溶剂。

5.3.1.3 纳米多孔多糖复合材料

纳米复合材料对重金属离子和染料等污染物的吸附具有体积小、比表面积大、无内扩散阻力等特点，已引起人们的广泛关注。采用表面溶胶-凝胶包埋法在天然纤维素物质上制备了介孔二氧化硅-纤维素杂化复合材料。可通过萃取去除硅膜中的十六烷基三甲基溴化铵（CTAB）得到高比表面积（$80.7m^2/g$），得到比原纤维素高两个数量级的材料。在交联剂 *N,N'*-亚甲基双丙烯酰胺（MBA）存在下，将一种食用淀粉 salep、明胶和丙烯酰胺（AAM）进行自由基接枝共聚，经水解制备了多糖/蛋白质多孔水凝胶。这是一种合成的新型微/纳米多孔高吸水凝胶。在纳米纤维领域，从超细多糖纳米纤维（如纤维素纳米纤维）中制备纳米粒子的传统方法包括采用强酸或碱预处理去除果胶、半纤维素和木质素，然后再进行冷冻破碎除纤。腐蚀性酸/碱和除纤专用装置的使用严重影响了这种方法在大规模生产中的实用价值。然而，有人提出了一种新的方法，即在室温下用 2,2,6,6-四甲基哌啶-1-氧基（2,2,6,6-tetramethylpiperidine-1-oxyl）（TEMPO）/NaBr/NaClO 氧化法处理多糖浆/粉末。随着研究进展，采用 TEMPO/NaBr/NaClO 法从漂白木浆、优质木浆微晶 R-纤维素和蟹壳甲壳素粉等多种原料中制备出超细多糖纳米纤维复合材料。多糖纳米纤维具有结晶度高、热稳定性好、功能修饰潜力大等独特性，为高通量超滤膜的发展提供了前景。纳米材料，特别是纳米复合材料有着广泛的应用，包括在废水处理中的应用。

5.3.2 吸附机制

在表面或两相之间的界面上沉积一种特殊的成分称为吸附，吸附是一种表面现象。在这个过程中，有两种成分，一种是吸附剂-固体表面，另一种是附着在固体表面上的化合物（污染物），称为吸附物。吸附剂的吸附容量随溶液温度、污染物性质和浓度的变化、其他污染物的存在，以及 pH、接触时间和吸附剂粒径等条件的变化而改变。悬浮颗粒、油和润滑脂的存在也会影响吸附过程的效率。因此，有时需要预过滤。当吸附剂与受污染的水发生相互作用时，污染物附着在吸附剂表面，并建立平衡。吸附研究的第一个主要挑战是从大量可得的物质中挑选出最佳吸附剂，最极端的挑战是确定吸附机制。一般来说，在固体吸附剂上吸附污染物需要三个步骤：

（1）污染物从本体溶液迁移至吸附剂表面；

（2）粒子表面的吸附；

（3）在吸附剂粒子内的迁移。

吸附研究，特别是动力学和等温线研究，提供了关于吸附机制的信息，需要解释的是污染物如何与吸附剂或在吸附剂内结合的。这些知识对于理解吸附过程和选择解吸策略至关重要。由于所用材料的复杂性及其特殊性（如络合化学基团的存在、比表面积小、孔隙度差等），多糖基吸附剂的吸附机制与其他常规吸附剂不同。一般来说，这些机制是复杂的，因为它们有时同时涉及几种化学和物理相互作用[22,23]。此外，广泛的化学结构、pH、盐浓度和配体的存在往往增加了并发现象。报道的相互作用包括离子交换、络合、配位/螯合、静电相互作用、酸碱相互作用、氢键作用、疏水相互作用、物理吸附和沉淀。

对文献数据的研究表明，这些机制中至少有一些可能在不同程度上同时发生作用，这取决于吸附剂的化学成分、污染物的性质和溶液环境。用壳聚糖从水溶液中去除金属或染料，强烈依赖于 pH。这可能涉及两种不同的机制（螯合与离子交换），取决于 pH，因为这个参数可能影响大分子的质子化[23,24]。众所周知，壳聚糖具有氮含量高的特点，以胺基的形式存在，通过螯合机制与金属离子结合。胺基是金属离子的主要反应基团，但羟基，特别是在 C-3 位，可能参与吸附。然而，壳聚糖也是一种阳离子聚合物，其 p*K*a 为 6.2～7.0，取决于聚合物的脱乙酰度和电离度。在酸性溶液中，它是质子化的，具有静电性质。因此，还可以通过阴离子交换机制吸附金属离子[25,26]。虽然目前研究已经提出了一些相互矛盾的机制，但金属在甲壳素和壳聚糖衍生物上的吸附是通过几个单一或混合的相互作用发生的：

（1）与氨基的螯合作用（配位），或与相邻羟基的结合；

（2）在酸性介质中的络合现象（静电吸引）；

（3）通过质子交换或阴离子交换与质子化氨基的离子交换，与金属阴离子交换的反离子[27]。

物理吸附在交联壳聚糖微球与污染物的相互作用中起着很小的作用，因为它的比表面积很小。pH 也可能影响金属离子的形态，改变金属的形态，导致从螯合机制转变为静电吸引机制。另一个可以发挥主要作用的参数是在壳聚糖链上接枝配体的存在。对于交联淀粉材料，聚合物结构中的物理吸附和污染物通过氢键、酸碱相互作用、络合和离子交换等方式的化学吸附都参与了吸附过程。在大多数情况下，虽然这些相互作用的组合用于解释吸附机制，但这些吸附剂的效率和选择性主要归因于它们的化学网络。例如，当材料中含有环糊精（CD）分子时，其机制是通过主客体相互作用在 CD 分子与污染物之间形成一个包合物。也有报道说，污染物-污染物疏水相互作用的存在也可以用来解释吸附过程[26,28,29]。

多糖生物类吸附剂的吸附机制更为复杂，因为多糖不仅在吸附过程中起着重要的作用，而且对吸附剂的其他组分也起着重要的作用。然而，最近的研究表明，一个特定的污染物结合机制可以解释为它与复合材料基体的一个组成部分的相互作用。例如，对接枝或包埋二氧化硅基生物聚合物的吸附剂来说，尽管矿物基质可能有助于吸附，其机制可解释为聚合物与污染物形成相互作用[30,31]。研究表明，以环糊精为吸附剂接枝含有胺官能团的有机微珠，其吸附机制是通过主客体相互作用在环糊精分子与污染物之间形成包合物。然而，尽管环糊精起主导作用，树脂聚合物网络中的物理吸附和酸碱相互作用、离子交换和氨基氢键等化学作用也参与了吸附过程。研究还指出吸附强烈依赖于 pH、污染物之间的键的性质。这些吸附剂的表面取决于酸碱相互作用的程度。对于弱酸-碱相互作用，只能形成氢键。对于强的酸碱相互作用，可逐渐转变为化学络合。壳聚糖改性沸石，沸石内孔中的负电荷、非沸石组分中 CaO、Al_2O_3 和 Fe_2O_3 氧化物，以及沸石外表面的单层壳聚糖参与了阳离子保留。铵、阴离子磷酸和有机腐殖酸，分别在其表面。

5.3.3 再生技术

吸附剂的再生对于降低工艺成本和开辟从溶液中提取污染物的可能性是至关重要的。为此目的，需要对被吸附的污染物进行解吸，并将其再生，以便增加循环使用次数。该过程的解吸将使污染物以浓缩形式产生，并使吸附剂恢复到接近其原有条件的有效再利用，且不降低污染物的吸收效率，还不会对吸附剂材料造成物理变化或损害。鉴于文献中所描述的各种吸附剂的发展，材料在吸附过程中的稳定性和吸附剂吸附性能的重现性是至关重要的。

虽然已有资料报道各种吸附剂负载的无机污染物和有机污染物的再生研究，但是关于废多糖吸附剂的再生、稳定性和重现性的信息较为缺乏。一些研究者研究报道了[28]用作吸附剂的环糊精聚合物吸附性能的重现性和饱和后吸附剂的再生。因为污染物和环糊精之间的相互作用是有机溶剂，主要受疏水相互作用的驱动，是材料再生的良好选择。结果表明，以乙醇为洗涤溶剂，聚合物吸附剂易于再生。处理后吸附容量值基本不变。这一不变的吸附容量是基于交联凝胶的化学稳定性。此外，负载染料分子的交联淀粉易于用乙醇而不是水进行索氏萃取再生，吸附剂的间歇吸附容量保持不变。用弱酸溶液洗涤可以很容易地再生交联淀粉衍生物。

在负载 Cu^{2+}、Zn^{2+}和 Pb^{2+}的条件下，研究者用改性磁铁矿纳米粒子进行了 5 次循环再生，其吸附容量没有明显变化[32]。使用 EDTA（一种强力螯合剂）溶液，交联壳聚糖微珠和磁性羧甲基壳聚糖纳米粒子易于再生。N 在胺基上的自由电子双态吸附是壳聚糖衍生物吸附金属阳离子的主要原因，吸附通常发生在 pH 接近中性的情况下。EDTA 配体对污染物的络合作用取代了污染物的游离，与弱酸性溶液接触也会影响再生。溶液 pH 的这一变化逆转了吸附，因为螯合机制对 pH 非常敏感。Onditi 等[33]用仙人掌多糖提取物从饮用水中吸附分离出了 Pb^{2+}和 Cd^{2+}后，用 0.1mol/L HCl 进行了再生。环糊精改性二氧化硅微球经甲醇多次吸附和再生后，可保持一定的去除酚类物质的能力[30,31]。

这些多糖吸附剂的长期稳定性问题，特别是在各种化学环境中的长期稳定性问题，已经引起人们的关注。这取决于这些吸附剂是通过接枝还是包埋来制备的。在前一种情况下，主要关注的是多糖和基质之间共价键的稳定性。尽管吸附性能较好，但多糖接枝硅在再生过程中仍存在一些稳定性问题。采用包埋法，多糖基吸附剂的稳定性则取决于生物聚合物与二氧化硅表面相互作用的强度。为了提高生物聚合物的稳定性，避免生物聚合物从基体中脱附，一些研究人员提出了聚合物包埋后的交联反应。现有几种交联剂，包括 4,4-亚甲基二苯基二异氰酸酯（MDI）、六亚甲基-1,6-二异氰酸酯（HDI）和环氧氯丙烷（EPI）[33,34]。用 β-环糊精（CD）对八面沸石（faujasite）进行功能化以去除水溶液中的甲苯和甲基橙染料时，当链接剂 3-（环氧）丙基三甲氧基硅烷（3-glycidoxypropyltrimethoxysilane）起始接枝在 β-环糊精上，然后与沸石反应产生了一个更有效的吸附剂，而不是连接剂接枝于沸石上然后再反应[35]。

5.3.4 多糖类吸附剂与其他吸附剂比较

一般来说，适合于污染物吸附过程的吸附剂应满足以下几个方面的要求：①有效地去除各种目标（疏水）污染物；②高容量和吸附速率；③对不同初始浓度的吸附物具有显著的选择性；④颗粒型，具有良好的比表面积；⑤高的物理强度；⑥可在需要时再生；⑦对废水适应范围广；⑧低成本。

多糖吸附剂对溶液中污染物的吸附作用与其他吸附剂，如商业活性炭和合成离子交换树脂相比，显现出如下几个优点。

（1）多糖基吸附剂是从自然资源原料中提取的低成本材料。大多数商业聚合物和离子交换树脂是用石油化工原料从化学过程中提炼出来的，这并不总是安全和环保的。

（2）使用多糖吸附剂是非常经济有效的。交联吸附剂易于用相对便宜的试剂制备（操作成本低）。与传统吸附剂相比，因为它们更有效，吸附剂的用量一般会少。要制备这种混合吸附剂，需要的生物聚合物数量要少得多。然而，活性炭和合成离子交换树脂价格昂贵，质量越高，成本越高。此外，交联对多糖基吸附剂的强度没有影响，降低了其损耗。

（3）多糖类吸附剂用途广泛。这种多功能性使吸附剂能够以不同的形式使用，从不溶性的珠子到凝胶、海绵、胶囊、薄膜、膜或纤维，而其他类型的吸附剂则不然。多糖吸附剂在各种结构中都有多种性质。利用交联珠或杂化材料在广泛的工艺配置和重复循环吸附-解吸方面具有许多优点[36]。与活性炭和树脂不同，多糖吸附剂的性能可调整以满足某些应用需求。

（4）以多糖为基础的吸附剂对不同浓度的污染物有很好的去除效果。它们具有很高的容量和高的吸附率、高效率和选择性。无论是非常稀释的溶液还是浓缩的溶液都具有很高的解毒能力。一般而言，活性炭和合成树脂缺乏选择性，其应用通常仅限于百万分之一（ppm）范围内的污染物水平。生物吸附多糖衍生物，特别是壳聚糖，是一种新兴的生物吸附剂。壳聚糖珠通常比传统树脂更有选择性，可以将污染物浓度降低到十亿分之一（ppb）水平。

（5）具有重复官能团的生物聚合物具有优异的螯合作用。用于多种污染物的络合材料，包括染料、重金属和芳香族化合物。此外，即使多糖和它们的衍生物在其自然状态下仍具有很高的吸附能力。只有通过将各种官能团替换到聚合物主链上才能提高吸附容量。

（6）交联多糖吸附剂，特别是环糊精聚合物，具有两亲性。正是这些吸附剂的这种性质使它们如此吸引人，因为它们具有足够的亲水性，能够在水中大量膨胀，允许吸附物的快速扩散过程，同时它们具有高度疏水的位置，从而有效地捕获非极性污染物。合成树脂与水溶液的接触较弱，其改性和活化溶剂预处理是提高水润湿性的必要条件。活性炭对某些非极性污染物的吸附能力较差。

（7）污染物负载多糖吸附剂的再生步骤简单。如果需要的话，可以用低成本的解吸再生吸附剂。由于污染物与吸附剂之间的相互作用主要是由静电、疏水和离子交换相互作用驱动的，因此它们很容易被洗涤溶剂再生。解吸过程以浓缩的形式产生污染物，并还原接近原始条件的物质。通过再生对多糖吸附剂进行有效的再利用，不发生物理化学变化或损害。用热化学方法再生饱和碳是一种昂贵的方法，它会导致吸附剂的流失，从而导致吸附剂的吸附能力丧失。

尽管研究者发表了大量关于天然吸附剂用于从受污染的水中吸收污染物的论文，但仍然很少有文献对吸附剂之间的比较进行全面的研究。事实上，从生物聚合物衍生物中获得的数据还没有与商业活性炭或合成离子交换树脂进行系统地比较。已有文献说明，它们的去除效率都很高。Chiou 等[37]报道交联壳聚糖衍生物在相同 pH 条件下对阴离子染料的吸附能力远高于商用活性炭（是其 3～15 倍），表现出优异的性能，似乎更有效率和选择性；Coughlin 等[38]研究证明壳聚糖的吸附与沉淀技术相比具有竞争性；Ngah 等[39]研究发现壳聚糖在回收铜离子方面的吸附能力明显大于工业合成树脂；Martel 等[40]观察到含环糊精的壳聚糖珠的吸附速率和效率均优于不含 CD 的亲本壳聚糖珠和交联的环糊精-环氧氯丙烷凝胶。

但是，必须指出，只有在相同的吸附平衡浓度和（或）类似的反应/工艺条件下，才能比较两种吸附剂对水溶液中污染物的吸附能力。吸附性能的比较还取决于废水（污染物之间的竞争）和用于去污试验的分析方法（分批法、柱法、动力学试验、反应器）有关的其他几个参数[41~44]。因此，直接比较使用不同的多糖基材料获得的数据是不合适的，因为它们应用于污染物吸附的实验条件并不完全相同。此外，由于缺乏一致的成本信息，不同的多糖吸附剂的价格比较也很困难。

参 考 文 献

[1] Crittenden J C, Trussell R R, Hand D W, et al. Electrolytic magnesium recovery from drinking water membrane residuals. Water Treatment—Principles and Design, 2nd ed. Hoboken: Wiley, 2005.

[2] Duan J, Niu A, Shi D, et al. Factors affecting the coagulation of seawater by ferric chloride. Desalin Water Treat, 2009, 11: 173-183.

[3] Duan J, Gregory J. Coagulation by hydrolysing metal salts. Adv Colloid Interface Sci, 2003, 100-102: 475-502.

[4] Ho Y C, Abbas I N, Alkarkhi F M, et al. New vegetal biopolymeric flocculant: a degradation and flocculation study. Iran J Energy Environ, 2014, 5(1): 26-33.

[5] Miller S M, Fugate E J, Craver V O, et al. Toward understanding the efficacy and mechanism of *Opuntia* spp. as a natural coagulant for potential application in water treatment. Environ Sci Technol, 2008, 42: 4274-4279.

[6] Beltrán-Heredia J, Sánchez-Martín J. Frutos-Blanco, Schinopsis balansae tannin-based flocculant in removing sodium dodecyl benzene sulfonate. Sep Purif Technol, 2009, 67: 295-303.

[7] Beltrán-Heredia J, Sánchez-Martín J, Solera-Hernández C. Removal of sodium dodecyl benzene sulfonate from water by means of a new tannin-based coagulant: optimization studies through design of experiments. Chem Eng J, 2009, 153: 56-61.

[8] Chaibakhsh N, Ahmadi N, Zanjanchi M A. Use of Plantago major as a natural coagulant for optimized decolorization of dye-containing wastewater. Ind Crops Prod, 2014, 61: 169-175.

[9] Bolto B, Gregory J. Organic polyelectrolytes in water treatment. Water Res, 2007, 41: 2301-2324.

[10] Muhle E K. Floc stability in laminar and turbulent flc. *In* Dobias B. Coagulation and Flocculation. New York: Marcel Dekker, 1993: 355-390.

[11] Yoon S Y, Deng Y L. Flocculation and reflocculation of clay suspension by different polymer systems under turbulent conditions. J Colloid Interface Sci, 2004, 278: 139-145.

[12] Sikora M D, Stratton R A. The shear stability of flocculated colloids. Tappi, 1981, 64: 97-101.

[13] Kleimann J, Gehin-Delval C, Auweter H, et al. Super-stoichiometric charge neutralization in particle- polyelectrolyte systems. Langmuir, 2005, 21: 3688-3698.

[14] Kasper D R. Theoretical and Experimental Investigation of the Flocculation of Charged Particles in Aqueous Solution by Polyelectrolytes of Opposite Charge. 1971. California Institute of Technology. Pasadena.

[15] Gregory J. Rates of flocculation of latex particles by cationic polymers. J Colloid Interface Sci, 1973, 42: 448-456.

[16] Bolto B, Gregory J. Principal component analysis to assess the efficiency and mechanism for enhanced coagulation of natural algae-laden water using a novel dual coagulant system. Water, 2007, 41(11): 2301-2324.

[17] Al-Hamadani Y A, Yusoff M S, Umar M, et al. Application of psyllium husk as coagulant and coagulant aid in semi-aerobic landfill leachate treatment. J Hazard Mater, 2011, 190(1): 582-587.

[18] Rasteiro M G, Garcia M A P, Ferreira P, et al. The use of LDS as a tool to evaluate flocculation mechanisms. Chem Eng Process, 2008, 47(8): 1323-1332.

[19] Rasteiro M G, Garcia F A P, del-Mar-Peréz M. Applying LDS to monitor flocculation in papermaking. Part Sci Technol, 2007, 25(3): 303-308.

[20] Camy S, Montanari S, Vignon M, et al. Oxidation of cellulose in pressurized carbon dioxide. J Supercrit Fluids, 2009, 51: 188-196.

[21] Navarro R R, Sumi K, Fuji N, et al. Mercury removal from wastewater using porous cellulose carrier modified with polyethyleneimine. Water Res, 1996, 30: 2488-2494.

[22] Lee S T, Mi F L, Shen Y J, et al. Equilibrium and kinetic studies of copper(II) ion uptake by chitosan- tripolyphosphate chelating resin. Polymer, 2001, 42: 1879-1892.

[23] Kumar M N V R. Mechanical and Barrier properties of biodegradable films made from chitosan and poly (Lactic Acid) blends. React Funct Polym, 2000, 46: 1-27.

[24] Ruiz M, Sastre A M, Guibal E. Palladium sorption on glutaraldehyde-crosslinked chitosan. React Funct Polym, 2000, 45: 155-173.

[25] Varma A J, Deshpande S V, Kennedy J F. Metal complexation by chitosan and its derivatives: a review. Carbohydr Polym, 2004, 55: 77-93.

[26] Crini G. Studies on adsorption of dyes on beta-cyclodextrin polymer. Bioresour Technol, 2003, 90: 193-198.

[27] Arrascue M L, Garcia H M, Horna O, et al. Selective removal of copper(II) and nickel(II) from aqueous solution using the chemically treated chitosan: factorial design evaluation. Hydrometallurgy, 2003, 71: 191-200.

[28] Delval F, Crini G, Vebrel J, et al. Starch-modified filters used for the removal of dyes from waste water. Macromol Symp, 2003, 203: 165-171.

[29] Delval F, Crini G, Morin N. The sorption of several types of dye on crosslinked polysaccharides derivatives. Dyes Pigm, 2002, 53: 79-92.

[30] Phan T N T, Bacquet M, Morcellet M. Synthesis and characterization of silica gels functionalized with Monochlorotriazinyl β-cyclodextrin and their sorption capacities towards organic compounds. J Incl Phenom Macrocyl Chem, 2000, 38: 345-359.

[31] Phan T N T, Bacquet M, Morcellet M. The removal of organic pollutants from water using new silica- supported β-cyclodextrin derivatives. React Funct Polym, 2002, 52: 117-125.

[32] Luo X, Lei X, Cai N, et al. ACS Sustain. Removal of heavy metal ions from water by magnetic cellulose- based beads with embedded chemically modified magnetite nanoparticles and activated carbon. Chem Eng, 2016, 4: 3960-3969.

[33] Onditi M, Adelodun A A, Changamu E O, et al. Removal of Pb^{2+} and Cd^{2+} from drinking water using polysaccharide extract isolated from cactus pads (*Opuntia ficus* Indica). J Appl Polym Sci, 2016, doi: 10. 1002/APP. 43913

[34] Charpentier T V J, Neville A, Lanigan J L, et al. Preparation of magnetic carboxymethylchitosan nanoparticles for adsorption of heavy metal ions. ACS Omega, 2016, 1: 77-83.

[35] Mallard I, Staede L W, Ruellan S, et al. Synthesis, characterization and sorption capacities toward organic pollutants of new β-cyclodextrin modified zeolite derivatives colloids and surfaces a: physicochem. Eng Aspects, 2015, 482: 50-57.

[36] Gotoh T, Matsushima K, Kikuchi K I. Preparation of alginate-chitosan hybrid gel beads and adsorption of divalent metal ions. Chemosphere, 2004, 55: 135-140.

[37] Chiou M S, Ho P Y, Li H Y. Adsorption of anionic dyes in acid solutions using chemically cross-linked chitosan beads. Dyes Pigm, 2004, 60: 69-84.

[38] Coughlin R W, Deshaies M R, Davis E M. Chitosan in crab shell wastes purifies electroplating wastewater. Environ Prog, 1990, 9: 35-39.

[39] Ngah W S, Isa I M. Comparison study of copper ion adsorption on chitosan, Dowex A-1, and Zerolit 225. J Appl Polym Sci, 1998, 67: 1067-1070.

[40] Martel B, Devassine M, Crini G, et al. Preparation and sorption properties of a β-cyclodextrin-linked chitosan derivative. J Appl Polym Sci, 2001, 39: 169-176.

[41] Okoli C P, Adewuyi G O, Zhang Q, et al. QSAR aided design and development of biopolymer-based SPE phase for liquid chromatographic analysis of polycyclic aromatic hydrocarbons in environmental water samples. RSC Adv. 2016, doi: 10. 1039/C6RA10932B.

[42] Furuya E G, Chang H T, Miura Y, et al. A fundamental analysis of the isotherm for the adsorption of phenolic compounds on activated carbon. Sep Purif Technol, 1997, 11: 69-78.

[43] Crini G, Bertini S, Torri G, et al. Sorption of aromatic compounds in water using insoluble cyclodextrin polymers. J Appl Polym Sci, 1998, 68: 1973-1978.

[44] Babel S, Kurniawan T A. Modified carbon sorbents for removal of toxic metals (Zn, Cd, Cu) from contaminated reservoirs. J Hazard Mater, 2003, 97: 219-243.

6　多糖生物絮凝剂的接枝改性

自然界中发现的大多数碳水化合物都以多糖的形式存在，这些物质不仅包括由糖苷键连接的糖残基组成的物质，还包括通过共价键连接到氨基酸、肽、蛋白质、脂质等高分子糖类结构分子。

多糖也称为糖聚糖，由单糖和它们的衍生物组成。一种只由一种单糖分子组成的多糖被称为同型多糖或同聚多糖，而含有一种以上单糖的多糖称为杂多糖或异聚多糖。多糖中最常见的成分是D-葡萄糖，而D-果糖、D-半乳糖、L-半乳糖、D-甘露糖、L-阿拉伯糖和D-木糖等。在多糖中发现的一些单糖衍生物包括氨基糖(D-氨基葡萄糖和D-半乳糖胺)及其衍生物(*N*-乙酰神经氨酸和*N*-乙酰氨基甲酸)，以及单糖酸（葡萄糖醛酸和艾杜糖醛酸）。葡萄糖同聚糖类，又称葡聚糖和甘露糖同聚糖类，也称甘露聚糖，是根据组成同聚糖的糖基的类型而命名的。单糖的性质、链的长度和支链的数量是导致多糖间差异的主要因素。由于羟基自由基的存在，多糖可以形成支链结构。羟基自由基存在于糖单元上，是糖基取代基的受体。这是一种区分多糖与核酸和蛋白质的特征。

这两类多糖分别为储藏多糖和结构多糖。储藏多糖以直链淀粉和支链淀粉的形式存在于植物中，如淀粉。结构多糖与储藏多糖具有相似的组成。然而，它们的特性不同于储藏多糖。最丰富的天然聚合物纤维素是一种结构多糖，它存在于几乎所有植物和海洋藻类的细胞壁中。第二大天然聚合物是甲壳素，广泛分布于海洋无脊椎动物、昆虫、真菌和酵母中[1]。

在自然界中，生物多糖是丰富的生物聚合物，廉价、可再生资源，稳定的亲水生物聚合物。它们还具有无毒、生物相容性、生物可降解性、多功能、高化学反应性、手性、螯合和吸附能力等生物和化学特性。多糖的优异吸附性能主要归因于：①多聚物由于葡萄糖单位上的羟基而具有较高的亲水性；②存在大量官能团[乙酰胺、伯胺基和（或）羟基]；③这些基团的高化学反应性；④聚合物链的柔性结构。壳聚糖和环糊精除能进行物理和化学修饰外，还可溶于酸性介质。淀粉溶于水，制约了淀粉基材料的发展。然而，疏水材料可根据材料的用途通过化学衍生制备。当需要一种水溶性淀粉衍生物处理废水时，可将羟基转变为氨基丙基或羟基烷基[2]。

接枝生物高分子絮凝剂具有很大的发展潜力，与常规絮凝剂相比具有独特的性质和较强的絮凝活性。虽然多糖是可生物降解的，而且通常比合成的有机絮凝剂更有剪切稳定性，但它们通常表现较低的絮凝活性和需要较高的絮凝剂剂量。因此，多糖生物絮凝剂的化学改性常用于提高其絮凝效率。通过多种途径在多糖链上引入官能团，获得新型絮凝剂。多糖的修饰一般有两种主要形式：①物理反应，如离子相互作用、多糖-蛋白质反应等；②化学反应，如接枝共聚、与醛交联、酯化、醚化、胺化、羧基烷基化、羟基烷基化和其他加成反应，以及缩合反应[3,4]。

6.1　生物多糖的框架[5]

6.1.1　修饰多糖框架的合理性和理论基础

对多糖进行化学改性，可以提高多糖的溶解性、生物相容性、生物降解性、力学性能和形态。多糖的改性可从以下几个方面加以探讨：

（1）与合成生物高聚物共混或化学连接；

（2）用生物相容性聚合物对微米或纳米球进行表面涂层；

（3）与不同的物理或化学试剂交联；

（4）通过烷基化反应进行羟基化；

（5）调节古洛糖醛酸/甘露糖醛酸比率；

（6）调节脱乙酰度。

多糖有大量的活性基团（羟基和乙酰胺基）存在于葡萄糖单元中的 2 位、3 位和 6 位。直接取代反应，如酯化反应或醚化反应以及水解、氧化或接枝等化学修饰（化学衍生）或酶降解可在多糖的各基团上发生，可以产生特定用途的不同多糖衍生物。淀粉和甲壳素衍生物可分为三大类聚合物：①阳离子淀粉、羧甲基甲壳素等改性聚合物；②衍生生物聚合物，包括壳聚糖、环糊精及其衍生物；③树脂、凝胶、膜、复合材料等多糖基材料。这些聚合物的衍生物是多功能的，因为它们含有许多官能团，根据实验条件这些官能团可以很容易地用于化学反应。一般来说，改性的多糖衍生物可以在不同的 1 位、2 位或 3 位获得，这就允许生产更多的极性絮凝剂或吸附剂。淀粉和甲壳素的另一个重要特点是能够进行化学衍生化，将一些疏水官能团接枝到多糖网络上可以提高它们的絮凝或吸附性能。对淀粉和甲壳素进行化学改性还可以制备两种衍生多糖，即环糊精和壳聚糖。

一类重要的淀粉衍生物是环糊精或环状低聚糖。环糊精（CD）是一种大环低聚糖聚合物，含有 6～12 个葡萄糖单位，它们是由一种酶作用于淀粉而形成的。有三种微环环糊精，即 α-环糊精、β-环糊精和 γ-环糊精，它们分别由 6 个、7 个和 8 个 D（C）-葡萄糖基组成。环糊精的一个重要特点是它能与各种分子，特别是芳烃形成包合物：分子的内腔提供了一个相对疏水的环境，可以捕获非极性污染物[6]。

壳聚糖是一种比甲壳素更重要的甲壳素脱乙酰衍生物，通常 *N*-脱乙酰基化几乎不完全。壳聚糖是由 2-乙酰胺-2-脱氧-D-葡萄糖和 2-氨基-2-脱氧-D-葡糖残基组成的线性多阳离子聚合物。据报道，壳聚糖螯合金属的浓度是甲壳素的 5～6 倍。这一性质与壳聚糖脱乙酰而暴露在壳聚糖中的游离氨基有关[7,8]。与活性炭相比，该生物聚合物具有较低的成本和较高的氨基、羟基官能团含量，对酚类化合物、染料和金属离子等分子具有很高的潜在作用，因而引起了人们的广泛关注[9~10]。已报道壳聚糖及其衍生物对金属的络合作用[11]。通过交联、接枝等化学反应，多糖的改性可以提供大分子超级结构，如凝胶和水凝胶网络、聚合物树脂、珠子、膜、纤维或复合材料。这些多糖基材料可作为吸附剂。

多糖基材料可以通过两种方式进行改性。

（1）交联反应：多糖可通过链上的羟基或氨基与偶联剂反应而交联，形成水不溶性交联网络。凝胶主要分为两类：化学凝胶和物理凝胶。化学凝胶是由不可逆共价键形成的，物理凝胶则是由各种可逆键形成的[12]。一种替代共价交联凝胶是通过聚电解质络合形成的多糖凝胶。

（2）偶联或接枝反应：当多糖通过偶联或接枝反应固定在不溶性载体上时，可合成多糖基材料。由此产生的材料将无机组分和有机组分的物理和化学性质结合起来[13,14]。

一种相对方便的制备多糖基材料的方法是通过交联反应。交联剂在碱性介质中与大分子线性链（即交联步骤）和自身反应（即聚合步骤）发生交联。这降低了聚合物的多糖链的片段移动性，一些链通过形成新的链间连接而相互连接，从而形成一个三维网络。如果网状的交联程度足够高，聚合物基体在水和有机溶剂中变得不溶，但在水中却变得膨胀。亲水性和交联度是影响多糖基材料吸附性能的最重要因素[15]。共价交联的凝胶称为永久凝胶或化学凝胶，与物理凝胶不同的是化学凝胶为异质性的。

据报道，交联环氧氯丙烷（epichlorohydrin，EPI）-环糊精聚合物的固相 ^{13}C-NMR 研究，其中含有交联环氧氯丙烷-环糊精复合物和环氧氯丙烷与其反应得到的聚合环氧氯丙烷链。但是，EPI 可以与壳聚糖反应，也可以与氨基发生反应。壳聚糖骨架导致更复杂的交联壳聚糖珠[16]。另一种 NMR 松弛研究表明，淀粉与含有叔胺基团的聚合物的交联反应不均匀，交联度增加了非晶含量。

EPI 具有广泛的工业应用前景。例如，它被用作合成许多化学产品的中间体，如环氧树脂、甘油、聚氨酯泡沫、弹性体、表面活性剂、润滑剂、药品等。EPI 是一种双功能分子，与羟基高度反应。在壳聚糖改性的水或废水处理中，EPI 不消除壳聚糖的阳离子胺功能，而壳聚糖是吸附过程中吸引污染物的主要吸附部位。然而，EPI 在水中有少量的可溶性，部分分解成甘油[17]。尽管这种反应已经存在了很多年，一些研究人员仍然对 EPI 与多糖之间的交联反应持怀疑态度[18]。

近些年来，应用较多的另一种重要的交联剂是戊二醛（glutaraldehyde，GLA），这是一种双醛。GLA 常与壳聚糖交联，该反应是 GLA 的醛基与壳聚糖的一些氨基和羟基之间的希夫碱（Schiff base）反应。GLA 是一种已知的神经毒素。一些研究人员报道了多糖与双功能或多功能交联剂的交联反应，如环氧氯丙烷、乙二醇二缩水甘油醚、戊二醛、己内酯、内酯、三偏磷酸钠（STMP）、三聚磷酸钠（STPP），均为均质或非均质复合材料。因此，STMP 被认为是一种无毒、高效的淀粉交联剂。一些研究人员结合不同的修饰方法来产生不同的淀粉特性[19~23]。

6.1.2 多糖骨架修饰的机制分析与进展

多糖聚合物已被用作去除水中污染物的絮凝剂。然而，合成聚合物是不可生物降解和抗剪切能力差，因此，它们作为絮凝剂的有效应用是受限制的。反之，多糖等天然聚合物具有生物降解性和抗剪切降解能力，但絮凝剂性能较差。

PAM 与多糖骨架的接枝对合成的高分子多糖产物具有协同作用，悬浮粒子与 PAM 侧链接近提高了絮凝效率。研究表明，聚丙烯酰胺可以接枝到壳聚糖的骨架上。壳聚糖是一种生物聚合物，在碱存在下可通过脱乙酰反应从甲壳素中提取。甲壳素是从甲壳动物壳中提取的一种硬的、无弹性的含氮多糖，这些甲壳动物包括对虾、螃蟹、昆虫和虾类[24,25]。壳聚糖中氮含量高的问题引起了许多研究者的关注。壳聚糖中还含有胺基和羟基，它们是金属离子的螯合中心，无毒、可生物降解。

6.2 多糖生物絮凝剂的接枝改性

到目前为止，许多天然多糖通过化学改性合成为接枝共聚物，如聚丙烯酰胺接枝黄原胶/二氧化硅基纳米复合絮凝剂（XG-g-PAM/SiO_2）、（3-氯-2-羟丙基）-三甲基氯化铵壳聚糖、聚（2-甲基丙烯酰氧乙基）-三甲基氯化铵接枝淀粉（STC-g-PDMC）、季胺化羧甲基壳聚糖（QCMC）、聚甲基丙烯酸甲酯接枝海藻酸钠（SAG-g-PMMA）、[2-（甲基丙烯酰氧基）乙基]三甲基氯化铵（METAC）接枝木聚糖、（3-氯-2-羟丙基）三甲基氯化铵醚化羧甲基淀粉（CMS-CTA）、聚-*N,N*-二甲基丙烯酰胺-丙烯酸接枝羟乙基淀粉[HES-g-聚（DMA-co-AA）]、3-（丙烯酰胺丙基）三甲基氯化铵接枝普鲁兰（普鲁兰-g-pAPTAC）、黄原胶-g-*N,N*-二乙基丙烯酰胺（黄原胶-g-PDMA）、聚丙烯酰胺接枝淀粉（St-g-PAM），以及巯基乙酰接枝壳聚糖（MAC）、纤维素-g-PAM、P4VN-g-CNC、CMC-g-PAA、海藻酸钠-g-N-乙烯基-2-吡咯烷酮、海藻酸钠-g-PMMA、CMC-g-PDMC、CMC-g-PAM、CMC-g-PAM、壳聚糖-CTA-g-PAM、（2-羟丙基）-三甲基氯化铵醚化羧甲基淀粉

（CMS-CTAP）、季铵盐阳离子淀粉（St-g-Am/ATPPB）、普鲁兰-g-pAPTAC 和 Xan-g-PDMA[26~46]。

在不同的物理/化学改性方法中，接枝共聚是增加天然多糖新性能的最有效途径。在水溶液中进行多糖修饰的主要方法可分为三类：①常规方法；②微波引发接枝法，③微波辅助接枝法。

在常规方法中，化学自由基引发剂，如硝酸铈铵（CAN）在惰性气体中使聚合物上产生自由基位点，以使单体加入能形成接枝链。该方法重现性低，不适用于工业规模的合成。多糖微波辐射是一种较好的多糖接枝方法。在微波辅助接枝法中，离子是由外加氧化还原引发剂产生的，还原混合物和产生自由基促进了接枝反应。然而，在微波引发的接枝反应中，不添加引发剂，并且使用少量氢醌作为自由基抑制剂用来抑制接枝反应[47]。

当用接枝法时，多种合成因素影响改性多糖生物絮凝剂的絮凝性能。其中包括反应物/引发剂/交联剂的用量及其剂量比、反应温度、pH、反应时间等。这将在本节中进行叙述。

6.2.1 反应物、反应物用量及其配比对反应物的影响

反应物、反应物用量及其配比都是影响接枝多糖絮凝剂结构的因素，如接枝率（GR）、聚合度、官能团组分及其絮凝性能。例如，一种新合成的改性半纤维素絮凝剂 METAC-g-木聚糖，电荷密度为 2.6meq/g，接枝率为 110.61%。得到的 METAC/木聚糖最大值为 3mol∶1mol[48]。二羧酸纳米纤维素絮凝剂的研制采用高碘酸盐氧化、绿泥石氧化，用于高效絮凝处理污水。在 NaOH-尿素水溶液中利用 Michael 加成反应和酰基氨基皂化水解合成了具有絮凝氢氧化铁胶体的丙烯酰胺改性纤维素絮凝剂。同样，利用从毛竹中提取竹浆纤维素，通过希夫碱路线合成了二羧基纤维素絮凝剂。竹浆纤维素溶于 NaOH-尿素溶液中，高碘酸钠氧化制备二羧基纤维素絮凝剂。在水溶液中用自由基接枝共聚将聚丙烯酰胺接枝到纤维素和竹浆上，合成了纤维素-g-PAM 和 BPC-g-PAM 絮凝剂。在随后的研究中，利用牛皮纸浆的 TEMPO/NaBr/NaClO 氧化和连续超声处理，制备了一种新型纤维素基絮凝剂，并应用于高岭土悬浮液的失稳处理。用芬顿（Fenton）试剂（H_2O_2-$FeSO_4$）制备羟基自由基接枝阳离子醚化剂（3-氯-2-羟丙基）三甲基氯化铵（CHPTAC）到玉米芯粉末的纤维素链上，用作多糖类生物絮凝剂。采用4-乙烯基吡啶与引发剂硝酸铵铈表面引发的接枝聚合法合成了pH响应型高分子接枝纤维素纳米晶体絮凝剂（P4VP-g-CNC）。P4VP-g-CNC 的元素分析表明，C、H、N 和 O 存在，质量比为 44.62∶6.03∶0.95∶0.61，氮含量揭示有效发生了接枝反应[49~52]。

[2-（甲基丙烯酰氧基）乙基]三甲基氯化铵（METAC）接枝木聚糖（Xyl-g-METAC）时，接枝率和电荷密度随着METAC对木聚糖在0.5～3mol/mol内浓度的增加而增加。较多的单体用量导致了与木聚糖巨自由基反应的较高自由浓度，产生更多的木聚糖-g-METAC共聚物。可用性METAC自由基随木聚糖浓度的增加而增强，在25g/L时达到最大值。但反应液黏度也随木聚糖浓度的增加而增大，从而限制了传质[53]。同样，羧甲基纤维素接枝聚[（2-甲基丙烯酰氧乙基）三甲基氯化铵]（CMC-g-PDMC）生物絮凝剂的絮凝性能可以在接枝反应中通过提高羧甲基纤维素对（2-甲基丙烯酰氧乙基）三甲基氯化铵（CMC∶DMC）的质量投料比加以提高。对壳聚糖接枝淀粉也有类似的发现，絮凝效率的改善是通过提高淀粉对壳聚糖的比率实现的。壳聚糖的化学改性改善了其絮凝性能。例如，用甘油-三甲基氯化铵以0.77%取代度和85%的DA值改性高溶解度壳聚糖的絮凝效果明显优于未改性的商用壳聚糖[54~56]。在壳聚糖接枝多糖絮凝剂中，壳聚糖脱乙酰度（DD）对絮凝活性有一定的影响。研究表明，在相同剂量的絮凝剂中，较高的DD值可改善絮凝性能。此关联可归因于高DD值产生较高的接枝效率（GE）和更好的絮凝活性[57]。较高的GE引起更强的桥联吸附，导致更多的颗粒吸附到接枝生物聚合物上，从而使絮凝效率提高。到目前为止，文献中已报道了很多类型的改性淀粉基絮凝剂，提高了溶解度、电荷密度和有效絮凝的分子量。例如，阳离子玉米淀粉和取代度为1.34和0.82的阳离子马铃薯淀粉絮凝剂是以3-甲基丙烯酰氨基丙基三甲基氯化铵为原料，硝酸铵铈为引发剂合成的，用于处理城市废水。另一项研究以薯淀粉-接枝-聚-甲基丙烯酰胺（PMAM）为原料，通过自由基引发聚合反应合成了甲基丙烯酰胺共聚物，用作高效絮凝剂和纺织施胶剂。通过微波（MW）辅助的聚丙烯酰胺接枝支链淀粉对高岭土悬液显示出最大的絮凝效果[57~60]。

优化反应物浓度可以改善沉降过程中形成的污泥的水分含量。无机-有机复合生物絮凝剂CSSAD，是玉米淀粉、丙烯酰胺（AM）和（2-甲基丙烯酰氧基乙基）三甲基氯化铵与SiO_2溶胶在水溶液中通过聚合反应合成的。结果表明，重量去除率从92.56%增加到97.56%。随着AM对淀粉质量比率从1增加到3，水分含量从33.51%降至24.10%。然而，在剂量比大于3时CSSAD絮凝活性降低，这是由于随着CSSAD分子量的增加，多糖絮凝剂分子运动受限，CSSAD在水中的可溶性降低。同样，将引发剂$K_2S_2O_8$与AM的质量比从0.1%提高到0.5%，重量去除率由89.15%提高到98.35%，水分含量由35.72%下降到23.67%。在较高$K_2S_2O_8$对AM质量比的条件下，自由基浓度和接枝率及CSSAD分子量均有所增加。然而，在高引发剂对AM质量比率（>0.5%）时，由于自由基终止引起的多糖絮凝剂分子量降低，CSSAD的絮凝活性降低[53]。

6.2.2 反应温度的影响

较高的温度会导致分子链的断裂，导致生物聚合物构型和长度发生结构变形，降低了悬液中粒子间形成有效的桥联作用。将温度从50℃提高到80℃，Xyl-g-METAC絮凝剂的接枝率和电荷密度随之提高。这是由于提高温度使自由基的生成增加，使METAC更容易接触木聚糖。然而，当温度从80℃上升到90℃时，电荷密度和接枝率没有进一步提高，可能是由于链的终止和副反应发生。相类似，玉米淀粉与壳聚糖多糖絮凝剂（CATCS）的絮凝活性随交联温度从 40℃升高到 70℃而增加，然后在温度 70℃以上下降。事实上，交联度和 CATCS 分子量在较高的反应温度时增加，使CATCS絮凝活性增强。在60℃下制备的壳聚糖-丙烯酰胺-富里酸共聚物（CAMFA）对色素的去除率比在50℃或70℃下合成的要高[55,61]。

研究报道了当DMC/淀粉质量比、淀粉/AM质量比、引发剂/AM剂量比和反应时间为1.5∶1、1∶3、0.5%、4h时，聚合反应温度在50～80℃内的CSSAD的絮凝性能。反应温度从50℃提高到70℃，提高了絮凝活性，最大值在70℃。提高反应温度首先增加了淀粉的取代度和絮凝剂的分子量，导致CSSAD的絮凝活性提高。温度 70℃以上絮凝活性降低，可归因于较高温度下 CSSAD 分子链的断裂[31]。

6.2.3 pH 影响

反应介质 pH 是影响接枝反应和化学改性多糖絮凝剂絮凝活性的另一个关键因素。Xyl-g-METAC 电荷密度和接枝率在 pH7 时均达到最大值，在 pH 提高到 11 时而降低。在碱性条件下电荷减少的原因是羟基离子攻击在 β 碳-季铵基上连接的氢，导致不稳定发生和季铵基分解转变为叔铵基[31]。

6.2.4 反应时间影响

反应时间是多糖生物絮凝剂化学改性的另一个重要因素。在 Xyl-g-METAC絮凝剂合成时的共聚合反应中，延长反应时间，产生了更多的自由基，加快了反应速度。当把反应时间提高到3h时，电荷密度和接枝率都有提高。增加反应时间，导致更多的METAC单体运动发生，从而引起METAC单体与木聚糖的更多碰撞[31]。然而，3h后进一步延长反应时间，由于合成PMETAC，电荷密度和接枝率随时间的延长而降低。就玉米淀粉与壳聚糖多糖絮凝剂（CATCS）而言，反应物之间的交联随着反应时间增加到1.5h而提高，然后通过减少大分子量反应物达到极限[55]。对于 CSSAD 生物絮凝剂，DMC 与淀粉的质量比、淀粉与 AM 的质量比、引发剂与 AM 的剂量比及反应温度分别为 1.5∶1、1∶3、0.5%和 65℃，反应时间从 1h 增加到 4h，提高了絮凝活性，4h 后下降。反应时间超过 4h，随着淀粉和 DMC 的水解，反应终止[53]。

6.3 改性和未改性多糖的性能评价

6.3.1 壳聚糖絮凝剂的性能评价

通过接枝共聚和醚化/胺化反应合成了新型两性复合絮凝剂 CMC-g-PAM。它已成功地用于去除水中的阴离子染料（甲基橙）和阳离子染料（碱性亮黄）。报道是在 CMC-g-PAM 中引入过量的 PAM 链，提高了絮凝剂的最佳投加量，降低了除色效率，大大降低了絮凝性能。虽然 PAM 链增强了桥联和卷扫效应，但过量的 PAM 对壳聚糖骨架上的电荷进行了屏蔽，从而降低了 CMC-g-PAM 的电荷中和，建议将聚丙烯酰胺的接枝率控制在适当的范围内。此外，一个或多个不同的单体可用于制备具有不同功能的双接枝或多接枝壳聚糖共聚物絮凝剂。以丙烯酰胺（AM）和羧甲基纤维素（CMC）为共单体，CAN 为引发剂，合成了一系列接枝壳聚糖絮凝剂。含有较多 CMC 基团的接枝壳聚糖具有较好的絮凝性能，这是因为正电荷数量增加和电荷中和效应较大。这些壳聚糖絮凝剂具有长链支链和刚性骨架，为壳聚糖在溶液中提供了更广泛的构象和更高的有效电荷密度[61~63]。

6.3.1.1 改性壳聚糖基絮凝剂的性能评价

壳聚糖-g-PAM 是一种常用的非离子接枝壳聚糖絮凝剂。采用 γ 射线在酸性水溶液中引发反应合成了壳聚糖-g-PAM。也有报道说，乙酸浓度对合成的影响很小，接枝率随辐照总剂量的增加而增加[64]。在一定的总辐照剂量下，较低的辐照剂量率提高了接枝率，而单体浓度越高，接枝率越高。壳聚糖-g-PAM 在碱性条件下用于高岭土悬浮液的絮凝，比单独使用壳聚糖具有更高的絮凝效率。

6.3.1.2 作为混凝助剂的联合絮凝效果评价

壳聚糖絮凝剂与其他材料，如 PAC、$Al_2(SO_4)_3$、$FeCl_3$、蒙脱土和土壤相结合，在水和废水处理中得到了广泛的应用[65~68]。通过这种组合建立的协同作用，提高了组合絮凝剂的絮凝效率，降低了成本。

使用高分子絮凝剂的直接絮凝应用仅局限于悬浮和胶体固体的高浓度有机废水，如食品、纸张和纸浆，以及纺织废水。因此，联合絮凝工艺在大多数工业中得到了广泛的应用。研究报道了壳聚糖作为絮凝剂和 $Al_2(SO_4)_3$ 助凝剂的絮凝性能。后者在处理地表水浊度方面比前者具有更高的性能。壳聚糖也被单独用作壳聚糖-蒙脱石体系中蒙脱土的助凝剂，用于混凝-絮凝过程中去除金属离子[69,70]。

6.3.2 未改性生物絮凝剂性能评价

采用溶剂萃取、沉淀、干燥、研磨等方法，从秋葵（okra）、车前草（psyllium）、罗望子（tamarind）和葫芦巴（fenugreek）、伊莎戈尔（isabol）中制备生物絮凝剂[71]。研究发现，所获得的生物絮凝剂用于直接絮凝法处理垃圾渗滤液时，去除COD、颜色和悬浮固体（SS）的絮凝效果较低，分别为17%、27%和41%[72]。然而，在添加生物絮凝剂之前添加混凝剂时，发现生物絮凝剂更加有效。相反，溶剂萃取沉淀法制备的生物絮凝剂在直接絮凝法处理废水中表现出良好的絮凝性能，不需要混凝剂和 pH 的调节。这一发现表明萃取步骤与絮凝效率密切相关，在从植物材料中提取高活性絮凝剂成分时起着重要作用。有了这些发现，就有必要研究萃取与絮凝的关系，以评价可能降低生物絮凝剂絮凝效率的萃取参数。这将有助于优化获得最有效的生物絮凝剂提取条件，以在絮凝效率和成本效益方面与商业合成絮凝剂媲美。

天然絮凝剂在工业废水处理中的应用目前仅限于学术研究。一些生物絮凝剂在低浓度下有效，在絮凝效率方面与合成絮凝剂相当。葫芦巴和秋葵胶在处理制革废水和污水方面与商用絮凝剂（聚丙烯酰胺）一样有效[73]。如前面所报道的，干燥粉碎制得的生物絮凝剂絮凝效率较低。

一些生物絮凝剂，如通过干燥和研磨法制备的伊莎戈尔壳、研磨秋葵，在聚合氯化铝（PAC）或硫酸铝的骨架上接枝处理填埋场渗滤液和从高岭土悬浮液中去除浊度时是一种有效的助凝剂。采用溶剂萃取和沉淀法制备的絮凝剂具有明显的絮凝性能。在低浓度的生物絮凝剂投加量下，悬浮物（SS）和溶解态固体（TDS）、染料、浊度和色度的去除率都很高。罗望子是一种有效的生物絮凝剂，用于去除纺织废水中的还原染料（金黄色）和直接（直接快速猩红）染料。最佳 pH 范围为中性。然而，根据处理废水的类型和特点，一些生物絮凝剂在酸性或碱性介质中是有效的。

生物絮凝剂在工业上发展和应用的主要障碍是：①生物制品对制备工艺的敏感性；②降解速度快；③絮凝效率中等。此外，各种制备生物絮凝剂的方法也可能影响其功能特性。此外，水胶体的化学成分和分子结构等因素往往取决于其来源和提取方法。这是因为它们容易受到微生物的攻击，因而由于高水活性和絮凝剂的组成而降低了保质期。此外，生物絮凝剂的可生物降解性可能导致絮体的上升，从而降低了生物絮凝剂的效率。生物聚合物的干燥产品形式将提高生物聚合物的保质期，提高其絮凝效率。

6.3.3 改性生物絮凝剂的性能评价

科学工作者已经成功合成了各种组成的接枝生物絮凝剂，并将其应用于各种废水或废水的处理，减少了固体、浊度、染料和 COD 等环境污染物。采用聚丙烯酰胺、聚丙烯腈、聚甲基丙烯酸和聚甲基丙烯酸甲酯等合成聚合物，合成了比未接枝聚合物具有更高絮凝效率的接枝共聚物。研究报道了车前草黏液接枝聚丙烯酰胺（Psy-g-PAM）共聚物在处理制革和生活污水中的絮凝效率比纯聚丙烯酰胺高。此外，聚丙烯酰胺接枝的罗望子黏液（Tam-g-PAM）对含偶氮染料、碱性染料和活性染料的模式纺织废水中各种染料的去除效果优于纯印楝胶。在相关研究中，微波辅助接枝法合成的聚丙烯酰胺接枝罗望子核多糖（TKP-g-PAM）在絮凝试验中比纯 TKP 和聚丙烯酰胺基商用絮凝剂（Rishfloc 226 LV）具有更高的絮凝效率[74~76]。

参考文献

[1] Ehrlic H, Maldonado M, Spindler K D, et al. First evidence of chitin as a component of the skeletal fibers of marine sponges. Part I. Verongidae (Demospongia: Porifera). J Exp Zool, 2007, 308B: 347-356.

[2] Bodil-Wesslen K, Wesslen B. Synthesis of amphilic amylase and starch deyivatives. Carbohydr Polym, 2002, 47: 303-311.

[3] Lee C S, Robinso J, Chong M F. A review on application of flocculants in wastewater treatment. Saf Environ Prot, 2014b, 92: 482-508.

[4] Ahmad N H, Mustafa S, Man Y B C. Microbial polysaccharides and their modification approaches: a review. Int J Food Prop, 2015, 18: 332-347.

[5] Nurudeen A O, Emmanuel I U, Omotayo S A, et al. Polysaccharides as green and sustainable resource for water and wastewater treatment. Berlin: Springer, 2017.

[6] Del-Valle E M M. Use of cyclodextrins as a cosmetic delivery system for fragrance materials: Linalool and benzyl acetate. Process Biochem, 2004, 39: 1033-1046.

[7] Amuda O S, Adelowo F E, Ologunde M O. Kinetics and equilibrium studies of adsorption of chromium(VI) ion from industrial wastewater using *Chrysophyllum albidum* (Sapotaceae) seed shells. Colloids Surf, B, 2009, 68: 184-192.

[8] Pereira M F R, Soares S F, Orfao J M J, et al. Adsorption of dyes on activated carbons: influence of surface chemical groups. Carbon, 2003, 41: 811-821.

[9] Crini G. A polysaccharide composite for water treatment to remove nitrates: synthesis, properties, and utilization. Prog Polym Sci, 2005, 30: 38-70.

[10] Synowiecki J, Al-Khateeb N A. Production, properties, and some new applications of chitin and its derivatives. Crit Rev Food Sci Nutr, 2003, 43: 145-171.

[11] Varma A J, Deshpande S V, Kennedy J F. Metal complexation by chitosan and its derivatives: a review. Carbohydr Polym, 2004, 55: 77-93.

[12] Berger J, Reist M, Mayer J M, et al. Structure and interactions in chitosan hydrogels formed by complexation or aggregation for biomedical applications. Eur J Pharm Biopharm, 2004, 57:

35-52.

[13] Wan M W, Petrisor I G, Lai H T, et al. Copper adsorption through chitosan immobilized on sand to demonstrate the feasibility for *in situ* soil decontamination. Carbohydr Polym, 2004, 55: 249-254.

[14] Gotoh T, Matsushima K, Kikuchi K I. Preparation of alginate-chitosan hybrid gel beads and adsorption of divalent metal ions. Chemosphere, 2004, 55: 135-140.

[15] Güven O, Sen M, Karadag E, et al. A review on the radiation synthesis of copolymeric hydrogels for adsorption and separation purposes 1. Radiat Phys Chem, 1999, 56: 381-386.

[16] Crini G, Morcellet M. Synthesis and applications of adsorbents containing cyclodextrins. J Sep Sci, 2002, 25: 789-813.

[17] Shiftan D, Ravenelle F, Mateescu M A, et al. Change in the V/B Polymorph Ratio and T1 Relaxation of Epichlorohydrin Crosslinked High Amylose Starch Excipient. Starch-Stärke, 2015, 52: 186-195.

[18] Mocanu G, Vizitiu D, Carpov A. Structural characterization and diffusional analysis of the inclusion complexes of fluoroadamantane with β-cyclodextrin and its derivatives studied via 1H, 13C and 19F NMR spectroscopy. J Bioact Compat Polym, 2001, 16: 315-334.

[19] Sukhcharn S, Singh S, Riar C S. Effect of oxidation, cross-linking and dual modification on physicochemical, crystallinity, morphological, pasting and thermal characteristics of elephant foot yam (*Amorphophallus paeoniifolius*) starch. Food Hydrocolloids, 2016, 55: 56-64.

[20] Zhu F. Composition, structure, physicochemical properties, and modifications of cassava starch. Polym, 2015, 122: 456-480.

[21] Ai Y, Jane J L. Gelatinization and rheological properties of starch. Starch-Stärke, 2015, 67: 213-224.

[22] Hong J S, Gomand S V, Delcour J A. Preparation of cross-linked maize (*Zea mays* L.) starch in different reaction media. Carbohyd Polym, 2015, 124: 302-310.

[23] Chen Q, Yu H, Wang L, et al. Recent progress in chemical modification of starch and its applications. Soc Chem Adv, 2015, 5: 67459-67474.

[24] Akbar-Ali S K, Singh R P. An investigation of the flocculation characteristics of polyacrylamide-grafted chitosan. J Appl Polym Sci, 2009, 114: 2410-2414.

[25] Ali S K, Singh R P. An investigation of the flocculation characteristics of polyacrylamide-grafted chitosan. J Appl Polym Sci, 2009, 114(4): 2410-2414.

[26] Ghorai S, Sarkar A, Panda A B, et al. Evaluation of the flocculation characteristics of polyacrylamide grafted xanthan gum/silica hybrid nanocomposite. Ind Eng Chem Res, 2013, 52: 9731-9740.

[27] Qin L, Liu J, Li G, et al. Removal of tannic acid by chitosan and N-hydroxypropyl trimethyl ammonium chloride chitosan: flocculation mechanism and performance. Dispers Sci Technol, 2015, 36: 695-702.

[28] Wang J P, Yuan S J, Wang Y, et al. Synthesis, characterization and application of a novel starch-based flocculant with high flocculation and dewatering properties. Water Res, 2013b, 47: 2643-2648.

[29] Dong C, Chen W, Liu C. Flocculation of algal cells by amphoteric chitosan-based flocculant. Bioresour Technol, 2014a, 170: 239-247.

[30] Rani P, Mishra S, Sen G. Microwave based synthesis of polymethyl methacrylate grafted sodium alginate: its application as flocculant. Carbohydr Polym, 2013, 91: 686-692.

[31] Wang S, Hou Q, Kong F, et al. Production of cationic xylan-METAC copolymer as a flocculant for textile industry. Carbohydr Polym, 2015, 124: 229-236.

[32] Li H, Cai T, Yuan B, et al. Flocculation of both kaolinand hematite suspensions using the starch-based flocculants and their floc properties. Ind Eng Chem Res, 2015a, 54: 59-67.
[33] Kolya H, Tripathy T. Preparation, investigation of metal ion removal and flocculation performances of grafted hydroxyethyl starch. Int J Biol Macromol, 2013a, 62: 557-564.
[34] Kolya H, Tripathy T. Hydroxyethyl starch-g-poly-(N, N-dimethylacrylamide-co-acrylic acid): An efficient dye removing agent. Eur Polym J, 2013b, 49: 4265-4275.
[35] Ghimici L, Constantin M, Fundueanu G. Novel biodegradable flocculanting agents based on pullulan. Hazard Mater, 2010, 181: 351-358.
[36] Kolya H, Tripathy T, De B R. Flocculation performance of grafted xanthangum: a comparative study. J Phys Sci, 2012, 16: 221-234.
[37] Mishra S, Mukul A, Sen G, et al. Microwave assisted synthesis of polyacrylamide grafted starch (St-g-PAM) and its applicability as flocculant for water treatment. Int J Biol Macromol, 2011, 48: 106-111.
[38] Razak S F M, Ngadi N. Synthesis and characterization of hybrid flocculant kenaf based. Appl Mech Mater, 2014, 625: 213-216.
[39] Mishra S, Rani G U, Se G. Microwave initiated synthesis and application of polyacrylic acid grafted carboxymethyl cellulose. Carbohydr Polym, 2012, 87: 2255-2262.
[40] Sand A, Yadav M, Mishr D, et al. Modification of alginate by grafting of N-vinyl-2-pyrrolidone and studies of physicochemical properties in terms of swelling capacity, metal-ion uptake and flocculation. Carbohydr Polym, 2010, 80: 1147-1154.
[41] Yang C H, Shih M C, Chiu H C, et al. Magnetic pycnoporus sanguineus-loaded alginate composite beads for removing dye from aqueous solutions. Molecules, 2014a, 19: 8276-8288.
[42] Yang Z, Degorce-Dumas J R, Yang H, et al. Flocculation of *Escherichia coli* using a quaternary ammonium salt grafted carboxymethyl chitosan flocculant. Environ Sc Technol, 2014b, 48: 6867-6873.
[43] Yang Z, Yang H, Jiang Z, et al. Flocculation of both anionic and cationic dyes in aqueous solutions by the amphoteric grafting flocculant carboxymethyl chitosan-graft-polyacrylamide. Hazard Mater, 2013, 254-255: 36-45.
[44] Lu Y, Shang Y, Huang X, et al. Preparation of strong cationic chitosan-graft-polyacrylamide flocculants and their flocculating properties. Ind Eng Chem Res, 2011, 50: 7141-7149.
[45] Song W, Zhao Z, Zheng H, et al. Gamma-irradiation synthesis of quaternary phosphonium cationic starch flocculants. Water Sci Technol, 2013, 68: 1778-1784.
[46] Kumar R, Setia A, Mahadevan N. Grafting modification of the polysaccharide by the use of microwave irradiation. Int J Adv Pharm Res, 2012, 2: 45-53.
[47] Lewicka K, Siemion P B, Kurcok P. Chemical modifications of starch: microwave effect. Int J Polym Sci, 2015, 867697 (10 p).
[48] Wang S, Hou Q, Kong F, et al. Homogeneous isolation of nanocelluloses by controlling the shearing force and pressure in microenvironment. Carbohydr Polym, 2015, 124: 229-236.
[49] Zhu H, Zhang Y, Yang X, et al. An eco-friendly one-step synthesis of dicarboxyl cellulose for potential application in flocculation. Ind Eng Chem Res, 2015a, 54: 2825-2829.
[50] Zhu H, Zhang Y, Yang X, et al. One-step green synthesis of non-hazardous dicarboxyl cellulose flocculant and its flocculation activity evaluation. Hazard Mater, 2015b, 296: 1-8.
[51] Liu H, Yang X, Zhang Y, et al. Flocculation characteristics of polyacrylamide grafted cellulose from Phyllostachys heterocycla: an efficient and eco-friendly flocculant. Water Res, 2014a, 59: 165-171.
[52] Razak S F M, Ngadi N. Synthesis and characterization of hybrid flocculant kenaf based. Appl

Mech Mater, 2014, 625: 213-216.
[53] Zou J, Zhu H, Wang F, et al. Preparation of a new inorganic-organic composite flocculant used in solid-liquid separation for waste drilling fluid. Chem Eng J, 2011, 171: 350-356.
[54] Moad G. Chemical modification of starch by reactive extrusion. Prog Polym Sci, 2011, 36: 218-237.
[55] Zhou L, Lu F, Li D, et al. Simulataneous pentachlorophenol decomposition and granular activated carbon regeneration assisted by dielectric barrier discharge plasma. Hazard Mater, 2009, 172: 38-45.
[56] Rojas-Reyna R, Schwarz S, Heinrich G, et al. Flocculation efficiency of modified water soluble chitosan versus commonly used commercial polyelectrolytes. Carbohydr Polym, 2010, 81: 317-322.
[57] Zhang Y, Jin H, He P. Synthesis and flocculation characteristics of chitosan and its grafted polyacrylamide. Adv Polym Technol, 2012, 31: 292-297.
[58] Adhikary P, Krishnamoorthi S. Microwave assisted synthesis of polyacrylamide grafted amylopectin. Mater Res Innov, 2013, 17: 67-72.
[59] Anthony R, Sims R. Effects of wastewater microalgae harvesting methods on polyhydroxy-butyrate production. App Poly Sci, 2013, 130: 2572-2578.
[60] Nair S B, Jyothi A N. Cassava starch - graft - polymethacrylamide copolymers as flocculants and textile sizing agents. Appl Polym Sci, 2014, 39810: 1-11.
[61] Mishra A, Bajpai M, Pal S, et al. Tamarindus indica mucilage and its acrylamide-grafted copolymer as flocculants for removal of dyes. Colloid Polym Sci, 2006, 285(2): 161-168.
[62] Yang Z, Shang Y, Huang X, et al. Cationic content effects of biodegradable amphoteric chitosan-based flocculantson the flocculation properties. J Environ Sci, 2012, 24(8): 1378-1385.
[63] Bolto B, Gregory J. Principal component analysis to assess the efficiency and mechanism for enhanced coagulation of natural algae-laden water using a novel dual coagulant system. Water Res, 2007, 41(11): 2301-2324.
[64] Srinivasan R, Mishra A. Tamarindus indica mucilage and its acrylamide-grafted copolymer as flocculants for removal of dyes. Chin J Polym Sci, 2008, 285(2): 161-168.
[65] Rasteiro M G, Garcia F A P, Ferreira P, et al. The use of LDS as a tool to evaluate flocculation mechanisms. Chem Eng Process, 2008, 47(8): 1323-1332.
[66] Rasteiro M G, Garcia F A P, del-Mar-Peréz M. Applying LDS to monitor flocculation in papermaking. Part Sci Technol, 2007, 25(3): 303-308.
[67] Mishra S, Rani G U, Sen G. Microwave initiated synthesis and application of polyacrylic acid grafted carboxymethyl cellulose. Carbohyd Polym, 2012, 87(3): 2255-2262.
[68] Ghosh S, Sen G, Jha U, et al. Novel biodegradable polymeric flocculant based on polyacry-lamide-grafted tamarind kernel polysaccharide. Biores Technol, 2010, 101(24): 9638-9644.
[69] Rani P, Sen G, Mishra S, et al. Microwave assisted synthesis of polyacrylamide grafted gum ghatti and its application as flocculant. Carbohyd Polym, 2012, 89(1): 275-281.
[70] Mishra A, Srinivasan R, Bajpai M, et al. Use of polyacrylamide-grafted *Plantago psyllium* mucilage as a flocculant for treatment of textile wastewater. Colloid Polym Sci, 2004, 282(7) 722-727.
[71] Kyzas G Z, Bikiaris D N. Recent modifications of chitosan for adsorption applications: a critical and systematic review. Mar Drugs, 2015, 13(1): 312-337.
[72] Liu L Z, Priou C. Grafting polymerization of guar and other polysaccharides by electron beams. 2010, Inc U. S. Patent 7, 838, 667.

[73] Carbinatto F M, de Castro A D. Physical properties of pectin-high amylose starch mixtures cross-linked with sodium trimetaphosphate. Inter J Pharm, DOI: 10. 1016/j. ijpharm. 2011. 11. 042.

[74] Renneckar S, Audrey G Z S , Thomas C W. Compositional analysis of thermoplastic wood composites by TGA. Wood Fiber Sci, 2013, 45(1): 3-14.

[75] Kumar R, Sharma K, Tiwary K P, et al. Polymethacrylic acid grafted psyllium (Psy-g-PMA): a novel material for waste water treatment. Appl Water Sci, 2013, 3(1): 285-291.

[76] Mishra S, Mukul A, Sen G, et al. Microwave assisted synthesis of polyacrylamide graft starch (St-g-PAM) and its applicability as flocculant for water treatment. Int J Biol Macromol, 2011, 48(1): 106-111.

7 理化因素对絮凝活性的影响

单从微生物絮凝剂的角度来说，培养基质易得，它们可高速率、规模化生产，易于从发酵液中回收，是一种取之不尽的绿色资源。本章主要解释物理化学参数的作用，如絮凝剂用量、分子量、pH、温度和金属离子对微生物絮凝剂在胶体体系中的絮凝活性的影响。微生物絮凝剂与其他类型的絮凝剂相比，具有突出优势：一般都是热稳定的，阳离子依赖的，并在宽广的 pH 与温度范围内显示出絮凝活性。目前发现的微生物絮凝剂结构主要有：纤维素、海藻酸盐、壳聚糖、多糖、蛋白质多糖和聚合氨基酸类。絮凝的效果主要取决于絮凝剂的结构、分子量大小、理化性质和期望处理的水质的污染性质。每种微生物絮凝剂都有组成成分和结构造成的特点，所以要达到最佳的絮凝效果，应根据这种特点对应水的性质进行作用条件匹配。研究产生最佳絮凝效果对应的单一或复合絮凝机制，从而围绕絮凝机制运行查清影响絮凝的理化因素，对充分发挥多糖生物絮凝剂的内在性能和产生最好的絮凝效果具有重要意义。

7.1 有关絮凝的基础理论[1]

微生物絮凝剂是一类由特殊的微生物群体在生长代谢过程中产生的，是可以使水体中不易沉降的纳米级固体悬浮颗粒、菌体细胞及胶体粒子等凝集、絮凝、沉淀的特殊高分子聚合物[2]。微生物絮凝剂的来源很广泛，易于采取生物工程的手段实现产业化；易于固液分离，沉降效率高；易被生物降解，其降解产物对环境无毒无害，不会产生二次污染，安全性高；适应范围广，具有很好的除浊和脱色、去除 COD、吸附重金属等的特殊效果；由于微生物细胞具有较易遗传变异的特点，可以通过基因工程和代谢工程等手段提高絮凝能力[3]。因此微生物絮凝剂作为一类高效、安全的絮凝剂已经引起研究者的关注和认可。自 20 世纪 70 年代以来，美国、日本等国的学者对微生物絮凝剂进行了大量研究，取得了一定成果[4]。部分研究成果已经产业化形成生物絮凝剂产品，广泛应用于工业废水、食品生产废水、地表水、养殖废水等的无害化处理，对人类健康和环境保护起到了重要的导向性作用。

7.1.1 絮凝理论的解释

絮凝是一个复杂的过程，影响因素很多，相对于经典的胶体体系的絮凝机制，微生物絮凝剂的作用机制则更为复杂。目前虽然大都还是用传统的絮凝机制来做解释，但国内外学者通过对此进行大量的研究工作，还是提出了许多能解释特定条件下絮凝过程的理论。这些理论对复杂机制的明确解释，为更有效地使用微生物絮凝剂和准确地絮凝操作提供了很大帮助。

7.1.2　吸附桥联絮凝

7.1.2.1　絮凝作用概述

吸附桥联絮凝是目前人们较为普遍接受的一种絮凝机制解释，它把微生物絮凝剂的絮凝过程看成是电荷中和、桥联吸附和卷扫、网捕等物理化学过程共同作用的结果。当生物高分子絮凝剂所带电荷与颗粒带电性质相反时，溶液中的离子与胶体颗粒表面带的相反电荷发生中和作用，从而使颗粒的表面电荷密度降低，颗粒之间能够充分相互靠拢使得吸引力成为主要作用力，为絮凝剂的桥联提供了有利条件[5]。

在絮凝剂生物大分子浓度较低时，分子上的活性基团（羧基、羟基、氨基等）借助离子键、氢键和范德华力来吸附其他胶体颗粒，通过桥联方式将两个或更多的微粒连在一起，从而导致絮凝发生。Forster 指出，当细胞外物质为酸性时，离子键结合是主要的吸附形式；当细胞外物质为中性时，氢键结合是主要的吸附方式。当微生物絮凝剂从颗粒表面伸展到溶液的距离远远大于溶液中胶体颗粒间产生排斥力的有效作用范围时，桥联就会发生，从而形成一种三维网状结构的絮凝体。大分子的吸附桥联作用是桥联机制的核心内容，也是促使胶体物质絮凝沉淀最主要的作用力[6]。有学者对 MBFTRJ2 的絮凝过程进行研究时发现，当在絮凝过程中使用尿素时，絮凝体就会大量分解。这说明絮凝剂与胶体颗粒之间可能是靠氢键结合的，因为尿素可以和胶体颗粒之间形成氢键，从而破坏其与絮凝剂之间的氢键，使沉淀发生解絮现象[7]。对于 *Pseudomonas* C-120 产生的絮凝剂引起的絮凝，浓度为 2mol/L 的盐酸胍可以解絮，而絮凝体对浓度为 5mol/L 的尿素则不敏感，这证明离子键参与了絮凝过程。叶晶菁和谭天伟[8]的工作也证明了氢键及离子键对絮凝过程的促进作用。当微生物絮凝剂投加量一定，且形成小颗粒絮凝体时，形成的絮凝体在重力的作用下沉降，迅速网捕和卷扫水中的胶体颗粒，产生沉淀分离，称为卷扫或网捕作用。这种作用基本上是一种机械作用，所需絮凝剂的量与原水杂质含量成反比。原水胶体杂质含量少时，所需絮凝剂剂量大，反之所需絮凝剂剂量小[9]。

7.1.2.2　试验依据

吸附桥联学说由于可以解释大多数微生物絮凝剂引起的絮凝现象，以及一些对絮凝的影响因素为一些试验所证实，因此为人们普遍接受。

1）分子结构

根据桥联理论，其桥联作用的高分子都是线性分子，且需要一定长度，长度不够是不能起到颗粒间桥联作用的。如果分子是交联的或支链结构，其絮凝效果就差。尹华等[10]在研究微生物絮凝剂 JMBF-25 时发现其主要成分为高分子多糖，在低温下絮凝剂分子间的作用力（如范德华力、氢键力以及不同电荷间的引力等）较大，分子链卷曲，有效链长较短；而温度升高时分子间的作用力被破坏，分子链舒展，有效链长增长，有利于絮凝剂大分子与胶体颗粒间的吸附桥联，所以该絮凝剂在较高的温度时出现絮凝效果峰值。

2）分子量

分子量越大，在絮凝过程中就有更多的吸附点和更强的桥联作用，因此有更高的絮凝活性，吸附作用也就越强烈。目前已分离纯化的微生物絮凝剂除少数外，相对分子量大都为（1.05～2.5）$\times 10^6$[11]。用蛋白酶处理酱油曲霉 AJ7002 产生絮凝剂后絮凝活性有所下降就是由于絮凝剂中蛋白质组分水解引起多聚物分子量降低而导致的[12]。

3）温度

除了由于温度变化造成分子链有效链长发生变化，继而影响絮凝效果的因素外，对于主要成分为蛋白质的微生物絮凝剂而言，这些絮凝剂的蛋白质成分或多肽骨架在高温下易变性，从而导致絮凝效果下降。例如，MBFTRJ2 在温度高于50℃时，其絮凝活性随温度的升高而降低，主要是由于蛋白质在絮凝过程中起大分子的作用，温度升高蛋白质被破坏，而使絮凝活性下降[13]。但由多糖构成的絮凝剂受温度的影响不明显，如 RL-2 有较高的热稳定性。温度为 20～90℃，OD_{550} 波动不超过 4.5%。这主要是因为絮凝活性的功能基团在高温处理后结构不改变，仍能与胶体颗粒结合，保持其絮凝活性[14]；WF-1 中糖比例达到 86.1%，蛋白质占10.2%，因为多糖为其主要成分，所以该物质在 100℃下加热 15min，絮凝活性仅下降 22%；加热 50min 后下降 45%，显示出了良好的热稳定性[15]。

4）pH

微生物絮凝剂的絮凝活性随 pH 的变化而有一定波动，是因为 pH 能通过改变酸碱度来改变絮凝剂大分子和胶体颗粒的表面电荷、带电状态、中和电荷能力，从而改变颗粒之间的相互作用力，对桥联的形成产生直接影响[16]。

当微生物絮凝剂在一定 pH 范围时，胶体颗粒的表面电荷有所降低，使得颗粒之间的相互斥力减弱，从而有利于絮凝剂与颗粒之间的桥联作用，此 pH 即为该絮凝剂的最佳酸碱环境。MBFP-7 在碱性条件（pH8.0～9.0）时絮凝效果最好，最高可以达到 82%；REA-11 在 pH3.0～6.0 时能维持较强的絮凝活性（FR>80%）[17]；寄生曲霉菌产生的生物絮凝剂在 pH3.0～9.0 时最低絮凝率可达到 84%[18]。

5）无机金属离子

实际应用表明，体系中的离子，尤其是高价异种离子能够显著改变胶体的电位，降低其表面电荷，促进大分子与胶体颗粒的吸附与桥联。有研究表明 Ca^{2+}可以通过电荷中和及化学桥联作用来提高絮凝活性[19]。但也有报道认为体系中盐的加入会降低絮凝活性，这可能是由于离子的加入破坏了大分子与胶体之间氢键的形成。高离子强度下大量离子占据了絮凝剂分子的活性位点，并把絮凝剂分子与固体悬浮颗粒隔开而抑制絮凝[20]。有些微生物絮凝剂中含有金属离子，如异常汉逊酵母的絮凝细胞中脂肪酸和氨基酸的组分和含量与非絮凝菌株无明显差异，但金属离子 Ca^{2+}、Mg^{2+}、Na^{+}的含量则远高于后者。对于不含金属离子的微生物絮凝剂，添加一些金属离子也能够提高絮凝活性。无机金属离子可以中和絮凝剂和胶体颗粒表面的电荷，从而提高絮凝效果。在 KLE-1 絮凝体系中分别加入 NaCl、$CaCl_2$、$MgCl_2$、$A1Cl_3$、$FeCl_3$，结果表明不同类型的阳离子对絮凝剂都具有一定的助絮凝效果。并且阳离子所带电荷的大小也与其助絮凝效果有一定的关系。二价阳离子可在絮凝剂分子与悬浮颗粒间以离子键结合而促进絮凝发生；一价阳离子，如 Na^{+}不能同时与悬浮颗粒及絮凝剂键合，只能与其中之一结合而不利于絮凝作用的发生；三价阳离子，如 Al^{3+}、Fe^{3+}等，可能由于离子强度过高，大量离子占据了絮凝剂分子的活性位点，并把絮凝剂分子与固体悬浮颗粒隔开而抑制絮凝[21]。对 MBFXH 的研究也说明了类似情况，钙离子对絮凝活性的提高有很大影响，能大大地促进 MBFXH 的絮凝作用，铝离子和铁离子也有明显影响，但不如钙离子强[22]。在 EPS471 的絮凝体系中引入 Ca^{2+}、Cu^{2+}、Zn^{2+}、Mn^{2+}、Co^{2+}和 Fe^{2+}，絮凝效果都大大提高，但引入 Al^{3+}、Fe^{3+}、Ni^{2+}和 Na^{+}时，絮凝效果却有所降低[23]。添加金属离子对 γ-PGA 的絮凝活性均有不同程度提升，其中 Ca^{2+}对絮凝活性提升最高，从而可以降低絮凝剂的使用剂量和成本。但絮凝体系中 Ca^{2+}浓度过高则会使絮凝活性下降，这是因为在高离子强度下，大量离子占据了絮凝剂分子的活性位点，并把絮凝剂分子与固体悬浮颗粒隔离开而抑制了絮凝速度[24]。

7.2　絮凝形成过程与 zeta（ξ）电位的关系与絮体结构的表征[25]

7.2.1　絮凝形成过程与 zeta（ξ）电位的关系

微生物絮凝剂的絮凝特性受到多种因素的影响，其中遗传因素是内在的根本依据。絮凝基因的表达机制复杂，由多个基因控制絮凝基因的表达功能。经过修饰基因和校正基因等调控基因的作用之后，絮凝基因才能有效地表达出絮凝剂，絮凝性微生物产生絮凝剂后，能使离散的颗粒之间相互黏附，并能使胶体脱稳，形成絮凝体沉淀从反应体系中分离出去。因此，研究形成絮凝体后的悬浊液的电位是研究胶体脱稳现象的一个重要标志。所以，当生物絮凝剂与高岭土悬浊液形成絮凝体颗粒后，在溶液中的稳定状态，可用 zeta（ξ）电位来表征。

对高岭土悬液、微生物絮凝剂及其絮凝后的高岭土溶液进行 zeta（ξ）电位测定分析，结果说明：高岭土颗粒与生物絮凝剂在水中都带高负电荷，因此存在较大的静电排斥力，这就需要某些特殊的作用来克服生物絮凝剂与高岭土颗粒之间的静电排斥力。一般 ξ 电位绝对值小于 14mV，絮凝颗粒发生脱稳就会产生凝聚。高岭土悬浊液的电位值很高，是一种较稳定的悬浊液，而絮凝剂 F2 和 FC2 的 ξ 电位值比高岭土悬浊液低 23.9mV 和 31.5mV，但仍然是一种较稳定的胶体悬浮液。投加絮凝剂 F2 后的高岭土悬浊液电位为–13.3mV[26]，投加絮凝剂 FC2 后的高岭土悬浊液电位为–9.57mV，由数据显示，当颗粒表面电位降低到某个程度，此颗粒的聚集稳定性降到一定的低点，颗粒将很快聚集沉淀。因此，在絮凝过程中，每个絮凝剂分子可以和多个高岭土颗粒结合，使絮凝剂表面的电荷降低，产生极易聚集沉淀的现象。由此可知，此时的絮凝颗粒悬浮液已经处于不稳定状态，有利于形成絮凝体，并且产生的絮凝体促使絮凝体与高岭土颗粒相互黏附。所以，絮凝剂 FC2 比絮凝剂 F2 更不稳定，更容易形成絮凝体沉淀，因此，前者的絮凝能力要强于絮凝剂 F2，即反映出 FC2 的絮凝基因表达能力强的缘故。

7.2.2 絮凝体结构的表征

7.2.2.1 絮凝体的表面微观形态

在原子力显微三维模式图像中絮凝体和高龄土颗粒的高低落差很大，絮凝体表面具有光泽，可能是生物絮凝剂产生菌在发酵过程中分泌大量的多糖类黏液性物质有关[27]。多糖生物絮凝剂是存在于细胞表面的多糖类物质，有明显的乳化作用，使胶体脱稳。正是由于具备这种特点，决定了絮凝体对水中悬浮颗粒具有一定的吸附作用，与高岭土颗粒结合的数量多、结构紧密。以上结果直观地证实生物絮凝剂絮凝体具有很强的吸附能力，很大程度上能够影响絮凝效能的发挥。根据吸附桥联理论，发酵液中的多糖类物质为一种具有线性结构的高分子化合物，Ca^{2+}对微生物絮凝剂起促进作用，这是由于发酵液中暴露的羧基等官能团[28]与Ca^{2+}的“桥联”，而羧基等官能团暴露的数量又受到絮凝基因表达的相关酶水平的影响。酶的水平的研究将是今后研究的一个重要方向。

7.2.2.2 絮凝的图像分析

原子力显微镜（atomic force microscope，AFM）成像技术的出现，使人们不仅能够观测环境中颗粒物质的表面结构和微观形貌，同时能够观察溶解、生长、吸附、异相成核和氧化还原等众多过程中的微观形貌变化[26]。研究采用轻敲模式的原子力显微成像技术，对发酵液絮凝形态的微观形貌进行了观测，并进一步研究了生物絮凝剂絮凝颗粒微观吸附形貌的改变情况。

在经典的水处理理论中，天然水中的胶体颗粒被简化成均匀对称的球形。但实验表明，水中的胶体颗粒有着各种不同的形状、大小及厚薄，而且其表面电荷分布不均匀。这些特征势必会影响到胶体颗粒的絮凝特性，从而使得絮凝机制更加复杂。原子力成像的图像清晰地反映出，高岭土悬浮颗粒松散分布、扁平的团状分子构型不同，絮凝体吸附高岭土为密集分布、水平尺寸大而均匀的扁平球状结构，这说明了生物絮凝剂具有容易以其自身颗粒为核心吸附高岭土颗粒的可能。由于生物絮凝剂比表面积大，具有很强的吸附性能和大量表面羧基官能团，因而能够与高岭土悬浮颗粒相互作用生成氢键，促进吸附现象的发生。絮凝剂这一新相的引入，将使得高岭土颗粒以絮凝剂颗粒为吸附中心，包裹在其表面。高岭土的颗粒能够以悬浮颗粒的形态稳定地分布于水体中，干扰其絮凝剂颗粒的自然沉降过程，絮体粒径较大、沉降速度快[20]。所以，两者在结构上的差异，决定了两者絮凝效果的不同。高岭土的分散相颗粒小，有强烈的布朗运动，能阻止其因重力作用而引起的下沉，因此，在动力学上是稳定的，是高岭土同无机盐结合松散且不规则的主要原因。

7.3 理化因素对絮凝活性的影响

7.3.1 絮凝剂用量对絮凝活性的影响

多糖生物絮凝剂的投加量对胶体系统絮凝活性的测定起关键作用。当多糖类絮凝剂投加量低于最适量时，在胶体系统中的絮凝度不足，从而导致胶体颗粒重新稳定和电荷反转。在这种情况下，没有足够的多糖絮凝剂分子吸附在胶粒表面上架设这些颗粒之间的桥梁。多糖絮凝剂的超量投加增加了胶粒和胶粒之间的静电排斥力，结果增加了胶粒间的距离，抑制絮凝体形成和沉淀。例如，聚甲基丙烯酸甲酯接枝海藻酸钠（SAG-g-PMMA）在 1%（*m*/*V*）煤悬浮液中投加量为 0.375mg/L 时絮凝效率最大。在实际应用中对 2667L 洗煤厂废水进行了生产性处理，试验结果显示，SAG-g-PMMA 的用量为 1g[29]。对于改性淀粉，无论是阳离子还是阴离子，用于废水处理改善水质都证明有效。阴离子和阳离子（3-氯-2-羟丙基）三甲基氯化铵醚化羧甲基淀粉（CMS-CTA-N 和 CMS-CTA-P）在赤铁矿和高岭土合成废水中应用的絮凝行为研究结果表明，最适絮凝剂用量在 pH7 时分别为 3mg/L 和 0.6mg/L，絮凝效果分别为 98.6%和 97.2%。同样，化学改性壳聚糖絮凝剂，如羧甲基壳聚糖-接枝聚（2-甲基丙烯酰氧乙基）三甲基氯化铵

（CMC-g- PDMC）的最佳剂量是 50mg/L。纤维素接枝聚（2-甲基丙烯酰氧乙基）三甲基氯化铵（CMC-g-PDMC）的最佳剂量为 90mg/L 时达到的最高絮凝活性为 97.3%[30~32]。

在任意 pH，接枝率由 44.5%提高到 337%，羧甲基纤维素接枝聚[（2-甲基丙烯酰氧乙基）三甲基氯化铵]（CMC-g-PDMC）最佳用量由 210mg/L 降至 60mg/L。染料（酸性绿 25）的去除效率、絮体大小、絮凝性能都可通过提高 CMC-g-PDMC 的接枝率加以提高。CMC-g-PDMC 接枝率越高，分子量越大，结果导致较强的桥联效应和絮凝效率。因此，CMC-g-PDMC（GR 181%）的絮凝性能经证实不依赖 pH，且始终保持在较高水平（>90%）[32,33]。应用二羧基纤维素（DCC）絮凝剂处理造纸废水的最佳投加量为 40mg/L。

在最佳投加量 160mg/L，阳离子 Xyl-g-METAC 半纤维素絮凝剂对染料的去除率最高，达 97.8%。同样，2-（甲基丙烯酰氧基）乙基三甲基氯化铵（PMETAC）均聚物达到同样的染料去除能力加量为 100mg/L。与 Xyl-g-METAC 絮凝剂相比，PMETAC 絮凝剂有更高的絮凝活性是由于其有较高的电荷密度效应，因为 PMETAC（4.8meq/g）比 Xyl-g-METAC（2.6meq/g）有更高的电荷密度。研究结果表明，当添加剂量高于最佳浓度（160mg/L）时，阳离子型 Xyl-g-METAC 絮凝剂的絮凝效率随着排斥力的增加而降低，这是由于染料/共聚物表面过量带正电荷，引起胶体悬液重新稳定[34]。事实上，如果这些絮凝剂带电，过量添加会导致过度带电。大多数天然絮凝剂没有任何电荷，它们主要的相互作用基于氢键，桥联是絮凝的主要机制。这样，对这些生物絮凝剂来说，过度带电不是重要问题[33~36]。土杨芽孢杆菌产生的生物絮凝剂的最佳投加量为 0.1mg/mL[37]。由克雷伯氏菌 ZZ-3 和肺炎克雷伯氏菌 MBF5 产生的生物絮凝剂不依赖阳离子，在高岭土悬液中最佳投加量为 54.38mg/L 和 5mg/L 时的最高絮凝活性分别为 80%和 92%以上。黄曲霉菌生物絮凝剂用于活性炭和土壤固形物去除的最佳投加量为 5mg/L。在酵母细胞悬液中，30mg/L 的生物絮凝剂加量，最高絮凝活性为 95%。当生物絮凝剂加量由 10mg/L 增加到 15mg/L 时，絮凝活性从 20.8%急剧提高到 82.3%[38,39]。

7.3.2 絮凝剂分子量对絮凝活性的影响

微生物絮凝剂分子量不仅影响絮凝剂的性质，而且还影响絮凝剂的絮凝效果[40]。桥联机制的有效性取决于多糖絮凝剂的分子量，多糖絮凝剂分子量的变化范围为 10^4～10^7g/mol[41,42]。例如，化学改性多糖絮凝剂，如 CAMFA[43]、CMC-g-PAM[44]和 HES-g-（PDMA-co-AA）[41]，分子量分别为 2×10^5 Da、8.34×10^5g/mol 和 12×10^6Da。肺炎克雷伯氏菌（*Klebsiella pneumoniae*）产生的生物絮凝剂是一种分子量为 2×10^6Da 的多糖，在中性 pH 条件下，加量为 50mg/L 时，它的絮凝活性为 96.5%[45]。

多黏类芽孢杆菌多糖生物絮凝剂的分子量为 1.16×10^6Da，絮凝活性达 81.7%[46]。朱尼不动杆菌产生物絮凝剂的分子量为 2×10^5Da，絮凝活性为 97%。培养黄曲霉产生的多糖生物絮凝剂具有记载以来的最小分子量，仅为 25 470Da，报道的絮凝活性为 91.6%[39]。

7.3.3 初始 pH 对絮凝活性的影响

培养基的初始 pH 是影响絮凝活性的主要环境参数之一。多糖生物絮凝剂的絮凝性能直接取决于胶体悬液的 pH。絮凝剂胶体系统的最佳 pH 随絮凝剂的化学结构和组成、胶体粒子的性质、金属离子添加剂等的变化而变化[47]。Lou 等对化学改性多糖絮凝剂 CAMFA 在 pH5～9 内对酸性蓝 113（Ab-113）、活性黑（RB-5）和甲基橙（MO）的色度去除能力进行了评价，结果表明，Ab-113 和 RB-5 的色素去除效率随着酸性和碱性条件增强而提高。由于 NH_2 在酸性溶液中的质子化增强和电荷中和作用的提高，而在较低 pH 条件下也可获得较高的色度去除率[43]。化学阳离子化纤维素基絮凝剂（DAC）和膨润土的混合物在酸性条件下（pH=4）作用 10min 对亚甲基蓝的脱色率为 95%。DAC 在较高 pH 下 24h，甚至加大剂量，脱色能力仍低于 80%[40]。壳聚糖对石英的沉降行为受 pH 影响很大，pH9 时的沉积物体积最大。将 pH 从 9 改变为 3，壳聚糖脱附于石英表面[48]。琼氏不动杆菌（*Bacillus agaradhaerens*）产生的不依赖阳离子的生物絮凝剂在 pH4～5 内，生物絮凝剂投加量为 30mg/L，絮凝活性可达 94%以上。将 pH 从 6 提高到 10，絮凝率下降。这可归因于在 pH4～5 时黏土颗粒负电荷降低，导致高岭土颗粒之间的距离缩短，促进了桥联机制；在 pH6 以上，生物絮凝剂的负电荷增加，由于功能酰胺基的去质子化和排斥力阻止黏土颗粒的接近，导致絮凝活性降低[49]。Lou 等对肺炎克雷伯氏菌 YZ-6 产生的生物絮凝剂（MBF-6）在高岭土悬浮液中、pH2～12 内絮凝活性进行了研究，结果是，在 pH3～11 内絮凝活性达到了 80%，在 pH7 的情况下观察到最大絮凝活性为 87%[45]。用酸废水生产的肺炎克雷伯氏菌 ZCY-7 生物絮凝剂（MBF-7）在最佳 pH5 时絮凝活性最高，在 pH3～6 内不受影响，在较高的 pH7～12 内絮凝活性逐渐下降。同样，微藻螺沟藻 KG03 产生的生物絮凝剂也是如此，在 pH3～6 内具有活性，在 pH4 的条件下获得最大絮凝活性[50]。微球菌产生的生物絮凝剂在 pH2～9 内絮凝活性可达 50%以上，在最适 pH4 时达到最高絮凝活性，为 80.7%，在 pH12 时则絮凝活性最低，为 1.16%[51]。嗜碱琼脂芽孢杆菌产生的生物絮凝剂在 pH6.5，投加量为 1.5mg/L，不加 Ca^{2+}的条件下最高絮凝活性为 93.5%。在 pH2.38～9.72 内，絮凝效率达 80%以上[52]。土杨芽孢杆菌生物絮凝剂耐 pH，在酸性（pH5）或碱性（pH10）条件下都具有较强的絮凝活性[37]。

7.3.4 温度对絮凝活性的影响

温度是影响絮凝活性的一个重要物理参数。多糖结构一般是热稳定的，但含有蛋白质的生物絮凝剂对温度敏感[36]。温度对海藻酸钠絮凝活性影响的研究结果表明，多糖生物絮凝剂在 20～100℃内具有较高的耐热稳定性，加热至 100℃后絮凝活性仍超过 50%[53]。琼脂芽孢杆菌产生的生物絮凝剂具有热稳定性，在宽广的温度范围内具有良好的絮凝活性。在评估的温度范围内，保留着超过 80%的絮凝活性。在 29℃时最大絮凝活性为 91.5%，63℃时絮凝活性达到 91.25%。这可归因于生物絮凝剂结构中存在作为主要组分的多糖[52]。将温度从 40℃提高到 100℃，肠杆菌生物絮凝剂的絮凝活性从 91.5%降低到 80%。这表明由于多糖组分的耐热性，该生物絮凝剂具有相对的热稳定性[54]。对多黏类芽孢杆菌来说，在 30～110℃内加热 30min，絮凝活性降低 0.3%～10%[46]。琼氏不动杆菌生物絮凝剂在 20℃（试验温度 10～100℃）时的絮凝活性最高。温度降至 10℃或升高到 40℃，絮凝活性下降 23%。将温度分别由 50℃提高到 80℃和由 80℃提高到 100℃，絮凝活性分别降低 15%和 10%。这可解释为生物絮凝剂蛋白质组分的变性和由于温度升高同时增加了高岭土颗粒的动能所致[49]。例如，肺炎克雷伯氏菌产生的生物絮凝剂，在 30℃时絮凝活性最高为 96.5%，在 50～60℃内絮凝活性为 80%以上[45]。

7.3.5 金属离子对絮凝活性的影响

通过中和絮凝剂和胶粒负电荷，阳离子提高了对多糖生物絮凝剂在颗粒表面的吸附。多价阳离子可以桥联在生物高分子链上带有负电荷的官能团上。在多糖生物絮凝剂表面上带有更多的亲水高负电荷，这就导致了与金属离子较强的相互作用[36]。

高分子絮凝剂巯基乙酰-g-壳聚糖（MAC）是以壳聚糖和 L-半胱氨酸为原料，经酰胺化反应制备的。实验结果表明，通过提高浊度提高了 Cu^{2+}的去除率，最高去除率为 96.73%。该方法对 Cu^{2+}的去除率有一定的促进作用。共存阳离子的存在刺激了 Cu^{2+}的去除率，作用顺序为 Ca^{2+}～Mg^{2+}>K^{+}～Na^{+}，而阴离子则阻碍了 Cu^{2+}的去除率[55]。例如，二价和单价阳离子刺激了土杨芽孢杆菌生物絮凝剂高于 80%的絮凝活性。最大絮凝活性是 Ca^{2+}（87%）、K^{+}（85%）、Na^{+}（81.3%）、Mg^{2+}（82.2%）、Al^{3+}（71.3%）。由于在悬浮粒子上的吸附不均匀，Fe^{3+}完全抑制生物絮凝剂的絮凝活性[37]。克雷伯氏菌 ZZ-3 产生的生物絮凝剂，具有阳离子依赖性，Fe^{3+}刺激絮凝活性显著提高，Al^{3+}则轻度升高。单价（Na^{+}、K^{+}）和二价体对絮凝活性没有影响[38]。K^{+}、Ca^{2+}、Mn^{2+}、Ba^{2+}、Fe^{3+}、Al^{3+}等阳离子刺激微球菌分泌的生物絮凝剂的絮凝活性。Al^{3+}的最高絮凝活性为 85.2%，而 Na^{+}、Li^{+}、Fe^{3+}均有抑制作用，絮凝活性低于 50%[51]。混合培养根霉菌 M9 和 M17 产生的生物絮凝剂，添加二价阳离子，特别是 Mg^{2+}和 Ca^{2+}提高了絮凝活性；而单价阳离子（Na^{+}、K^{+}）和三价阳离子（Al^{3+}、Fe^{3+}）呈负效应，絮凝活性降低到 70%以下[56]。

7.4 絮凝控制技术[57]

7.4.1 研制高效率混合反应器

在絮凝处理工艺中，要根据选用的絮凝剂的特性设计出能充分发挥其絮凝作用与效能的高效率反应器。为使絮凝剂投料后迅速发生凝聚反应，要求强力快速混合及适合于其絮凝机制的反应系统。研究表明，快速有效混合和反应时间非常重要，这样能使絮凝剂同时具有更好的电荷中和脱稳和吸附桥联及网捕功能。因此开发适合于这类絮凝剂作用特性的接触凝聚絮凝反应器，是絮凝混合反应器的研究方向。这方面国内最新研究主要有：深床接触凝聚过滤系统[58]、微涡旋反应系统[59~62]，以及拦截反应沉淀系统[63]。这些系统中强化反应过程的接触凝聚作用和微涡旋状态，减少了反应时间，提高了沉淀与过滤效率[64]。

7.4.2 智能化絮凝控制系统

7.4.2.1 流动电流絮凝控制技术

20 世纪 80 年代，国际上就开始应用按絮凝的本质参数进行单因子絮凝投药的自动控制。过去人们是通过浊度、pH、温度、水量及药剂投加浓度等多因子建立典型的水质数学模型，以控制絮凝剂投加量，因检测数据多而可靠性差。我国哈尔滨建筑大学首先引入并研究开发出单因子自控技术——流动电流絮凝控制技术[65,66]。其原理是在 DLVO 理论基础上，根据范德华力和双电层排斥力的叠加来判断胶粒的凝聚。而影响胶粒凝聚的是其 zeta 电位，理论证明，流动电流与 zeta 电位有正线性关系，可很好地反映混凝效果。流动电流技术以其先进性和实用性，已广泛用于水处理混凝工艺过程的控制[67,68]。

7.4.2.2 透光率脉动絮凝检测技术

在水的混凝-絮凝处理中，高浊度水絮凝是“吸附桥联”机制，“流动电流法”难以用于高浊度水投药混凝控制[69]。于是在 20 世纪 80 年代中期出现了一种全新的光电检测方法——透光率脉动絮凝检测技术。它是依据水的浊度导致光散射的强度变化来进行絮凝检测。国内有大量文献详细阐述了其原理，透光率脉动检测值与悬浮颗粒浓度关系得到了研究证实。透光率脉动絮凝投药自控系统的连续在线分析已用于工程实践，并在一般浊度水、油田污水、黄河高浊度污水的处理中得到应用[70~74]。实践证明，这种絮凝检测技术也是一种实用性很强的絮凝自动控制技术。

参 考 文 献

[1] 张昕, 郑广宏, 乔俊莲. 微生物絮凝剂的絮凝机理初探. 江苏环境科技, 2007, 20(增刊第 2 期): 104-107.

[2] 江锋, 黄晓武, 胡勇有. 胞外生物高聚物絮凝剂的研究进展(下). 给水排水, 2002, 28(8): 83-89.

[3] 陶然, 杨朝晖, 曾光明, 等. 微生物絮凝剂及其絮凝微生物的研究进展. 微生物学杂志, 2005, 25(4): 82-88.

[4] Chaturvedi D, Kumar A, Ray S. An efficient one-pot synthesis of carbamate esters through alcoholic tosylates. Synthetic Communications, 2002, 32(17): 2651-2655.

[5] Anastasios I, Zou B, Chai X L, et al. The application of bioflocculant for the removal of humic acids from stabilized landfill leachates. J Environ Manag, 2004, (70): 35-41.

[6] 何宁, 李寅, 陈坚, 等. 生物絮凝剂的最新研究进展及其应用. 微生物学通报, 2005, 32(2): 104-108.

[7] 秦培勇, 张通, 陈翠仙. 微生物絮凝剂 MBFTRJ21 的絮凝机理. 环境科学, 2004, 25(3): 69-72.

[8] 叶晶菁, 谭天伟. 微生物絮凝剂产生菌分离选育及提取鉴定. 北京化工大学学报, 2001, 28(1): 11-17.

[9] 严煦世, 范瑾初. 给水工程. 北京: 中国建筑工业出版社, 1999: 257-259.

[10] 尹华, 余莉萍, 彭辉, 等. 微生物絮凝剂 JMBF-25 的结构和性质. 中国给水排水, 2003, 19(1): 1-4.

[11] 王猛, 施宪法, 柴晓利. 微生物絮凝剂的研究与应用. 化工环保, 2001, 21(6): 328-332.

[12] 周少奇. 环境生物技术. 北京: 科学出版社, 2003: 296-298.

[13] Salehizadeh H, Shojaosadati S A. Extracellular biopolymeric flocculants: Recent trends and biotechnological importance. Biotechnology Advances, 2001, (19): 371-385.

[14] 罗平, 罗固源, 邹小兵. 一株产生物絮凝剂的 *Bacillus* sp. 的分离与鉴定. 城市环境与城市生态, 2005, 18(2): 21-23.

[15] Lu W Y, Zhang T, Zhang D Y, et al. A novel bioflocculant produced by *Enterobacter aerogenes* and its use in defecating the trona suspension. Biochemical Engineering, 2005, (27): 1-7.

[16] Shih I L, Van Y T, Yeh L C, et al. Production of a biopolymer flocculant from *Bacillus licheni* form is and its flocculation properties. Bioresource Technology, 2001, (78): 267-272.

[17] He N, Li Y, Chen J. Production of a novel polygalacturonic acid bioflocculant REA-11 by *Corynebacterium glutamicum*. Bioresource Technology, 2004, (94): 99-105.

[18] Deng S B, Ting Y P. Production of a bioflocculant by *Aspergillus parasiticus* and its application in dye removal. Colloids and Surfaces B: Biointerfaces, 2005, (44): 179-186.

[19] Sobec D C, Higgins M J. Examination of three theories for mechanisms of cation-induced bioflocculation. Water Research, 2002, (36): 527-538.

[20] 周旭. 微生物絮凝剂的研究与应用进展(上). 舰船防化, 2004, (4): 8-15.
[21] 王曙光, 李剑, 高宝玉. 产气肠杆菌(KLE-1)絮凝特性的研究. 环境化学, 2005, 24(2): 171-174.
[22] 湛雪辉. 微生物絮凝剂 MBFXH 的制备及其性能研究. 长沙: 中南大学, 2004.
[23] Kumar C G, Joo H S, Rajesh K. Characterization of an extracellular biopolymer flocculantfrom a haloalkalophilic *Bacillus* isolate. World J Microbiol Biotechnol, 2004, (20): 837-843.
[24] 姚俊, 徐虹. 生物絮凝剂 γ-聚谷氨酸絮凝性能研究. 生物加工工程, 2004, 2(1): 35-39.
[25] 常玉广, 马放, 郭敬波, 等. 絮凝基因的克隆及其絮凝机理分析. 环境科学, 2007, 28(12): 2849-2855.
[26] Maurice P A. Applications of atomic-force microscopy in environmental colloid and surface chemistry. Physiochemical and Engineering Aspects, 1996, 107: 57-75.
[27] 马放, 张金凤, 远立江, 等. 复合型生物絮凝剂成分分析及其絮凝机理的研究. 环境科学学报, 2005, 25(11): 1491-1496.
[28] 程树培, 崔益斌, 杨柳燕. 高絮凝性微生物育种生物技术研究与应用进展. 环境科学进展, 1995, 3(1): 65-69.
[29] Rani P, Mishra S, Sen G. Microwave based synthesis of polymethyl methacrylate grafted sodium alginate: its application as flocculant. Carbohydr Polym, 2013, 91: 686-692.
[30] Li H, Cai T, Yuan B, et al. Flocculation of both kaolin and hematite suspensions using the starch-based flocculants and their floc properties. Ind Eng Chem Res, 2015a, 54: 59-67.
[31] Yang Z, Degorce-Dumas J R, Yang H, et al. Flocculation of *Escherichia coli* using a quaternary ammonium salt grafted carboxymethyl chitosan flocculant. Environ Sci Technol, 2014b, 48: 6867-6873.
[32] Cai T, Li H, Yang R, et al. Efficient flocculation of an anionic dye from aqueous solutions using a cellulose-based flocculant. Cellulose, 2015, 22: 1439-1449.
[33] Zhu H, Zhang Y, Yang X, et al. One-step green synthesis of non-hazardous flocculant and its flocculation activitye valuation. Hazard Mater, 2015b, 296: 1-8.
[34] Wang S, Hou Q, Kon F, et al. Production of cationic xylan–METAC copolymer as a flocculant for textile. Industry Carbohydr Polym, 2015, 124: 229-236.
[35] Zhang B, Su H, Gu X, et al. Effect of structure and charge of polysaccharide flocculants on their flocculation performance for bentonite suspensions. Colloids Surf A Physico Chem Eng Asp, 2013a, 436: 443-449.
[36] Salehizadeh H, Yan N. Recent advances in extracellular biopolymer flocculants. Biotechnol Adv, 2014, 32: 1506-1522.
[37] Okaiyeto K, Nwodo U U, Mabinya L V, et al. *Bacillus toyonensis* strain AEMREG6, a bacterium isolated from South African Marine environment sediment samples produces a glycoprotein bioflocculant. Molecules, 2015, 20: 5239-5259.
[38] Yin Y J, Tian Z M, Tang W, et al. Production and characterization of high efficiency bioflocculant isolated from *Klebsiella* sp. ZZ-3. Bioresour Technol, 2014, 171: 336-342.
[39] Rajab Aljuboori A H, Idris A, Rijab AljouborI H H, et al. Flocculation behavior and mechanism of bioflocculant produced by *Aspergillus flavus*. Environ Manag, 2015, 150: 466-471.
[40] Grenda K, Arnold J, Gamelas A F, et al. Environmentally friendly cellulose-based polyelectrolytes in wastewater treatment. Water Sci Technol, 2017, 76(6): 1490-1499.
[41] Kolya H, Sasmal D, Tripathy T. Novel biodegradable flocculating agents based on grafted starch family for the industrial effluent treatment. Polym Environ, 2017, 25: 408-418.
[42] Wang S, Hou Q, Kong F, et al. Homogeneous isolation of nanocelluloses by controlling the

shearing force and pressure in microenvironment. Carbohydr Polym, 2015, 124: 229-236.

[43] Lou T, Wang X, Song G, et al. Synthesis and flocculation performance of a chitosan-acrylamide-fulvic acid ternary copolymer. Carbohydr Polym, 2017, 170: 182-189.

[44] Yang Z, Yang H, Jiang Z, et al. Flocculation of both anionic and cationic dyes in aqueous solutions by the amphoteric grafting flocculant carboxymethyl chitosan-graft-polyacrylamide. Hazard Mater, 2013, 254-255: 36-45.

[45] Lu Y, Shang Y, Huang X, et al. Preparation of strong cationic chitosan-graft-polyacrylamide flocculants and their flocculating properties. Ind Eng Chem Res, 2011, 50: 7141-7149.

[46] Guo J, Zhang Y, Zhao J, et al. Characterization of a bioflocculant from potato starch wastewater and its application in sludge dewatering. Appl Microbiol Biotechnol, 2015b, 99: 5429-5437.

[47] More T T, Yan S, Tyagi R D, et al. Extracellular polymeric substances of bacteria and their potential environmental applications. Environ Manag, 2014, 144: 1-25.

[48] Feng B, Peng J, Zhu X, et al. The settling behavior of quartz using chitosan as flocculant. J Mater Res Technol, 2017, 6: 71-76.

[49] Yadav K K, Mandal A K, Sen I K, et al. Flocculating property of extracellular polymeric substances produced by a biofilm-forming bacterium *Acinetobacter junii* BB1A. Appl Biochem Biotechnol, 2012, 168: 1621-3164.

[50] Zhong C, Xu A, Wang B, et al. Production of a value added compound from the H-acid waste water-bioflocculants by *Klebsiella pneumoniae*. Colloids Surf B Biointerfaces, 2014, 122: 583-590.

[51] Okaiyeto K, Nwodo U U, Mabinya L V, et al. Evaluation of the flocculation potential and characterization of bioflocculant produced by *Micrococcus* sp. Leo. Appl Biochem Microbiol, 2014, 50: 601-608.

[52] Liu C, Wang K, Jiang J H, et al. A novel bioflocculant produced by a salt-tolerant, alkaliphilic and biofilm-forming strain *Bacillus agaradhaerens* C9 and its application in harvesting *Chlorella minutissima* UTEX2341. Biochem Eng J, 2015, 93: 166-172.

[53] Auhim H S, Odaa N H. Optimization of flocculation conditions of exopolysaccharide bioflocculant from *Azotobacter chrococcum* andits potential forriver water treatment. Microbiol Biotechnol Res, 2013, 3: 93-99.

[54] Tang W, Song L, Li D, et al. Production, characterization, and flocculation mechanism of cation independent, pH tolerant, and thermally stable bioflocculant from *Enterobacter* sp. ETH-2. Plos One, 2014, 9, e114591.

[55] Zhang C, Zhang M, Chang Q. Preparation of mercaptoacetyl chitosan and its removal performance of copper ion and turbidity. Desalin Water Treat, 2015, 53: 1909-1916.

[56] Pu S Y, Qin L L, Che J P, et al. Preparation and application of a novel bioflocculant by two strains of *Rhizopus* sp. using potato starch wastewater as nutrilite. Bioresour Technol, 2014, 162: 184-191.

[57] 袁宗宣，郑怀礼，舒型武．絮凝科学与技术的进展．重庆大学学报(自然科学版)，2001, 24(2): 143-147.

[58] 陈永，孟了．微絮凝——直接过滤中应用阳离子型高分子絮凝剂处理低浊水的研究．西安建筑科技大学学报, 2000, 32(2): 151-154.

[59] 王绍文，姜尔玺．混凝动力学的涡旋理论探讨(上)．中国给水排水, 1991, 7(4): 8-11.

[60] 赫俊国，宋学峰．微涡旋混凝低脉动沉淀技术处理低温低浊水．中国给水排水，1999, 15(4): 17-19.

[61] 栾兆坤，蒋斌．高效絮凝反应器的设计及混凝效能的验证．环境化学，1997, 16(6):

575-583.
[62] 赵树君, 肖树宏, 林国赋. 涡旋混凝低脉动沉淀技术用于水厂改造. 中国给水排水, 1998, 14(5): 44-48.
[63] 吕春生, 曲久辉. 微絮凝拦截沉淀处理低温低浊水. 中国给水排水, 2000, 16(1): 9-13.
[64] 曲久辉, 汤鸿霄, 栾兆坤. 水厂高效絮凝技术集成系统研究方向. 中国给水排水, 1999, 15(4): 20-22.
[65] 崔福义, 李圭白. 流动电流法混凝控制技术. 中国给水排水, 1991, 7(6): 36-40.
[66] 崔福义, 李圭白, 柏蔚华, 等. 流动电流混凝投药控制技术的应用. 中国给水排水, 1992, 8(5): 16-19.
[67] 杨振海, 杨万东. 用于混凝投药控制的流动电流信号的特殊处理. 哈尔滨建筑大学学报, 1996, 29(1): 50-54.
[68] 崔福义, 李圭白. 流动电流混凝控制技术在我国的应用. 中国给水排水, 1999, 15(7): 24-26.
[69] 于水利, 李圭白, 章金香. 一种新的高浊度水絮凝研究方法. 哈尔滨建筑大学学报, 1996, 29(2): 52-56.
[70] 李星, 杨艳玲. 透光率脉动检测技术. 中国给水排水, 1997, 13(6): 26-28.
[71] 杨艳玲. 油田含油污水混凝检测与控制技术应用研究. 哈尔滨商业大学学报(自然科学版), 2005, 6: 702-705.
[72] 李孟, 许国仁. 透光率脉动絮凝投药自控系统配置的工程实践研究. 给水排水, 1999, 25(9): 66-68.
[73] 李孟, 李圭白. 透光率脉动检测技术对絮凝过程的连续监测和分析. 环境科学, 1999 , 20(6): 84-87.
[74] 李孟, 李星. 透光率脉动检测技术在油田污水处理中的应用研究. 工业用水与废水, 1999, 30(3): 35-37.

8 生产的关键性技术

在20世纪后半叶，人们发现了许多新的具有科学意义和商业价值的多糖，并且这些多糖可由微生物发酵得到，微生物，如细菌和真菌，能产生三种不同类型的糖类高聚物：①胞外多糖，以包裹着微生物细胞的荚膜形式或以无定形物质形式分泌到周围培养液中；②结构多糖，可以作为细胞壁的组成部分；③胞内储存多糖。微生物产生的多糖能在科学和工业上取得成功基于以下几点：①可以通过选择合适的菌种在人为控制条件下进行生产；②多糖通常存在高度的结构一致性；③不同的微生物通常能够合成非常特殊的离子型或中性多糖，这些多糖在组成和性质方面有着很大的不同，即存在着结构和性质的多样性。也许更重要的是，由于结构的特殊性它们不能通过化学合成的方法来仿制。

水溶性多糖高聚物在工业上的广泛应用取决于它们多种多样的功能和性质，也就是它们具有增稠、乳化、稳定、絮凝、膨胀、悬浮或形成凝胶、形成薄膜或隔膜的能力。另一个重要方面在于多糖属于天然生物大分子，是一种可再生资源，既有生物相容性，又具有生物可降解性。

多糖生物絮凝剂是天然生物多糖大家族中的重要成员。近年来微生物产生的絮凝剂备受追崇，这是由于微生物易于培养，可形成规模化生产，生产过程中便于自动化控制。表征分析可以看到，微生物絮凝剂之所以理化性能优越是因为它们是拥有特殊组成和结构的生物多糖。一般来说微生物絮凝剂由多糖或多糖和蛋白质组成，多糖包括中性糖、糖醛酸（如葡萄糖醛酸、甘露糖醛酸、半乳糖醛酸）和氨基糖（如氨基葡萄糖），多糖的单体组成为蔗糖、乳糖、葡萄糖、木糖、半乳糖、甘露糖、果糖、岩藻糖等。有的微生物絮凝剂含有中性糖、葡萄糖醛酸和氨基糖的酸性多糖。在多糖生物絮凝剂的大分子中羟基、羧基、氨基、乙酰氨基是功能性基团。高效微生物絮凝剂的分子是线性和刚性的，在溶液中以相当刚硬的杆状存在，分子量与链长之间有直接的一致关系。

微生物多糖絮凝剂水溶液属非牛顿流体，是黏稠、流动性差、假塑性的、具有屈服应力的流体，这些性质严重影响了发酵过程中的传热、传氧和传质，从而影响了正常的发酵进程。产品分子量和链长受剪切力影响，因此发酵罐的搅拌形式和机构设置对发酵混合和产品质量存在影响。本章重点论述影响多糖生物絮凝剂生产的关键性因素及为提高效率而采取的研究措施。

8.1 *vgb* 基因克隆

微生物多糖絮凝剂在发酵过程中由于产物的产生和逐渐积累而使发酵液变得十分黏稠，造成发酵液中溶氧量下降，菌体的生长受到限制，从而导致产量降低。透明颤菌血红蛋白（vitreoscilla hemoglobin，VHB）是革兰氏阴性菌透明颤菌在贫氧环境下诱导产生的第一个原核细胞中的血红蛋白，由 146 个氨基酸组成，分子量为 15 775Da，它能使生物体在缺氧环境中生存。透明颤菌血红蛋白通过提高氧气流向细胞色素末端的氧化酶的量，来提高细胞内氧浓度[1]，它能够从分子水平上提高菌体对氧气的利用能力。目前，透明颤菌血红蛋白基因（*vgb*）已经被成功克隆到多种微生物体内，尤其是在多糖产生微生物中，并得到了成功表达。特别是在氧限制的条件下，*vgb* 在好氧异源宿主中的表达，促进了细胞生长、氧化代谢、蛋白质合成和代谢产物产生。如前所述，*vgb* 的应用可能是迄今为止在缺氧条件下改善细胞活性的最合适的逆代谢工程方法。

溶氧在黄原胶发酵中有着非常重要的作用，通常发酵液中的溶氧浓度影响到黄单胞杆菌的生长速率、黄原胶的生成率，以及黄原胶的质量，因此，加强菌体的氧代谢水平对黄原胶的生成具有促进作用。郭晓军等[2]为了利用 *vgb* 基因的优良特性对生产菌株进行遗传改造，研究旨在将含有 *vgb* 的重组质粒 pUC-LV 转入野油菜黄单胞杆菌中，研究了 *vgb* 基因的导入对黄原胶生成的影响。试验通过原生质体电转化的方法，将含有 *vgb* 基因的质粒 pUC-LV 转入到黄单胞杆菌中，通过 PCR 扩增，检测到转化菌中含有外源基因 *vgb*，结果表明利用原生质体电转化法得到了黄单胞杆菌的转化菌，成功将 *vgb* 基因转入了黄单胞杆菌中。摇瓶试验表明，转化菌的黄原胶产量比初发菌平均提高了 15.91%。这充分说明 *vgb* 基因的导入有利于提高转化菌体的自身摄氧能力，最终提高了黄原胶的合成水平。

少动鞘氨醇单胞菌（*Sphingomonas elodea*）是一种好氧革兰氏阴性菌，自分离以来已被广泛应用于结冷胶的工业发酵。结冷胶由于其独特的结构和优良的流变特性，在食品、医药、化工等行业有着广泛的应用前景。近年来，结冷胶的微生物生产因其在组织工程和固定化生物降解中的应用前景而受到越来越多的关注。为了满足日益增长的需求，人们采用了各种传统工艺来提高发酵生产，如改进后的突变株分离和培养条件的优化。人们试图通过构建基因工程突变株，将碳流向结冷胶合成。随后，在结冷胶生物合成的遗传学方面取得了重大进展。这是一个三步走的过程，首先，结冷胶生物合成途径从糖激活前体的形成开始；其次，四糖重复单元是通过核苷酸-糖前体依次转移到活化的脂质载体而形成的；最后，重复单元被聚合形成更长的链，然后通过外膜输出。这些进展为基因工程在可控结冷胶生产中的进一步发展提供了基础。

然而，在发酵过程中，氧气供应对细胞活性的限制仍然是一个重要的问题，因为高黏度的发酵液会影响到高效的质量和氧的传递。当溶解氧（DO）浓度调整为 0 时，结冷胶产生几乎完全停止。此外，DO 对聚合物的黏度和分子量也起着至关重要的作用，这与凝胶的流变特性和应用密切相关。常规处理提高供氧通常采取提高搅拌速度或注入纯氧的方式，这样不可避免地产生高成本，特别是在工业规模的情况下。因此，找出解决这一难度的工程问题的新策略将具有重要的价值。

为了提高在发酵过程中结冷胶的产量，研究者将透明颤菌血红蛋白基因在少动鞘氨醇单胞菌中进行了构建和表达，从而促进了结冷胶的产生。研究在氨苄青霉素耐药基因 *bla* 启动子的控制下，将 *vgb* 基因导入大宿主范围质粒中。在生物反应器和 Erlenmeyer 三角瓶中研究了外源 VHB 表达对这一商业重要细菌细胞生长和产胶的影响。用 CO-差光谱法证实了表达 VHB 的生化活性，在 419nm 处有特征吸收峰。在培养过程中，不仅细胞生长增强，培养 48h 后细胞产量也提高了 20%，最大产率为 16～82g/L。最大蔗糖转化率（结冷胶 g/蔗糖 g）为 57.8，比亲本高 20%。在 Erlenmeyer 三角瓶中，Wu 等进一步考察了不同通气水平下表达 *vgb* 基因的菌株产生的多糖情况。研究证明，在所有通气情况下都观察到了凝胶产量的明显提高，比在氧限制条件下高 26.8%。这充分说明在缺氧条件下，*vgb* 基因对少动鞘氨醇单胞菌的细胞生长和凝胶产率有明显的促进作用[3]。这项研究的意义在于应用 *vgb* 基因克隆作为一种代谢工程策略，通过提高转化菌体的自身摄氧能力来调节细胞生长和优化凝胶产量是切实有效的技术方法。

8.2 分段控温发酵

选择确定多糖生物絮凝剂生产时的发酵温度应考虑两个方面，即微生物细胞生长的最适温度和产物代谢合成的最适温度。不同的菌种、菌种的不同生长阶段及不同的培养基成分和浓度、不同的培养条件，最适发酵温度也会有所不同。发酵过程实际上是微生物在适合的培养条件下，利用外界营养物质来促进菌体生长繁殖和产生相应代谢产物的过程，是一个具有完整的酶系催化反应和调节控制的精细过程。发酵过程中期望产率的产物生成和积累是菌体生长繁殖及合成代谢相互协调作用的结果。

在恒温多糖生物絮凝剂发酵过程中，在发酵的起始阶段，菌体在较高温度阶段的菌体质量浓度要高于较低温度阶段时的菌体质量浓度。这是因为较高温度有利于菌体生长繁殖。发酵初期培养基营养丰富、菌体的浓度较低，综合表现菌体快速增长。但在菌体生长期的后期，菌体的整体质量浓度已较高，部分营养物质（如氮源）已成为限制性底物，而使得菌体随着发酵的进行比死亡速率增加，逐渐出现衰亡。对于产品生产而言，由于温度提高菌体代谢加快，随之酶反应速度和底物消耗速率加快。较高温度有利于缩短发酵周期，但高温也会使细胞衰亡加快和酶的失活加快。对于恒温发酵过程而言，要获得最大的多糖产生浓度，需要确定一个有利于细胞生长和产物合成的均衡的最适温度。

分段控温发酵是源于有些多糖产生微生物的细胞生长温度和产物合成温度有着明显差别的科学事实，通过分段控温发酵达到发挥细胞生长优势和产物合成优势的双重目的。在发酵前期，控制细胞生长温度使细胞生物量足量积累，然后再将发酵温度调整为产物合成温度，形成细胞工厂，大量产物由细胞快速形成，并分泌到发酵液中。实际上，分段控温发酵是一种改变发酵环境条件的发酵调控形式。这种形式充分缩短了发酵周期，提高了生产效率。

黄原胶分段控温发酵过程是根据甘蓝黑腐黄单孢菌 SUB-11 菌株(*Xanthanmonas campestris* SUB-11）的菌体最适生长温度为 28℃，而发酵合成黄原胶的最适温度为 33℃加以控制的。试验测定了在发酵过程中菌体处于生长期时（发酵的前20h）保持发酵温度 28℃，而产胶阶段维持温度 33℃的发酵过程数据，并与恒温28℃发酵过程数据进行比较。结果证明，在发酵后期分段控温的菌体质量浓度要低于恒温发酵过程，这说明分段控温使菌体衰亡期提前。分段控温可以使产胶质量浓度由恒温时的 22.4g/L 提高到 24.5/L，同时也可以看到，对于分段控温发酵过程而言，在发酵 40h 后，产胶质量浓度基本保持不变，这说明可以将发酵周期缩短至 40h[4]。分段控温相对于恒温发酵过程而言，可以使发酵营养物质利用的更彻底，把营养物质残留降到了更低，使后期发酵液的处理变得更加容易。

最适发酵温度控制点的选择实际上是相对的，还应根据其他发酵条件进行合理地调整，需要考虑的因素包括菌种培养基和培养条件等。例如，溶解氧浓度是受温度影响的，其溶解度随温度的增加而降低。最适温度还应考虑培养基成分和浓度，在培养基浓度较稀或较易利用时，过高的培养温度会使营养物质过早耗竭，而导致菌体早衰，发酵产物的合成提前终止，产量下降。例如，在培养基中玉米浆比黄豆饼粉易于利用，提高发酵温度对玉米浆的发酵效果不如黄豆饼粉好。由于蛋白质对细胞有保护作用，所以在含蛋白质的培养基中提高发酵温度有利于延长细胞活力，加快产品合成的速度。

8.3 高密度两阶段发酵

研究证实，和一般微生物的生长和代谢规律一样，在多糖产生菌的发酵过程中，菌体生长与目标产物合成的关系也遵循下列三个模型。①产物形成与菌体生长偶联型：只是在菌体生长时才有产物生产。②产物形成与菌体生长部分偶联型：在菌体生长阶段有部分产物形成，而部分或大部分产物是在菌体处于生长稳定期时形成的。③产物形成与菌体生长非偶联型：只要细胞存在产物就会产生或者某些特定条件刺激才有产物生成。尤其是属于第三种类型的多糖微生物絮凝剂产生菌，为了提高生产效率可以采取高密度两阶段发酵。

微生物多糖发酵属于高黏度发酵，在发酵过程中产生的高传氧阻力限制了高密度发酵技术在发酵过程中的直接应用。由于大部分微生物多糖均属于菌体次级代谢产物，所以生产工艺上将微生物细胞培养与多糖合成分为两个阶段进行是一科学合理的技术导向。第一阶段在种子罐中以低 C/N 营养条件促进快速高密度培养微生物，第二阶段在二级发酵罐中稀释细胞后以高 C/N 营养条件高强度生产微生物多糖，使细菌直接进入多糖高速产生期。这样既解除发酵体系高传氧阻力与细胞高耗氧需求的矛盾，又满足微生物多糖合成阶段与菌体生长阶段的不同营养需求。采用在不同规模发酵罐中实施的两阶段发酵工艺，一方面将减少菌体培养阶段的设备规模，节省大型发酵罐在发酵过程中的功率消耗和能量消耗，另一方面将提高细胞培养和多糖合成生产强度，使生产过程达到节能降耗的目的。

国内外关于结冷胶生产的研究主要集中在营养物质添加、pH 控制、搅拌速度和反应器设计对结冷胶产量的影响。结冷胶是一种典型的非生长偶联型产物，研究提出了结合 pH 控制和提高生物量的两阶段发酵观点，首先通过调节氮源的数量来控制菌体浓度，接着进行结冷胶发酵。

一项研究报道是通过提高分批发酵中初始 NH_4Cl 浓度的办法来提高生物量的，从而来提高结冷胶的产量；试验发现过高的 NH_4Cl 浓度会不利于细菌的生长，发酵液中残留的铵离子，还会抑制胶的合成。氮源限制是刺激结冷胶生产最重要的手段，在两阶段发酵法中，在种子罐的菌体生长阶段，采用流加氨水提供氮源可以使发酵液中残氮（NH_4^+）含量一直维持较适宜质量浓度（0.2g/L），有利于菌体的快速生长，同时可以避免氮源在培养基中积累，有利于后期产物的合成。采用流加的方法补加葡萄糖可以使发酵液维持较低的葡萄糖浓度，能有效地消除葡萄糖对细胞内合成代谢的阻碍。在两阶段发酵措施的第二阶段，控制发酵罐中较高的葡萄糖浓度和氮源限制的环境，使产物产量和生产强度均得到提高。在菌体质量浓度为 11g/L 时，结冷胶产量达到 66g/L，比分批发酵（菌体质量浓度 6g/L，结冷胶产量 32g/L）增加了 106%。并且在两阶段发酵法中，通过在种子罐中进行菌体培养，在发酵罐中进行结冷胶发酵，同普通的分批发酵相比，在细胞培养阶段缩小培养体积达 75%，节约了能耗[5]。

作者[6]为了提高分离的多糖微生物絮凝剂产生菌微球菌（*Micrococcus* sp.）DS021 的产物浓度发明了菌量优势两阶段发酵法。其操作程序是在发酵罐 A 中，接入体积比为 5%～10%的生产菌种进行搅拌通气培养 8～12h 后，将其中培养液平均分装到三台发酵罐 B 中，然后分别在三台发酵罐 B 中补足装料总体积 2/3 的灭菌补料用发酵培养基继续培养 22～30h，直到发酵结束。所得发酵液进入预处理。发酵罐 A 控制的培养条件为：无菌空气通风比 1∶（0.35～0.75）（*V*/*V*），搅拌转速为120～180r/min，22～32℃，罐压为0.01～0.03MPa；发酵罐B控制的培养条件为：无菌空气通风比1∶（0.25～0.65）（*V*/*V*），搅拌转速为90～170r/min，20～30℃，罐压为0.01～0.03MPa。

发酵的培养基采取基础培养基与补料培养基方式。基础培养基采取：①调整碳源浓度在亚抑制浓度；②氮源优化为无机氮和有机氮、速效氮和迟效氮复合，效果贯穿生长与代谢过程。通过对补料培养基的研究发现，在所补加的碳源中配以所述比例的氮源，效果更好。这可能是所述比例尿素氮源的加入为糖基转移酶和底物糖的输送酶合成提供了氮素来源。

发酵方式采取发明的菌量优势两阶段方法。这是根据所用菌种生长快、产物黏性大及耐高底物浓度差的特点通过多年的试验摸索出来的。发酵罐A装入的是碳源亚抑制浓度的基础培养基（营养全面），菌种不受该碳源浓度抑制。按限定时间培养，细胞处于对数中后期，产物处于产生初期，细胞代谢活跃，作为产物发酵的种子。然后，把A罐中的种子平均分配到三个B发酵罐中，在B罐中再分别补足2倍体积的补料培养基。此种做法突出了两个举措：一是B罐种子量占到33%，形成菌量优势；二是补入的补料培养基给予发酵获得高产量产物的高糖底物浓度（37g/L）。就本类菌种和本类产物而言，常规的分批发酵、连续发酵和补料发酵都做不到既耐受这一高糖浓度又有高的产物转化率的效果。控制A罐与B罐不同的条件，A罐高氧呼吸用于积累生物量细胞，B罐低氧代谢合成产物；由于菌量优势，高糖浓度针对单位细胞的压力被分解，底物抑制作用被削弱，在这种环境下，细胞对糖的吸收速度稍快于阻遏速度，结果是实现了高浓度发酵。

结果是发酵产物浓度达到了≥2.0%，*m*/*V*（分批发酵为1.4%），使发酵罐的利用率提高了30%，使能源消耗、人工、污水排放等费用降低了约30%。

8.4 补料分批发酵

多糖生物絮凝剂的生产一般采用间歇分批发酵的工艺，即一次性投料，一次性出料的方式。多糖发酵的特征是在整个发酵过程中，随着产物多糖的积累，发酵液的黏度迅速增加，发酵过程和结果出现了许多不利影响，如溶解氧、热量、传质受阻，发酵产品质量和产率降低等。在分批发酵中，如果为了提高产品浓度而提高发酵基质的浓度往往会造成底物浓度抑制，使副产物生成和产品浓度降低。为了克服这些不足，不影响发酵进程，并且还能够提高产品产量，分批补料发酵技术取得了期望的结果。

所谓分批补料发酵，就是在多糖生物絮凝剂的分批发酵中，以某种方式向培养系统中补加一定物料的培养技术。由于向培养系统中补加营养物质，从而使培养液中的底物浓度较长时间地保持在一定范围内。由于前期基质浓度不是太高，培养基质是在发酵过程中逐渐加入到培养液中的，底物浓度总是处于对细胞的亚抑制状态或不抑制状态，避免了过量基质引起各种调控反应的不足。这样既能保证细胞的正常代谢，又不造成不利影响，从而大幅度提高了体积产率、产物浓度和得率。补料技术本身也由少量多次或少次多量，逐步改为流加方式。而流加方式也逐步形成持续流加、脉冲流加和单元流加等。

在多糖发酵中，由于产物的生成使发酵体系变稠，发酵速率受到了影响。所以要进一步提高收率，采用分批补料发酵优于分批发酵。

纵观微生物絮凝剂的研究，有的菌种是产物形成与菌体生长非偶联型，这可通过高密度培养等方式提高产物发酵浓度；有的是产物形成与菌体生长偶联或部分偶联型，在这种状况下，分批补料发酵方法是提高产物浓度的有效技术方法。

实际上，多糖类物质发酵的共同现象是随着发酵的进程发酵液变稠，这就产生了在这种状态下克服影响与进一步提高产物浓度的矛盾。要解决这一矛盾，涉及发酵容器的结构、搅拌桨叶的形式与组合、供氧方式、条件控制及发酵方法。本节主要讨论发酵方法给发酵结果带来的正面效应。

常春等在研究黄原胶生物絮凝剂补料分批发酵的工艺时发现[7]，淀粉碳源水解 20min，其最佳的 DE 值为 32.5%的水解物可以促进黄原胶的发酵。利用正交试验考查培养基起始碳源的浓度、补料培养基的组成、补料的开始时间及补料的方式对产胶的影响，各因素对产胶率的影响顺序分别为：补料方式>起始碳源浓度>补料培养基>补料起始时间。采用起始碳源浓度为 4%，24h 开始进行指数补料，补料培养基除含淀粉水解液外，还含有 0.1%的蛋白胨的发酵方式效果最佳。从补料培养基的成分看，适量氮源的加入不仅有利于降低发酵液的黏度，而且有利于最终的产胶率。这表明，氮源的补加，对后期黄原胶的合成有促进作用。动力学研究结果显示，该工艺条件优于间歇分批发酵的结果。补料后最终的产胶率可以达到 3.1%，而间歇分批发酵的最高产胶率为 2.6%。这主要是由于分批发酵的后期，原料已经基本消耗，没有足够的原料用于黄原胶的合成，而补料工艺中，原料能够更加合理地被菌体利用，从而能够合成更多的黄原胶。

将一种新分离的微生物絮凝剂产生菌——柠檬酸杆菌 TKF04，用乙酸作为唯一碳源进行多聚氨基葡萄糖产生的分批培养，在含有 3L 基础培养基的 5L 生物反应器中，自动将补料液在 pH8.5 的条件下送入反应器，并使发酵液保持在 pH8.5。采用 DO 控制器控制搅拌速度，将培养过程中的溶解氧压力（DOT）控制在空气饱和度的 5%、20%或 50%。为评价乙酸/铵氮（C/N）比对生物絮凝剂生产的影响，采用添加乙酸和乙酸铵的四批发酵培养基，使 C/N 比（乙酸 mol/铵 mol）保持在 3.3、5、10 或 20。在对照试验中，只提供乙酸，不加铵。结果说明，在 20%的空气饱和度和 C/N 比（乙酸 mol/铵 mol）10∶1 的条件下，生物絮凝剂的合成得到了较好的效果。在最佳条件下，由 1L 发酵液经过提取干燥可获得粗絮凝剂 4.6g，絮凝活性为

22 300 单位。与补料时只提供乙酸碳源的对照组相比，絮凝活性高出 9 倍[8]。

Wu 等用恒速补料的方法研究了谷氨酸棒状杆菌聚半乳糖醛酸生物絮凝剂 REA-11 的批量生产过程[9]。与分批发酵法相比，单纯补加蔗糖策略使生物量略有提高，絮凝活性降低 7%。若在补加的蔗糖溶液中加入 3g/L 尿素，在 36h 内絮凝活性提高到 720U/mL，在 10L 发酵罐中加入蔗糖-尿素溶液，可获得较高的细胞密度（2.12g/L）和絮凝活性（820U/mL），其值分别是分批发酵液的近 2 倍和 50%。发酵液中的残余蔗糖降至 2.4g/L，尿素残留降至 0.03g/L。在中试发酵过程中，补加蔗糖-尿素溶液可获得 920U/mL 和 3.26g/L 的絮凝活性，表明这种恒速培养策略在谷氨酸棒状杆菌生物絮凝剂生产中具有潜在的工业应用价值。

在前人研究的基础上，An 的研究进一步建立了谷氨酸棒状杆菌在不同初始葡萄糖浓度（10.0～17.5g/L）下分批发酵生物絮凝剂的动力学模型[10]。采用 Lorentzian 模型修正 Logistic 方程描述细胞生长，建立了时间校正的 Luedeking-Pirett 模型和 Luedeking Pirett-like 模型来描述生物絮凝剂的合成和葡萄糖/尿素的消耗。结果表明，所建立的动力学模型能够较好地描述和预测不同初始葡萄糖浓度（10.0～17.5g/L）的微生物絮凝剂生产过程中谷氨酸棒状杆菌的分批培养过程。根据动力学模型的预测结果，他对谷氨酸棒状杆菌生产生物絮凝剂的分批补料策略进行了研究。采用一次补料策略，即发酵 9h 时同时补加浓度为 30g/L 的葡萄糖溶液 95mL 和浓度为 16g/L 的尿素溶液 19mL，发酵结束时菌体干重达到 2.33g/L，比分批发酵提高了 23.94%，生物絮凝剂产量为 34.68g/L，比分批培养过程略低；采用两次补料策略，即发酵 6h 时补加浓度 30mg/L 的葡萄糖溶液 57mL 和浓度为 16g/L 的尿素溶液 19mL，发酵 11h 时补加浓度 30mg/L 的葡萄糖溶液 76mL 和浓度为 16g/L 的尿素溶液 34mL，发酵结束时菌体干重达到 2.06g/L，生物絮凝剂产量为 43.68g/L，比分批发酵分别提高了 9.57%和 24.76%；采用三次补料策略，发酵 6h 时同时补加浓度为 60g/L 的葡萄糖溶液 28.5mL 和浓度为 32g/L 的尿素溶液 14.25mL，发酵 10h 时同时补加浓度为 60g/L 的葡萄糖溶液 95mL 和浓度为 32g/L 的尿素溶液 47.5mL，发酵 19h 时补加浓度为 60g/L 的葡萄糖溶液 95mL 和浓度为 32g/L 的尿素溶液 47.5mL，同时维持发酵过程通气量为 2L/（L•min），发酵 31h 后停止搅拌直至发酵结束，最终菌体干重达到 2.23g/L，生物絮凝剂产量为 176.32g/L，比分批发酵过程菌体干重和生物絮凝剂产量分别提高了 18.62%和 403.63%。

综上所述，补料分批发酵缓解了底物浓度抑制，改善了发酵体系中的传质效率，使菌体的增加和产物的生成处于最佳状态，然后有效控制了产品逐渐积累的进程，最终提高了产品产量。补加方法充分证明，若补加料液含碳源和一定比例的氮源将产生最佳的生物量积累和产物形成的发酵效果。这是因为发酵过程分别具有菌体生长和产物合成最适 C/N 比，补料阶段适量的氮源可用于菌体缓慢生长、活性维持及为部分产物提供结构成分。

参 考 文 献

[1] 周艳芬, 赵晓瑜, 静天玉, 等. 透明颤菌血红蛋白的生理功能机制与应用. 河北农业大学学报, 2003, 26: 139-141.

[2] 郭晓军, 周艳芬, 朱宝成, 等. 透明颤菌血红蛋白基因的导入对黄原胶合成的影响. 河北农业大学学报. 2007, 30(1): 68-71.

[3] Wu X C, Chen Y M, Li Y D, et al. Constitutive expression of vitreoscilla hemoglubin in *Sphingomonas elodea* to improve gellan gum production. J Appl Microbiol, 2010, 110: 422-430.

[4] 朱圣东, 童海宝, 陈大昌, 等. 分段控温黄原胶发酵过程. 石油化工高等学校学报, 2005, 18(4): 24-26.

[5] 马立伟, 詹晓北, 吴剑荣, 等. 基于高密度培养的两阶段发酵技术生产热凝胶的研究. 食品与生物技术学报, 2008, 27(5): 39-44.

[6] 栾兴社. 一种高浓度发酵制备生物絮凝剂的方法. 专利号: ZL201210010801. 7

[7] 常春, 马晓建, 方书起, 等. 黄原胶补料分批发酵工艺的试验研究. 食品科学, 2005, 26(12): 261-263.

[8] Jang J H , Ike M, Kim S Y, et al. Production of a novel bioflocculant by fed-batch culture of *Citrobacter* sp. Biotechnology Letters, 2001, 23: 593-597.

[9] Wu H, Li Q, Lu R, et al. Fed-batch production of a bioflocculant from *Corynebacterium glutamicum*. J Ind Microbio, 2010, 37(11): 1203-1209.

[10] An Z T. Kinetic models for the batch fermentation of bioflocculant by *Corynebacterium glutamicum* and the fed-batch culture process. Xiamen University (P. R. China), ProQuest Dissertations Publishing, 2011: 1055-1861.

9 多糖生物絮凝剂的应用

多糖生物絮凝剂，如海藻酸钠、壳聚糖、纤维素和淀粉通常来源于海藻、节肢动物、植物及微生物。在各种絮凝剂中，多糖类生物絮凝剂由于其生物可降解性和对浊度、COD、固体、色素及染料的高去除能力而显现出特别的吸引力。近年来，多糖类生物絮凝剂在无毒、可用性大、环境友好、生物可降解性和分子结构特征、热稳定（对某些程度来说）及剪切稳定方面有着巨大优势，使它们在水和废水处理、纺织、采矿、美容、药理学、食品、发酵等领域得到广泛应用。

多糖生物絮凝剂的广泛工业应用取决于生产利用的生物质（底物）廉价、发酵和回收工艺科学合理，以及为提高其絮凝性能所采取的成本效益好的化学修饰方法。絮凝是一种常见的去除工业废水中悬浮物、胶体和有机物的二级处理方法。多糖生物絮凝剂在几个重要领域的应用概述如下。

9.1 絮凝活性的构-效关系

多糖生物絮凝剂的絮凝能力一直是多糖生物聚合物应用性能研究的关键之一。在多糖功能成分和絮凝能力之间存在重要的构-效关系。絮凝活性展示有多种机制模型，高分子量多糖生物絮凝剂的活性可由桥联机制解释。在 Patch 模型中，细胞表面带负电荷的细菌絮凝结果是带正电荷的大分子由库仑力结合到粒子表面，导致部分表面电荷的中和。静电斥力的减小，导致带负电荷的颗粒通过桥联作用相互凝聚，形成絮凝体[1]。

胞外多聚物中碳水化合物和蛋白质含量对絮凝的作用还没有达成共识。Deng 等[2]研究发现寄生曲霉产生的生物絮凝剂对高岭土悬液和水溶性染料具有很高的絮凝活性。玉米淀粉和蛋白胨是最适合的碳源和氮源。研究结论认为，含 76.3%糖和 21.6%蛋白质的胞外多聚物具有较高的絮凝能力。72h 细胞培养物对高岭土悬液的最高絮凝活性为 98.1%；生物絮凝剂对水溶液中某些可溶性阴离子染料的絮凝效果较好，特别是对活性蓝 4 和酸性黄 25 染料，脱色率分别为 92.4%和 92.9%。Freitas 等[3]以甘油为唯一碳源，用油酸假单胞菌 NRRL-B-14682 培养产生了一种以半乳糖为主的胞外荷电多糖，其甘露糖、葡萄糖和鼠李糖含量较低。热态和固态磁共振分析表明，该聚合物基本上是无定形的，玻璃化转变温度为 155.7℃。胞外多糖水溶液具有与瓜尔胶相似的黏弹性性质，但由于其聚电解质性质，它对盐具有亲和力。胞外多糖具有良好的絮凝、乳化性能和成膜能力。这些特性使这种聚合物成为更昂贵的天然多糖的良好替代品，如瓜尔胶，在食品、制药、化妆品、纺织、造纸和石油工业中的一些应用。研究指出胞外多聚物中 70%（mol/mol）碳水化合物是半乳糖、23%（mol/mol）是甘露糖，获得 82.6%的絮凝能力。在碳水化合物组分中单糖百分比下降，絮凝性能则呈下降趋势。Kavita 等[4]从海洋天然生物膜分离到了产胞外多糖的伊氏海洋杆菌（*Oceanobacillus iheyensis* BK6），研究发现胞外多聚物碳水化合物中含有甘露糖（47.8%）、葡萄糖（29.7%）和阿拉伯糖（22.46%），具有不同的官能团（卤化物基、糖醛酸和糖类），絮凝能力只有 40%。虽然絮凝能力不是非常理想，但是该多糖却具有对热稳定、假塑性流变性、乳化活性(66.47%)及对金黄色葡萄球菌具有抗菌活性的优良性质。Li 等[5]从 1855m 深海沉积物中分离到的一种嗜冷菌 SM9913，培养后产生的生物絮凝剂在添加 4.55mmol/L $CaCl_2$ 的 1g/L 高岭土悬浮液中的最高絮凝活性为 49.3%，在盐度为 5‰～100‰或温度为 5～15℃时，比 $Al_2(SO_4)_3$ 具有更好的絮凝性能。研究乙酰基对絮凝能力的影响时发现，含乙酰基的胞外多聚物具有良好的絮凝能力(49.3%)，而去乙酰化胞外多聚物很明显地降低了絮凝活性（27.8%）。这充分说明乙酰基对其絮凝性能所起的重要作用。

对絮凝能力进行功能层次分析，可以了解到功能基团与絮凝能力的重要关联性。一些阳离子通过中和与稳定化生物絮凝剂羧基上的负电荷刺激絮凝能力，在高岭土颗粒间形成桥梁。进一步来说，带羧基（COO—）负电荷的生物絮凝剂可以与带正电荷的悬浮高岭土颗粒结合，羧基（COO—）的数量与表现出的絮凝能力似乎与碳水化合物含量直接有关[6]。Yu 等[7]的一项研究得出的结论是含有羧基(COO—)的蛋白质组分是絮凝发生的最重要的参数，研究人员认为带负电荷的氨基酸对絮凝能力有贡献。氢键在蛋白质中普遍存在，它们会影响蛋白质絮凝的结合能力。

生物絮凝剂分子量与絮凝活性的关系至今仍不完全清楚，但高分子量生物絮凝剂比低分子量生物絮凝剂的絮凝作用有更多的吸附点、更强的桥联、更高的絮凝活性。大分子量絮凝剂通常含有足够数量的游离功能基团。这些基团通过形成桥梁把许多悬浮粒子联合在一起，产生更大的絮凝反应絮凝体。黏液芽孢杆菌产生高分子量（2.6×10^6Da）的生物絮凝剂。当投加量为 0.1ml/L 时，对高岭土悬液具有非常高的絮凝活性（99%）。化学分析的结果是这种生物絮凝剂主要成分为糖醛酸（19.1%）、中性糖（47.4%）和氨基糖（2.7%）。红外光谱分析表明这一生物絮凝剂中存在羧基和羟基。在对淀粉废水处理中，在 Ca^{2+}盐的存在下，大大加快了絮凝体的形成和有机颗粒的沉降。加入适量生物絮凝剂混合均匀，沉降 5min 后，悬浮物（SS）和化学需氧量（COD）的去除率分别达到 85.5%和 68.5%，效果优于传统的化学絮凝剂。而由土壤中分离的谷氨酸棒状杆菌则能够产生大量谷氨酰胺生物絮凝剂，其分子量较低，为 10^5Da，在发酵液中释放的絮凝活性为 80%[8,9]。此外，枯草芽孢杆菌 DYU500 产生的生物絮凝剂的分子量为 3.20×10^6Da，絮凝能力高达 97%，而用从海洋中分离的螺沟藻 KG03 经培养产生的生物絮凝剂（1.58×10^6Da）的絮凝活性为 90%。由发酵液分离的生物絮凝剂显示出良好的热稳定性和 pH 稳定性。纯化后的生物絮凝剂去除染料刚果红、直接黑和亚甲基蓝的效果分别为 98.5%、97.9%和 72.3%[10,11]，达到了令人满意的处理效果。这一研究结论给我们以明显提示，海洋菌株是生产新型生物絮凝剂的良好生物资源，并展示出了其对未来生物技术过程的潜在工业实用性。

Tang 等[12]发现了一种新的生物絮凝剂——产自肠杆菌属（*Enterobacter* sp.）的 ETH-2，分子量为 603～1820kDa，具有较高的絮凝活性（94%）。另有科研人员从污染的 LB 培养基中分离出一株产生胞外生物絮凝剂的细菌，经 16S rRNA 基因测序鉴定为地衣芽孢杆菌。该菌培养后产生的生物絮凝剂分子量为 1.76×10^6Da。在 37℃培养 48h 后，发酵液的絮凝活性达到最高（700U/mL）。生物絮凝剂的 SEM 图像呈不规则的网状结构。它是由 89%的碳水化合物和 11%的蛋白质（*m/m*）组成的蛋白质多糖。中性糖、氨基糖和糖醛酸的质量比为 7.9∶4∶1。红外光谱分析进一步表明了在生物絮凝剂的分子组成中存在羧基、羟基和氨基[13]。这是一种典型的杂多糖，其高效絮凝性能表明其在工业上有潜在的应用前景。地衣芽孢杆菌 TF10 产生的生物絮凝剂的大分子量（1035～2521kDa）和官能团对絮凝作用有直接贡献。GC-MS 和 NMR 分析表明，絮凝剂多糖是由鼠李糖、葡萄糖和半乳糖组成的长链，糖醛酸、乙酰氨基糖和蛋白质作为侧链。蛋白质成分由于其特殊的二级结构和分子量扩散特性而没有絮凝能力。研究发现 TF10 的胞外多聚物具有较高的絮凝活性，这是因为胞外多聚物是存在多个活性侧链的长链结构的多糖。经鉴定是具有高絮凝活性的活性组分。通过检验，产生的絮凝活性是 90%[14]。

综上所述，各种分离微生物产生的生物絮凝剂与它们的化学结构（官能团）和分子量有很大的对应关系。这些参数影响胞外多糖聚合物作为生物絮凝剂的性能。高分子量生物絮凝剂具有更多的桥联吸附点，从而获得了更大、更稳定的絮凝体。然而，为了达到这些结果及更具实用性，分离性能优良的菌种，选用廉价的生产基质，通过优化培养获得效果显著的生物絮凝剂是非常重要的。

9.2 多糖生物絮凝剂的应用

9.2.1 饮用水处理

多糖生物絮凝剂在水处理中可以作为化学合成高分子絮凝剂的替代物。鉴于在宽广 pH 范围内存在良好的浊度去除能力，壳聚糖已经被广泛地应用于饮用水处理。起始浊度 20NTU 的地表水样品，壳聚糖在宽 pH 范围加量为 0.15mg/L（DD85%）时，能使浊度降低 87%。壳聚糖与明矾的复配在去除浊度上效果更好。在投加量

0.2mg/L 和沉降时间为 30min 时，即可获得 97%的浊度去除率。Davakaran 等研究了壳聚糖在 pH4～9 内对河水中泥沙的絮凝作用。悬浮固体浓度在 20～80mg/L 内，壳聚糖通过絮凝沉降有效地降低了泥沙引起的浊度。絮凝效率对 pH 非常敏感，在 pH7 时达到最大值。影响絮凝效果的最佳壳聚糖浓度为 0.5mg/L，且与试验范围内的淤泥浓度无关。当壳聚糖浓度较高时，可观察到悬浮液的再稳定性，再稳定所需的壳聚糖量随悬浮固体浓度的增加而增加。高浓度淤泥的絮凝速度较快，絮凝体较大，纤维性较强[15]。如前所述，接枝可进一步增强壳聚糖的絮凝效率及其在水处理中的性能。通过接枝（3-氯-2-羟丙基-）三甲基氯化铵（CTA）于壳聚糖-g-聚丙烯酰胺上制备的强阳离子絮凝剂已应用于供水处理。该絮凝剂投加量为 1.3mg/L，搅拌速度为 150r/min，28.5℃沉降 20min，把水样的浊度从 35.6NTU 降低到了 0.34NTU[16]。巯基乙酰壳聚糖絮凝剂对含重金属、浊度的水样处理显现出超常的能力，浊度最高去除率可达 100%。

海藻酸钠类是已用于水处理的另一种多糖生物絮凝剂。特别是海藻酸钙，对于高浊度（150NTU）和中等浊度（80NTU）水质是一种有效的生物絮凝剂[17]。在 Ca^{2+}的存在下，海藻酸钠最佳使用剂量为 0.4mg/L，处理后地表水的最终样品浊度符合饮用水标准要求。把海藻酸钠（SAG）与另一化学聚合物聚合氯化铝（PAC）复合使用，则具有絮凝效果的协同作用，能够提高总体絮凝效率。例如，PAC+SAG 对去除溶解有机碳和浊度上具有协同效应。在这种情况下，在 PAC 中添加 SAG 对絮凝体生成速度和絮凝体形成的大小有着正向影响。与单独使用 PAC 相比，复合絮凝破碎后的絮体回收率也有所提高[18]。纤维素衍生絮凝剂是另一类具有良好水处理潜力的多糖生物絮凝剂。羧甲基纤维素钠（CMCNa）在加量 100mg/L、pH7～8 内，可有效去除地表水样品 95%的浊度。而聚丙烯酸（PAA）接枝羧甲基纤维素 CMC-g-PAA，在加量 0.75mg/L 时，降低了河水样品 86%以上的浊度。特别是化学接枝 CMC-g-PAA 能高效去除河水中 Cr^{6+}、总铁、Ni^{2+}、Mn^{2+} 和 COD、TSS[19,20]。同样，把阳离子（3-氯-2-羟丙基）三-甲基氯化铵（CHPTAC）接枝于玉米芯上制备的生物絮凝剂（DXSL-1），在浊度水中加入 DXSL-1 絮凝剂反应 2min 后，水溶液浊度去除率超过 95%[21]。

9.2.2 COD 和浊度去除

近年来，许多科学家对多糖生物絮凝剂去除悬浮物、改善城市和工业废水出水质量方面的应用进行了积极探索。其中壳聚糖絮凝剂已广泛应用于废水处理应用。Wu 等[22]研究采用两性接枝壳聚糖絮凝剂（羧甲基壳聚糖接枝聚 2-甲基丙烯酰氧乙基）三甲基氯化铵（CMC-g-PDMC），从水中去除阴离子染料和阳离子染料、酸性绿 25（AG 25）和碱性亮黄（7GL）。采用响应曲面法（RSM），以絮凝剂投加量、初始溶液 pH 和温度为输入变量，在中心复合设计（CCD）的基础上，对絮凝条件进行了优化。建立了经方差分析（ANOVA）检验的二阶和三阶回归模型，分别将输出响应（染料去除因子）与上述输入变量联系起来。二阶回归模型较好地描述了 AG 25 的去除过程，而三阶回归模型更适合 7GL 的去除。随之，他们研究了这些变量对 CMC-g-PDMC 去除水溶液中两种反电荷染料絮凝性能的影响，并详细讨论了絮凝机制，包括各种影响因素之间的相互作用。一项对纸板厂废水的实验研究结果指出，在最佳条件下 PAC 的絮凝反应具有较高的温度依赖性，可使 COD 降低 40%～45%，浊度降低 55%～60%。而壳聚糖与 PAC 相比，工艺效率更高，且不受温度的影响。壳聚糖（分子量 1.8×10^5g/mol）具有更高的处理效率，使 COD 降低了 80%以上，浊度降低了 85%以上。它产生的絮凝体更大，使沉降速度比 PAC 更快。它还去除了残留的色度，并导致废水中的重金属含量显著减少[23]。在另一项研究中，通过把壳聚糖接枝到玉米淀粉（CATCS）上，在最佳絮凝剂用量 0.75mg/L、pH7.6 时，絮凝活性由 2.73 提高到 20。CATCS 在较低温度下对废水具有较好的絮凝性能，在 5g/L 高岭土悬浮液中的絮凝性能优于阳离子淀粉和壳聚糖、$Fe_2(SO_4)_3$ 和聚丙烯酰胺，适于在酸性和碱性条件下使用[24]。

海藻酸钠也可与其他常见的絮凝剂复合使用，用于工业废水和城市污水处理。Zeng 等用复合絮凝剂包括海藻酸钠、聚合氯化铝、氯化铁和阳离子聚丙烯酰胺（质量比为 2∶1∶1）对废水的絮凝处理效果进行了研究。在最佳絮凝剂用量为 20mg/L、pH7.1 和 30℃时，分别获得 99.2%和 89.6%的最大浊度和 COD 去除率[25]。另一项研究应用海藻酸盐/壳聚糖生物絮凝剂组合处理污水，在 pH5.5、70℃和 2.5h 处理条件下，浊度/色度的去除能力和 COD 的降低分别达到 100%和 90.01%[26]。固氮菌产生的海藻酸钠样多糖生物絮凝剂能够将污水中的各项指标分别降低的范围是：BOD（生物需氧量）（38%～80%）、COD（37%～79%）、SS（41%～68%）[27]。用不同生物絮凝剂和明矾由造纸废水中回收纸浆纤维的研究发现，瓜尔胶和黄原胶的回收率分别达到 3.86mg/L 和 3.82mg/L。瓜尔胶、黄原胶、刺槐豆胶和明矾的最大浊度去除率分别为 94.68%、92.39%、92.46%和 97.46%[28]。

文献报道了用于污水处理的不同类型的纤维素衍生物絮凝剂的应用效果。在 $CaCl_2$ 存在下，双羧基纤维素（DCC）生物絮凝剂对造纸厂废水表现出良好的絮凝性能。絮凝结果表明：DCC 可使废水浊度降低 87.6%，COD_{Cr} 降低 67.2%和 BOD_{Cr} 降低 64.7%[29]。生物絮凝剂羧甲基纤维素钠（Na-CMC）用量为 5×10^{-6}，在 5min 和 30min 后使池水浊度分别降低至 19.9NTU 和 17.7NTU[30]。对二羧酸纳米纤维素（DCC）生物絮凝剂应用的研究结果表明，具有较高的电荷密度和高的纳米纤维含量的 DCC 絮凝效果最佳。用 $FeSO_4$ 与 DCC 复合生物絮凝剂对废水样品絮凝处理，当生物絮凝剂投加量为 2.5～5mg/L，在 25mg/L 混凝剂存在下，COD 降低 40%～80%，浊度降低 40%～60%[31]。瓜尔胶是另一种多糖生物絮凝剂，目前已在废水处理中得到研究与应用。采用羟丙基三氯化铵瓜尔胶（HPTAC-瓜尔胶）能够减少废水中的生物污染物，包括大肠菌群（TC）、粪大肠菌群（FC）和蠕虫卵（HE）值分别为 2.8×10^7MPN/100mL、8.48×10^6MPN/100mL 和 470HE/L。生物污染物去除率分别为：TC 为 82%，FC 为 94%，HE 为 99%，COD 去除率为 46%，浊度去除率为 39%。使用 HPTAC-瓜尔胶絮凝剂与 $Ca(OH)_2$ 混凝剂联合作用的结果是 TC 降低 52%，HE 降低 100%，COD 降低 47%，浊度降低 30%[32]。

阳离子糖原多糖生物絮凝剂，用量为 9mg/L 时，可降低城市污水浊度、总固型物（TS）、总溶解固型物（TDS）、总悬浮物（TSS）、化学需氧量（COD）分别为：64NTU 到 4NTU、630mg/L 到 150mg/L、280mg/L 到 125mg/L、350mg/L 到约 25mg/L、540mg/L 到 175mg/L[33]。多糖-g-（PDMA-co-AA）在纺织废水和造纸厂废水中表现出最佳絮凝效果，多糖-g-PDMA 则对污水处理效果最好。以淀粉、支链淀粉和羟乙基淀粉为模式多糖，以 HES 为基础的接枝共聚物处理胶体悬液、工业污水和城市废水，絮凝效率与一些商用絮凝剂，如 telfloc2230、magnafloc1011 和 percol181 相比，则表现出更好的絮凝性能。羟乙基淀粉-g-聚（*N*,*N*-二甲基丙烯酰胺）（HES-g-PDMA）酸能有效降低城市废水浊度、COD、TSS、TDS、TS 分别从 90NTU、650、325mg/L、530mg/L 和 855mg/L 降到 8.5NTU、138、30mg/L、65mg/L 和 95mg/L[34]。

同样，聚丙烯酰胺接枝黄原胶/二氧化硅纳米复合生物絮凝（XG-g-PAM/SiO_2）也能降低铁矿和含高岭土废水的浊度、TS、TDS、TSS 和 COD[23]。另一项研究工作[35]以海泡石纤维接枝丙烯酸/丙烯酰胺接枝共聚物（XG），以过硫酸钾为引发剂，研究了反应条件对 COD 去除率和浊度去除率的影响，并用红外光谱（FTIR）表征了复合絮凝剂的结构。实验结果表明，接枝反应的最佳条件为 AA/AM 与 XG 的质量比为 8∶1，引发剂的质量比为 8∶1。交联剂与黄原胶的交联度分别为 0.02 和 0.006，海泡石与 XG 的质量比为 1∶2，反应温度为 60℃。用该絮凝剂处理石油废水，COD 去除率为 88.2%，浊度去除率达到 95.6%。

9.2.3 脱色和染料去除

研究已经证明，一些多糖类生物絮凝剂是去除染料和色素的有效生物絮凝剂。这些生物絮凝剂的吸附容量取决于生物絮凝剂的浓度和组成、pH、温度和染料类型。用溶于尿素/NaOH 的纤维素可制备不同取代度的几种可溶性纤维素絮凝剂。纤维素絮凝剂对阴离子染料具有良好的絮凝性能。它们的絮凝能力取决于取代度，但并不受染料溶液温度和 pH 的影响[36,37]。使用一套包含膨润土和取代度最高的阳离子纤维双重系统作为染料去除絮凝剂，取得了比商业聚丙烯酰胺还要好的絮凝效果。

木聚糖是资源丰富的木质材料半纤维素的一部分，可使其有效地转化为增值产品，如纺织行业的絮凝剂。为了从木质材料的半纤维素中评价絮凝剂的生产，可以选择木聚糖作为模型，通过共聚得到阳离子。木聚糖和[2-（甲基丙烯酰氧）]乙基]三甲基氯化铵（METAC）可以发生接枝木聚糖共聚反应。最佳参数为METAC/木聚糖 3mol/mol、3h 的反应时间、80℃的反应温度、pH7 和 25g/L 的木聚糖浓度。该共聚物的特征用电荷密度分析仪、黏度计、凝胶渗透色谱（GPC）、光散射仪、傅里叶变换红外光谱和元素分析仪进行了分析。阳离子木聚糖共聚物作为絮凝剂在脱色模拟反应活性橙 16 偶氮染料废水中进行了应用。结果表明，在浓度为 100mg/L 的染料溶液中，通过 160mg/L 的接枝木聚糖共聚物添加剂量，可以达到 97.8%的染料絮凝去除率[38]。

纤维素-g-聚[（2-）甲基丙烯酰氧乙基三甲基氯化铵]和 CMC-g-PDMC 用于絮凝去除酸性绿 25 [39]，改性阳离子多糖用于去除水溶液中活性黑染料[40]，淀粉-g-聚-*N*,*N*-二甲基丙烯酰氧乙基三甲基氯化铵-co-丙烯酸和 HES-g-聚（DMA-co-AA）则用于絮凝去除孔雀石绿[41]。木质素-g-海藻酸钠的三甲基季铵盐絮凝去除亚甲基蓝和酸性黑 ATT[42,43]。木质素-METAC 共聚物，作为一种化学修饰的半纤维素絮凝剂可有效去除来自纺织废水的偶氮染料（活性橙 16）。改性阳离子半纤维素在最佳投加量 160mg/L 和染料溶液含 100mg/L 染料情况下，脱色效率达 97.8%。

以改性多糖为基础，能够研制和开发新型水处理絮凝剂和工业废水处理絮凝剂。这些絮凝剂具有高效、低用量、可控生物降解、抗剪切、价格低廉等特点。由于污染物具有不同的电离度离子性，作者在实验室开发了各种以多糖为基础的非离子、阴离子和阳离子生物絮凝剂。利用改性多糖去除各种废水中的有毒物质、去除色素和降低总污染物含量，因其对环境和人类健康的影响越来越严重。这方面的研究战略在目前的前沿研究中变得越来越重要。基于多糖微生物絮凝剂、淀粉（直链淀粉、支链淀粉）、壳聚糖、瓜尔胶、糖原等的改性多糖合成的新型阳离子絮凝剂在处理各种水和废水中的应用显现出越来越多的优势。

9.2.4 生物质收获和细胞回收

虽然用微藻生产生物燃料已经引起了人们的广泛关注，但是微藻生物柴油的生产受到高成本的限制，仅生物质收获成本就占总生产的 20%～30%。通过生物絮凝剂絮凝沉淀，无毒、低成本收集微藻生物量是目前最明智的一种选择。添加剂量为 120mg/L 壳聚糖，控制 pH 为 6，作用 3min 后，小球藻回收率最高可达 99%。季氨化羧甲基壳聚糖（QCMC）比用传统的化学絮凝剂回收藻类产生的絮体更大、更紧、更密。此外，QCMC 对浊度去除率也高于壳聚糖、PAM、明矾和 $FeCl_3$[44]。

采用羧甲基壳聚糖-g-聚[（2-甲基丙烯酰氧乙基）三甲基氯化铵]（CMC-g-PDMC）

絮凝剂从合成废水中去除大肠杆菌（2.5×10^{7}CFU/mL），结果表明，最佳絮凝剂投加量为 50mg/L，pH6～9 时，细菌去除率为 90%～95%。要达到 99%去除效率，所需的生物絮凝剂浓度随着 pH 的增加而增加[45]。用阳离子化羟乙基淀粉（CHS）和胺化羟乙基纤维素（DEAE-HEC）分离淀粉液化芽孢杆菌 H（*Bam*HⅠ）细胞破碎物的絮凝能力时发现，对 *Bam*HⅠ最好的回收率分别为 82.7%和 86.0%。DEAE-HEC 对蛋白质纯化也具有良好的絮凝性能[45]。采用阳离子玉米淀粉、阳离子马铃薯淀粉对斜纹酵母菌的收获率分别为 99%和 85%。当混凝剂/藻类的比例为 1.4∶1 时，阳离子玉米淀粉、阳离子马铃薯淀粉和明矾对总磷的去除率分别为 33%、29%和 42%。用 0.1～0.6g/L 的阳离子改性纤维素在 60min 以内可去除 99%的衣藻细胞。纳米纤维（CNF）纤维素最近被开发成为一种用于微藻（衣藻）收获的絮凝剂，结果表明：CNF 无须表面改性[如阳离子纤维素纳米晶（CNC）]及絮凝行为来自于纳米纤维纤维素的网状几何结构[46~49]。

9.2.5 采矿和金属回收

由于多糖生物絮凝剂对重金属的有效吸附效率、使用剂量低及具有生物可降解性，它们的使用有望在金属选矿和矿山废水处理中得到更多的应用。

壳聚糖及其衍生物能够通过絮凝沉淀快速有效地去除废水中的重金属和矿物微粒。例如，壳聚糖接枝丙烯酰胺（CTS-g-AM）生物絮凝剂能有效去除 Cu（II）和 Cr（VI）。Bratskaya 等报道了聚丙烯酰胺壳聚糖衍生物-*N*-羧乙基壳聚糖（CEC）经壳聚糖与丙烯酸处理后在凝胶中合成的溶液性质和絮凝性能。结果表明，当取代度（DS）为 0.7～1.6 时，羧乙基化制得水溶性衍生物，其等电点（IEP）为 6.30～3.55。带负电荷的 CEC 衍生物与重金属氢氧化物（Zn^{2+}、Cu^{2+}、Ni^{2+}）的正电荷胶体相互作用，作为后电镀废水的模型，使氢氧化物胶体的电动电位降低，并在适当的絮凝剂用量下沉淀。研究人员研究不同 pH 和 DS 对 CEC 絮凝性能的影响时发现 Cu^{2+}、Zn^{2+}和 Ni^{2+}与这些金属的羟基络合物稳定性相对应，去除金属的效率降低。体系 pH 和 CEC 衍生物 DS 值越高，絮凝窗口越窄，絮凝剂过量对重金属去除效率的负面影响越大。通过对絮凝沉降速率和剩余金属浓度的估算，得出 CEC 衍生物沉淀金属氢氧化物的最佳 DS 值为 0.7～1.0，壳聚糖和聚 *N*-乙烯基己内酰胺（PNVCL）用于絮凝处理二氧化硅（AerosilOX50）悬浮液，酸溶性壳聚糖单独和与明矾复合用于絮凝去除膨润土[49~53]。

除壳聚糖外，其他多糖类生物絮凝剂，如海藻酸钠、纤维素、淀粉、黄原胶、果胶等成功地开发成了用于细、重金属去除的产品。例如，由微波辅助法合成的 PMMA-g-ALG 在 0.375mg/L 的剂量下把 1%煤粉悬液的浊度降低到了 0.1（OD<0.1）。接枝 *N*-乙烯基-2-吡咯烷酮（NVP）到海藻酸钠上（SAG-g-NVP）能有效地去除废

水中的 Pb^{2+}、Ni^{2+}和 Zn^{2+}。同样，聚甲基丙烯酸-g-纤维素（PMAAC）用于去除废水中的二价阳离子，包括 Cu^{2+}、Co^{2+}和 Ni^{2+} [54~56]。另一项研究发现了淀粉衍生物羟乙基淀粉-g-聚丙烯酰胺（HSE-g-PAM）和羟乙基淀粉-g-*N*,*N*-二甲基丙烯酰胺（HSE-g-PDMA）能有效去除 Hg^{2+}、Cu^{2+}、Zn^{2+}、Ni^{2+}、Pb^{2+}[41]。普鲁兰接枝 3-（丙烯酰胺丙基）三甲基氯化铵（普鲁兰-g-pAPTAC）能完全去除高岭土、蒙脱石和石英中的悬浮颗粒[57]。阳离子糖原能够絮凝各种矿石悬浮液，包括硅矿石悬浮液、铁矿石悬浮液和锰矿悬浮液，使之悬浮液达到净化[40]。多糖生物絮凝剂黄原胶和*N*-二甲基丙烯酰胺（黄原胶-g-PDMA）能够有效絮凝高岭土悬浮液、铁矿泥悬浮液和二氧化硅悬浮液[58]。合成黄原胶基杂化纳米复合絮凝剂（XG-g-PAM/SiO_2）作为吸附剂能高效去除水溶液中的 Pb（II）离子。果胶单独或与明矾或与聚丙烯酰胺（PAM，分子量 6.00×10^7Da）联合使用在絮凝高岭土方面效果明显[59,60]。Kolya 等对 9 种化学改性的多糖生物絮凝剂，包括多糖-g- PAM、多糖-g-PDMA 和多糖-g-（PDMA-co-AA），以淀粉、支链淀粉和羟乙基淀粉作为多糖的骨架对 0.25wt%铁矿石泥、1.0wt%高岭土、1.0wt%煤和 1.0wt%硅土 4 种固体悬浮液的絮凝性能进行研究。多糖-g-PDMA 絮凝剂在煤泥和铁矿泥悬浮液中显示出较高的絮凝活性，而多糖-g-（PDMA-co-AA）絮凝剂对高岭土悬浮液的絮凝效果最好[34]。海藻酸钠是由甘露糖醛酸和古罗糖醛酸组成的生物聚合物。海藻酸钠一般是从海洋褐藻中提取的，但海藻酸钠也可被一些细菌，如固氮杆菌和假单胞菌合成。使用纯碳水化合物来生产藻酸盐细菌，增加了成本，限制了聚合物在工业市场上的应用机会。为了降低细菌海藻酸钠的生产成本，研究采用糖蜜、麦芽糖和淀粉作为低成本碳源。在海藻酸钠发酵早期，甘露糖醛酸含量丰富，与碳源种类没有依赖关系；在麦芽糖为碳源时，葡萄糖醛酸含量为 68%。固氮菌产生的海藻酸盐在 pH 4.5 和 30℃条件下每克海藻酸钠能够去除 131mg Cu^{2+}[61]。在另一种情况下，化学上采用由羟丙基纤维素和聚丙烯酰胺（HPC/PAAM）组成的改性纤维素絮凝去除重金属，除铅率为 53%，铜去除率为 51%，镍的去除率则高达 92%[62]。

9.2.6 纳米粒子合成

纳米粒子可以由金属与多糖生物絮凝剂结合而合成。多糖生物絮凝剂在纳米粒子合成中起着稳定和还原剂的作用。例如，平均尺寸 9～72nm 的银纳米颗粒是用节杆菌（*Arthobacter* sp.）B4 产生的多糖，在最佳条件下：$AgNO_3$ 5g/L、pH7～8、80℃合成的[63]。Kanmani 等用褐球固氮菌（*Azotobacter chroococcum*）分泌的胞外多糖和 $AgNO_3$（10mmol/L）制备不同粒径（6～50nm）的 Ag/AgCl 纳米粒子[64]。Kanmani 等用普鲁兰多糖在 121℃、15min 合成平均粒径在 2～30nm 内的银纳米粒子，普鲁兰介导的银纳米粒子稳定期为 3 个月。Salehizadeh 等[65]用壳聚糖作为

金和 Fe_3O_4 纳米粒子在室温条件下的稳定剂和还原剂，提出了一种用壳聚糖介导平均尺寸为 15nm 金纳米粒子合成的绿色、简便、高效战略。一种生态友好的银纳米粒子合成方法是用非致病性木葡糖酸醋杆菌（*Gluconacetobacter xylinum*）产生的纤维素作为多糖生物稳定剂和还原剂，研究证明合成的纳米粒子对大肠杆菌和金黄色葡萄球菌具有抗菌活性。用多糖生物絮凝剂合成银纳米粒子的其他研究实例还有壳聚糖低聚物、壳聚糖、纤维素和淀粉。

9.2.7 污泥脱水

9.2.7.1 污泥脱水

污泥脱水过程中由于大量使用了合成絮凝剂，所以最后使废水处理过程中污泥脱水环节成本很高。多糖生物絮凝剂在提高污泥脱水效率上起着重要作用。淀粉-g-聚[（2-甲基丙烯酰氧乙基）三甲基氯化铵（STC-g-PDMC）对厌氧污泥具有良好的絮凝脱水性能，絮凝剂投加量为 1.3%时，污泥比阻（SRF）降至 0.04×10^{13}m/kg，而相同絮凝剂投加量的 PAM，污泥 SRF 仅降至 1.506×10^{13}m/kg。把 STC-g-PDMC 用于污泥脱水前的状态调理，絮凝剂投加量低于污泥干重的 0.696%时，污泥易于过滤[66]。由玉米淀粉、丙烯酰胺（AM）和 2-（甲基丙烯酰氧乙基）三甲基氯化铵（DMC）、SiO_2 溶胶组成的一种新型的无机-有机淀粉基絮凝剂（CSSAD）用于废钻井液的脱水，在 100g 废钻井液最佳絮凝剂投加量为 0.3g 时，脱水固形物最低含水量仅为 21.34%，重量去除率高达 98.15%[67]。

Ghimici 等对普鲁兰多糖作为一种多糖生物絮凝剂的絮凝特性及脱水性能进行研究[57]。采用复合絮凝剂，普鲁兰与 PAC 组成的复合絮凝剂对中国南方低浓度城市污水强化一级处理工艺进行了反应罐试验，确定了复合絮凝剂的最佳投加量和絮凝条件。由于城市污水浓度低，这一过程比常规两级废水处理效果还好。它同时具有处理成本低、抵抗负荷冲击率等优点。实验结果表明，复合絮凝剂在最适加量（普鲁兰 0.6mg/L 和 PAC 15mg/L）时，对浊度去除率为 95%以上，COD_{Cr} 去除率超过 58%，总磷去除率高达 91%以上，NH_3-N 去除率为 15%。此外，它还能改善污泥的沉降和脱水性能，降低处理成本[68]。

研究利用酱油曲霉和甘蔗渣作为廉价原材，经分批式发酵 60h 制备了絮凝效果最佳的微生物絮凝剂，此时絮凝剂粗产量为 1.16g/L[69]。用于污泥脱水时，这种生物絮凝剂的添加剂量为 5.0mg/L 时效果较优，污泥脱水率从 75.60%提高到 84.2%，污泥含水率从 95.82%降至 76.21%。用于单独调理城市污泥，该生物絮凝剂添加剂量为 45mg/L 时，污泥脱水率可提高到 81.33%；污泥含水率则可降至 79.91%。利用超声辐射调理污泥时，使用频率较低的超声波调理污泥效果较好，超声破碎时间不宜超过 60s。污泥先经过超声破碎，然后再由微生物絮凝剂调理，可以使调理后的污泥含水率更低；利用甘蔗渣作为骨架构建体与微生物絮凝剂复配调理污泥，最优复配组合为：微生物絮凝剂 58.4mg/L，甘蔗渣 5g，氯化钙 0.96g/L，此时污泥含水率可降到 71.76%～71.42%。微生物絮凝剂与 Fenton 试剂可使印染污泥含水率均有一定程度降低，含水率下降 4%～5%；微生物絮凝剂与 Fenton 复配得到的最佳降解条件是：微生物絮凝剂添加剂量 52.4mg/L，H_2O_2 投加量 88.2mg/L，H_2O_2/Fe^{2+}值为 8，pH3.5。污泥含水率由之前的 87.32%降低到 79.72%。经过联合调理可以使 Pb、Cu 转为稳定的残渣态；使 Ni、Zn 活化，生物有效性强；而 Cd 在调理前后的各形态没有很大区别，相应形态之间差异不显著。

何强斌等在污水处理厂利用多糖生物絮凝剂作为污泥脱水的调理剂，采用隔膜式板框压滤机作为核心污泥脱水设备，将出泥含水率控制在 60%以下，并将多糖生物絮凝剂调质技术与两种传统调质技术进行了比较[70]。

试验中使用的阳离子生物絮凝剂带有正电荷性质，可以和污泥中带负电荷的颗粒发生吸附、桥联作用，使得污泥稳定体系中的微粒脱稳，进而絮凝形成大颗粒，完成泥水初步分离。阴离子生物絮凝剂携带高密度的负电荷，可和带正电荷的颗粒发挥中和、桥联和卷扫作用，进而形成絮凝体达到泥水分离效果。

生活污水处理厂的污泥主要呈负电性。污泥颗粒之间同性电荷相互排斥，形成稳定的胶体状，自然沉降基本不发生泥水分离。污泥调理过程中，通过添加阳离子生物絮凝剂，破坏原泥体系的稳定性，使污泥颗粒得以分散。阳离子生物絮凝剂作为一种生物高分子产品，具有复杂的空间分子结构。污泥经过阳离子生物絮凝剂产品调理后，电性中和，分子链上的带电基团和污泥颗粒结合，基团与基团之间相互作用，形成庞大的交联结构，使污泥系统脱稳并产生一定的絮团结构。随后，在此基础上添加阴离子生物絮凝剂产品，其分子链上的负电荷和先已形成的絮凝体结构上的正电荷结合，由于阴离子生物絮凝剂同样具有复杂的空间分子结构，由此交联产生更大的絮团结构，该絮团大而密实，污泥中的游离水和大部分间隙水快速和絮团分离，且絮团经机械搅拌不易破碎，经过螺杆泵的剪切之后，仍然能以絮团的形式进入板框压滤机，在板框机压滤机的高压下，进一步挤压出大絮团中的残留水分。

试验流程为：开启搅拌机→往调泥池中打入污泥，并加水稀释到含固率 6%左右→加入阳离子絮凝剂搅拌 5min→加入阴离子絮凝剂搅拌 5min→关闭搅拌机→开启隔膜式板框压滤机开始进料、压榨，压榨结束后开板卸泥并取样测定。隔膜式板框压滤机过滤面积 250m^2，脱水前污泥含水率 94%，单台污泥处理量 15m^3，进料压力 0.9MPa，压榨压力 1.3MPa。经测定，多糖生物絮凝剂为调理剂产生泥饼的厚度（平均 2.9cm）与比传统的铁盐+石灰调质出泥泥饼厚度（3.5cm）薄 0.6cm。脱水后的污泥泥饼含水率为 51.22%～60.31%。

城镇污水处理厂污泥产量为污水处理量的 0.5%～1.0%（按含水率 98%计）。

目前常见的带式压滤机、离心脱水机等一般只能保证出泥含水率在80%左右。隔膜式高压板框压滤机具有出泥含固率高、可靠性强等优点，配合化学调理技术，能将脱水污泥含水率保持在60%以下。

污泥深度脱水是指通过对含水率较高的污泥进行化学调质处理后，在高压压榨作用下．使污泥含水率降至60%以下，不仅使体积减小，更重要的是使污泥后续处置途径变得更为容易。污泥的调质处理是污泥深度脱水的关键环节和核心技术，直接决定污泥深度脱水的成败。目前的普遍做法是在污泥中添加脱水剂、絮凝剂或混凝剂，改变污泥中水分子（主要是间隙水和毛细水）存在的方式和结构。传统的污泥调质药剂一般为 PAC+PAM+生石灰和铁盐+生石灰。综上所述，多糖生物絮凝剂无毒无害、可生物降解、使用无二次污染，并且絮凝效果好。多糖生物絮凝剂的应用为污泥深度脱水展现了广阔前景，并提供了一条有效的技术途径。

9.2.7.2 疏水沉降

实际上，胞外多聚物有利于污泥絮凝，疏水沉降是另一重要因素。胞外多聚物的疏水性是由微生物群落产生的胞外多聚物蛋白质提供的。根据 Geyik 等[71]的研究报道，蛋白质含量或蛋白质/碳水化合物（P/C）的比率高，胞外多聚物疏水性也高。胞外多聚物疏水性受蛋白质中功能基团的显著影响。当胞外多聚物用于去除有机污染物时，疏水性是一个重要的影响因素。Zita 和 Hermansson[72]证明了在污泥颗粒黏附和胞外多聚物疏水性这两者之间有很强的相关性。污水处理的活性污泥过程依赖于微生物（主要是细菌）、无机颗粒和胞外聚合物形成的活性污泥絮凝体的形成。在絮凝体沉降过程中，分散的物质，如细菌细胞和小絮体，附着在絮体表面。活性污泥絮凝体的形成和沉降絮凝体的澄清作用明显是基于细菌的聚集和黏附机制。

细菌与表面的黏附可视为两步事件，即由于长距离力而可逆的黏附，以及可能的随后的相互作用，即介导表面之间直接接触的相互作用，如细菌表面结构引起的疏水相互作用。相对较少的研究涉及疏水相互作用在絮凝过程中的作用，以及细菌在废水中与絮体的黏附作用。

研究表明，絮凝体的絮凝和沉淀取决于絮体内部和外部的疏水性，以及絮体中产生的外聚合物物质。此外，液体的表面张力也影响厌氧污泥床反应器颗粒污泥的疏水性。在同一体系中，亲水细胞和疏水细胞之间的黏附分别被液体表面的低张力和高张力所增强。

具有不同表面疏水性的特性良好的细菌对污泥液中絮凝体的黏附作用研究结果表明，细菌细胞表面的疏水性对细菌与活性污泥絮体的黏附有重要作用。不同的污泥对细菌的绝对黏附值不同，但总的结果和趋势是一致的。细胞表面带正电荷似乎很重要，但与黏附的相关性不像疏水性那样明显。细菌间黏附水平的差异不能归因于表面结构的特定组合，而应归因于整体的疏水性。然而，细菌菌毛的存在很可能是其疏水性增加的原因。有报道说大肠杆菌的菌毛可以增加细胞表面的疏水性。较低的细胞表面疏水性可能是游离活细胞不附着在絮凝体上的原因。这些细胞在处理系统中逃避沉淀，降低了出水的质量。

周围环境的 pH 影响胞外多聚物中蛋白质组分侧链残基的去质子状态。在较低的 pH 下酸性残基质子化，使其具有较高的疏水性。因此，这就使絮凝颗粒间分子内氢键致密，从而进一步改善了絮凝颗粒的密实度和沉淀效率[73]。

9.2.8 重金属吸附

多糖生物絮凝剂的絮凝作用是多糖生物功能的表现形式之一，另一表现形式就是吸附作用。从受污染的环境中去除重金属是生物修复的一个主要挑战，在这方面科研人员已经利用微生物进行了广泛研究。许多微生物产生的胞外多糖的结构成分决定了对生物修复过程具有特殊意义，这是因为胞外多糖带负电荷，具备结合金属离子的能力[74]。对使用中的方法，如沉淀、凝聚、离子交换、电化学和用于金属去除的膜工艺进行比较，纯化的多糖生物聚合物在生物吸附现象中的应用更符合成本效益和更有应用价值。多糖生物聚合物表现优异的金属结合性能，具有不同程度的特异性和亲和力[75]。金属与生物聚合物的桥联发生，是通过带负电荷的官能团，如糖醛酸和碳水化合物的磷酸基或蛋白质组分中氨基酸羧基的静电相互作用。此外，也可能是带正电荷的聚合物或与羟基的配位体与存在的阴离子结合。胞外多糖能够螯合某些金属（如 Th^{4+}和 Al^{3+}），使其与细胞表面结合[76,77]。

多糖和蛋白质组分，大量含有带负电荷的氨基酸，包括贡献阴离子性质的天冬氨酸和谷氨酸，它们在金属离子的络合中起主要作用。由于 DNA 分子中糖-磷酸骨架上磷酸基的存在，DNA 在性质上是阴离子的。糖醛酸、酸性氨基酸和含磷核苷酸是胞外多聚物起负电荷作用的成分，它们通过静电相互作用与多价阳离子结合[75]。因此，胞外聚合物组成的变化将影响负责结合金属离子的功能基团的可利用性，继而影响对金属离子的结合效率。

很多细菌能产生胞外聚合物质。几项研究比较和评价了由活性污泥得到的微生物生物膜和纯化胞外多糖的金属结合潜力。分别应用不同的菌株，如根瘤菌 M4（*Rhizobium etli* M4）和多黏类芽孢杆菌 P13（*Paenibacillus polymyxa* P13），在胞外多聚物浓度 67mg/L 和 160mg/L 时金属吸附量达到 90%以上。细胞和胞外多聚物具有很强的对 Mn^{2+}、Pb^{2+}和 Cu^{2+}的结合能力[78~80]。

胞外多聚物表现出较强的金属络合作用，这说明胞外多聚物碳水化合物成分中的羧基和磷酸基在金属的络合作用中起了重要作用。只有很少研究人员[81]调查影响金属与胞外多聚物结合能力的不同影响因素。活性污泥的金属吸附能力依赖于污泥的 C/N 比。增加 C/N 比（通过提供碳源，如葡萄糖），结果导致 Cd^{2+}吸附能力增加，Cu^{2+}吸附能力减少。吸附能力变化可以用不同的 C/N 比改变了胞外多聚物浓度和组成加以解释。然而，Zn 和 Ni 的吸附能力与 C/N 比无关。

9.3 微生物絮凝剂的潜在应用

9.3.1 在水产养殖废水处理中的应用

在集约化养殖条件下，大量的饲料投入到水体中，没有被摄食的饲料和鱼虾粪便排入水中，造成了大量浪费和污染。每 1.0kg 鱼每天因代谢、鱼粪及残饵向水中排氨量高达 0.5～2.00g，BOD_5 3～5g，耗氧量 5～6g。每增重 1.0kg 鱼，就有 85mg 氮，1.84mg 磷排放到水中，这些物质靠沉淀和过滤是没有办法去除的。无毒无害、高效安全的生物絮凝剂絮凝的方法为水产养殖废水的净化提供了一种可靠的技术途径。生物絮凝剂具备絮凝特性和大分子生物物质的基本属性，既是水质无毒净化剂又是养殖水产的重要营养。用生物絮凝剂处理养殖废水完全满足水产养殖的这一特殊需求。在循环水养殖的实施中，可为水资源的可持续性利用提供有利的技术手段，应用前景广阔。中国是水产养殖大国，水产养殖年产量占到世界总产量的 70%，因此，生物絮凝剂处理水产养殖废水已形成了非常迫切的市场需求。

邱军强等认为，微生物絮凝剂作为一种新型的絮凝剂，因其安全、高效等特性，正逐渐成为目前水产养殖废水处理研究的热点。微生物絮凝剂作为水质改良剂在水产养殖中具有广阔的应用前景[82]。

虽然传统絮凝剂的絮凝效果好且价格便宜，但其在自然界中很难降解，其中的丙烯酰胺单体不仅会造成神经损伤，而且是强致癌物质，而铝则可能导致阿尔茨海默病。对微生物来说，养鱼污水中 C、N 等是其生长的必要元素，且生长过程中可产生具有絮凝活性的物质，使水中的颗粒性物质和有机物絮凝沉降，提高水体的透明度和溶氧量，从而改善养殖水环境。

在养殖池塘中施放微生物絮凝剂产生菌，能快速降解养殖代谢产物，促进优良浮游微藻繁殖，抑制有害菌繁殖，促进有益菌形成优势，改善水体质量。

微生物絮凝剂在水产养殖中的应用可分两种：一种是室外的基于藻菌共生的微生物絮凝；另一种是室内的，以细菌为主的微生物絮凝。前者需要光照，适合于室外池塘养殖滤食性水生生物，后者不需要光照，适合于室内过冬或者高密度养殖滤食性水生生物。微生物絮凝剂在净化水质的同时，又可以作为滤食性水生动物的饵料。从工艺上划分，水产养殖系统中应用微生物絮凝技术分两大类：第一类是直接在养殖池中进行微生物絮凝，如在虾类养殖池和罗非鱼养殖池中添加一定量的碳源和充分的曝气进行微生物絮体的培养；第二类是和养殖池分开，将养殖用水泵出养殖池进行微生物絮凝，培养好后收集絮凝体进行投喂。后者可以和循环水养殖结合起来，解决循环水养殖的固体颗粒物的处理问题。生物絮凝剂对于解决海水循环水养殖系统中含盐的固体废弃物的处理提供了很好的解决办法[83]。国外很多工厂化养鱼场已经大量采用生化净水手段来去除养殖水体的溶解性污染物，并取得耗水量少、养殖密度高、产量大的效果，彻底地解决了养殖环境内外的污染。

罗亮等展望了微生物絮凝在水产养殖废水处理中的应用前景[84]。近年来，我国水产养殖业快速发展。然而，过低的饲料利用率导致大部分所投喂的饲料仍然以氮、磷等形式存在于养殖废水中。这些水产养殖废水大量排入河流、湖泊甚至海洋中，造成水体的富营养化甚至发生赤潮等灾害。建立一套适合我国水产养殖业可持续发展的高效健康养殖技术模式，改善养殖水环境成为我国水产养殖业可持续发展的关键。利用微藻细菌絮凝技术规模化处理水产养殖废水。用益生菌等微生物制剂调控水产养殖水体、生物浮床技术、人工湿地净化技术等，也广泛应用于水产养殖废水处理和净化过程中。以色列养殖专家Avnimelech提倡的生物絮团技术具有降低饲料消耗、减少养殖污水排放等优点，是比较先进的水产养殖技术之一，目前在对虾、罗非鱼养殖中应用较多。与工业废水、城市生活污水相比，水产养殖废水的特点是：①碳、氮、磷等营养物质含量较高，可以促进微生物的生长繁殖；②COD、BOD及固体悬浮物等相对含量较低，易于处理。这些都是应用微生物絮凝剂处理水产养殖废水的重要基础。生物絮团技术在我国水产养殖中的应用尚处于起步阶段。通过微生物富集、分离纯化，筛选出适合养殖池应用的高效微生物絮凝剂产生菌群，应用到养殖池中，通过其分泌的微生物絮凝剂来促进生物絮团在池中的形成，以改善池水环境，降低饲料系数、促进生长，最终形成一套水产养殖的高效、健康、节水养殖模式。

9.3.2　污染淡水的可持续性利用

9.3.2.1　淡水资源

地球上的水资源，从广义来说是指水圈内水量的总体，包括经人类控制并直接可供给水、灌溉、发电、养殖、航运等用途的地表水和地下水，以及江河、湖泊、井、泉、潮汐、港湾和养殖水域等。水资源是发展国民经济不可缺少的重要自然资源。在世界许多地方，对水的需求已经超过水资源所能负荷的程度，同时有许多地区也濒临水资源利用不平衡。

人们通常的饮用水都是淡水。地球上的淡水总量为47万亿m^3。地球上的水很多，淡水储量仅占全球总水量的2.53%，而且其中的68.7%又属于固体冰川，分布在难以利用的高山和南、北两极地区，还有一部分淡水埋藏于地下很深的地方，很难进行开采。目前，人类可以直接利用的只有地下水、湖泊淡水和河床水，三者总和约占地球总水量的 0.77%。目前，人类对淡水资源的用量越来越大，除去不能开采的深层地下水，人类实际能够利用的水只占地球上总水量的 0.26%左右。到目前为止人类淡水消费量已占全世界可用淡水量的 54%，而淡水只占全球总水源量的 1%以下。淡水的污染问题未完全消除，因此，保护水质、合理利用淡水资源，已成为当代人类普遍关心的重大问题。

我国淡水资源总量约为 2.8 万亿 m^3，占世界径流资源总量的 6%；却是用水量最多的国家，占世界年取水量的 12%。由于人口众多，当前我国人均水资源占有量不足 2300m^3，约为世界人均占有量的 1/4，在世界上名列 121 位，是全球 13 个人均水资源最贫乏的国家之一。

9.3.2.2 淡水资源现状的影响

淡水资源枯竭，水质恶化带来了严重的后果。当一个国家每人每年用水量在 1000m^3“基线”以下时，该国被认为可能要长期缺水，而许多地区已经存在着长期水缺乏；许多大河的流量和水流时间几乎全部为人类控制，这对水族生物非常不利，导致鱼量的减少和生物多样性的破坏。全世界有 70 亿人口，相当于世界人口的 1/6 得不到卫生的水，有 24 亿人，即世界人口的 40%得不到合格的清洁服务；每天大约有 6000 名儿童死于不卫生的水和不合格的卫生及清洁条件所引起的疾病；不卫生的水和不清洁的环境估计造成了发展中国家所有疾病的 80%；妇女和女孩由于缺乏卫生设施往往受害最重。

9.3.2.3 我国的淡水问题

我国目前容易利用的淡水资源主要是河流水、淡水湖泊水及浅层地下水。

（1）水资源严重短缺，水资源供需矛盾突出。据统计，我国有 2000 万人饮水困难；400 多座城市严重缺水。全国各地都有可能发生旱灾，松辽平原、黄淮海平原、黄土高原、四川盆地东部和北部、云贵高原至广东湛江一带旱灾发生率较高。华北平原工农业比较发达，人口稠密，河流径流量小，供水情况相当紧张。造成水资源供需矛盾的主要原因是水资源分布不均匀和水资源开发利用率低，而用水量却随国民经济发展迅速增长。2009 年末至 2010 年在云南、贵州、广西、重庆、四川等地曾发生了百年一遇的特大干旱事件，预计在 2030 年我国将会出现缺水高峰。

（2）水域污染严重，淡水水质恶化。目前我国大部分城市和地区的淡水资源已经受到了不同程度的破坏。

随着经济迅速发展，传统的经济模式使我国的有限资源不断减少，废弃物逐渐增多，淡水水质遭到严重破坏，造成水污染现象普遍存在。淡水污染主要由人类活动排放的污染物造成水体水质污染。按水体的类型可分为如下两种。①河流污染。其特点为污染程度随径流量和排污的数量与方式而变化。污染物扩散快，上游的污染会很快随水流而影响下游，某河段的污染会影响到整个河道水生生物环境。污染影响大，河水中的污染物可通过饮水、河水灌溉农田和食物链而危害人类；②湖泊（水库）污染。其特点为某些污染物会长期停留其中发生量的积累和质的变化。主要是磷、氮等植物营养元素所引起的湖水富营养化。

据监测，当前全国多数城市地下水受到一定程度的点状和面状污染，且有逐年加重的趋势。日趋严重的水污染不仅降低了水体的使用功能，进一步加剧了水资源短缺的矛盾，对我国正在实施的可持续发展战略带来了严重影响，而且还严重威胁到城市居民的饮水安全和人民群众的健康。

人口增长、工业发展和灌溉农业的扩张引起对淡水需求的大幅增长，而生活水平的提高也不能不视为水资源需求增长的重要因素。淡水资源短缺和水质恶化严重困扰着人类的生存与发展。

9.3.2.4 污染淡水现有的处理方式

污水处理的方法很多，一般可分为物理法、化学法和生物法等，目前污水处理主要有以下几种方法。

1）吸附法

吸附法是指当气体或液体与固体接触时，在固体表面上某些成分被富集的过程。吸附法处理废水就是利用投加吸附剂而去除水中微量的污染物，此法具有适应的范围广、处理效果好、吸附剂可重复使用等优点，但也存在着对废水进行预处理要求高、操作麻烦等缺点。

2）化学混凝法

化学混凝法的机制至今还未清楚，可以认为主要是三个方面的作用，即压缩双电层、吸附架桥作用和沉淀物网捕作用。混凝法可以降低水的浊度和色度，去除多种高分子有机物、重金属及放射性物质，并改善污泥的脱水性能。随着科学技术的发展，混凝剂的种类也日益增多，这为混凝技术的广泛应用提供了更为广阔的空间。

3）电化学处理技术

电化学处理技术是指在外加电场的作用下，在特定的电化学反应器内，通过一系列设计的化学反应电化学过程或物理过程，产生大量的自由基，进而利用自由基的强氧化性对废水中的污染物进行降解的技术过程。电化学水解技术具有多功能性、高度的灵活性、无污染或少污染性，易于控制和经济性等特点。但也存在着高能耗高成本、析氢和析氧等副反应的缺点。

4）生化处理技术

生化处理技术是利用微生物的代谢作用，将水中呈溶解胶体状态的有机物质转化为稳定的易降解物质，利用微生物的生化作用，从而使废水得以净化。生化处理法具有成本低、投资少、效率高、无二次污染等特点，广泛为各国使用。生化处理过程不需要高温高压，它是不需要投加催化剂的催化反应，比一般化学反应优越得多，其处理废水费用低，运行管理方便，是废水处理系统中最重要的过程之一。

水污染问题是环境保护中亟待解决的问题，随着科学技术的不断发展，污水处理系统也不断被革新，但每种方法都有其优点和缺点及适用的废水条件，故需要将多种处理方法相联系相组合才能更好地解决这一环境问题。

9.3.2.5 污染淡水多糖生物絮凝剂净化新技术

淡水是饮用水原水、农业灌溉、水产养殖、工业生产等的重要资源。多糖生物絮凝剂由于其无毒高效、可生物降解、无二次污染的自然属性，为污染淡水的无毒净化和有限淡水资源的可持续性利用，提高利用效率提供了一种可靠的技术保证。与目前的污水处理方法相比，微生物多糖生物絮凝剂通过絮凝作用对水质的处理与净化方法具有投资最少、反应最快、使用成本低、具有最方便的操作性、絮凝效率高、对环境无污染等特点。

微生物多糖生物絮凝剂的研究是世界科学前沿，这类产品的生产开发属于国家《产业结构调整指导目录（2015年本）》第一类“鼓励类”。2016年我国《国民经济和社会发展第十三个五年规划纲要》指出：加快改善生态环境，要发展绿色环保产业。优化现代产业体系，培育壮大新兴产业，改造提升传统产业，加快构建创新能力强的环境友好的现代产业新体系。微生物多糖絮凝剂为绿色对环境友好的产品，产品应用符合绿色环保发展方向。

作者采用选育的微生物絮凝剂产生菌节杆菌 LF-Tou2 制备了多糖生物絮凝剂 LF16，对以黄河水为水源的济南黄河水厂入厂原水和青岛城投大任水务有限公司的污水原水进行了絮凝处理试验，并以市场上应用的几种聚合化学絮凝剂进行了絮凝效果对比。

表9-1显示了对黄河水原水絮凝处理的效果。试验中化学絮凝剂的加量为5mg/L，LF16微生物絮凝剂的加量为0.2mg/L。经絮凝处理后测定上清液中各项指标残留。

试验结果证明，微生物絮凝剂在加量只有化学絮凝剂1/25的条件下多数指标达到了基本相同的效果，但在藻类总数的去除上效果要远远高于聚合化学絮凝剂，去除率达81.8%。

表9-2显示了对污水处理厂原水絮凝处理的效果。试验中化学絮凝剂PAC的加量为11mg/L，LF16微生物絮凝剂的加量为5mg/L。混合絮凝后测定上部清液中诸项指标的残留。

表 9-1　入厂黄河原水的絮凝处理效果

序号	项目	限值	原水	PFC	PASC	PAC	LF16
1	色度	≤15	9	13	<5	<5	5
2	pH	6.5～8.5	8.11	8.34	8.37	8.09	8.03
3	COD_{Mn}/（mg/L）	≤3	3.4	2.6	1.9	2.1	2.1
4	Fe/（mg/L）	≤0.3	0.069	0.234	0.064	0.024	0.037
5	Mn/（mg/L）	≤0.1	0.002	<0.001	<0.001	<0.001	<0.001
6	Cu/（mg/L）	≤1.0	0.002	<0.002	<0.002	<0.002	<0.002
7	Zn/（mg/L）	≤1.0	0.025	0.017	0.009	0.005	0.010
8	Cr^{6+}/（mg/L）	≤0.05	0.004	0.004	<0.004	<0.004	<0.004
9	Al/（mg/L）	≤0.2	0.27	<0.017	0.155	0.168	0.113
10	Ni/（mg/L）	≤0.02	0.001	<0.001	<0.001	<0.001	<0.001
11	藻类总数/(万个/L)		76.8	67.7	42.0	65.5	14

表 9-2　污水处理厂污水原水的絮凝处理效果

项目	原水指标	PAC	去除率/%	LF16	去除率/%
COD_{Mn}/（mg/L）	859	274	68.1	60	93
TN/（mg/L）	224	163	27.23	156	30.36
TP/（mg/L）	22.9	3.18	86.11	2.98	87
Fe/（mg/L）	84.6	3.69	95.64	2.18	97.4
Mn/（mg/L）	0.434	0.06	86.18	0.053	87.8

由表 9-2 中数据可以看出，微生物絮凝剂在加量只有化学絮凝剂不足一半的条件下测定指标均优于化学絮凝剂，显示出了无毒无害，且又高效的絮凝性能。COD、TP、Fe、Mn 都达到了 87%以上的絮凝处理效果。

取之于青岛市城阳区生活污水排放口的生活污水样品经测定，浊度为 282NTU，SS 为 215mg/L，TP 为 8.75mg/L，TN 为 49.43mg/L，COD_{Mn} 为 185.53mg/L。絮凝处理絮凝剂的加量分别为：PAC 11mg/L、PAM 0.2mg/L、PAM^{+} 0.3mg/L、LF16 0.2mg/L。按照絮凝程序混合处理后，测定上部清液中各项指标。试验结果列于表 9-3。

表 9-3　生活污水的絮凝处理效果

絮凝剂及加量/（mg/L）	浊度去除率/%	SS 去除率/%	TP 去除率/%	TN 去除率/%	COD 去除率/%
PAC：11	93.48	78.14	69.49	34.32	77.90
PAM：0.2	94.26	93.02	70.4	35.69	77.36
PAM^{+}：0.3	94.61	87.44	70.17	37.58	77.18
LF16：0.2	94.93	95.35	71.71	36.54	79.36

表 9-3 中的絮凝试验结果可以说明，微生物絮凝剂达到化学絮凝剂对生活污水的絮凝处理效果，在 SS 和 COD 的去除率上要高于化学絮凝剂。这就足以说明，微生物絮凝剂一定会在绿色环保中发挥积极作用。

参 考 文 献

[1] Zhou Y, Franks G V. Flocculation mechanism induced by cationic polymers investigated by light scattering. Langmuir, 2006, 22: 6775-6786.

[2] Deng S, Yu G, Ting Y P. Production of a bioflocculant by *Aspergillus parasiticus* and its application in dye removal. Colloids Surf B: Biointerfaces, 2005, 44: 179-186.

[3] Freitas F, Alves V D, Pais J, et al. Characterization of an extracellular polysaccharide produced by a *Pseudomonas strain* grown on glycerol. Bioresour Technol, 2009, 100: 859-865.

[4] Kavita K, Singh V K, Mishra A, et al. Characterisation and anti-biofilm activity of extracellular polymericsubstances from *Oceanobacillus iheyensis*. Carbohydr Polym, 2014, 101: 29-35.

[5] Li W, Zhou W, Zhang Y, et al. Flocculation behavior and mechanism of an exopolysaccharide from the deep-sea psychrophilic bacterium *Pseudoalteromonas* sp. SM9913. Bioresour Technol, 2008, 99: 6893-6899.

[6] Shin H S, Kang S T, Nam S Y. Effect of carbohydrates to protein in EPS on sludge settling characteristics. Water Sci Technol, 2001, 43: 193-196.

[7] Yu G-H, He P-J, Shao L-M. Characteristics of extracellular polymeric substances (EPS) fractions from excess sludges and their effects on bioflocculability. Bioresour Technol, 2009, 100: 3193-3198.

[8] He N, Li Y, Chen J, et al. Identification of a novel bioflocculant from a newly isolated *Corynebacterium glutamicum*. Biochem Eng J, 2002, 11: 137-148.

[9] Deng S, Bai R, Hu X, et al. Characteristics of a bioflocculant produced by *Bacillus mucilaginosus* and its use in starch wastewater treatment. Appl Microbiol Biotechnol, 2003, 60: 588-593.

[10] Wu Q, Tun H M, Leung FC-C, et al. Genomic insights into high exopolysaccharide-producing dairy starter bacterium *Streptococcus thermophilus* ASCC 1275. Sci Rep, 2014, 4: 4974.

[11] Yim J H, Kim S J, Ahn S H, et al. Characterization of a novel bioflocculant, p-KG03, from a marine dinoflagellate, *Gyrodinium impudicum* KG03. Bioresour Technol, 2007, 98: 361-367.

[12] Tang W, Song L, Li D, et al. Production, characterization, and flocculation mechanism of cation independent, pH tolerant, and thermally stable bioflocculant from *Enterobacter* sp. ETH-2. 2014. PLoS One, 9, e114591.

[13] Xiong Y, Wang Y, Yu Y, et al. Production and characterization of a novel bioflocculant from *Bacillus licheniformis*. Appl Environ Microbiol, 2010, 76: 2778-2782.

[14] Yuan S J, Sun M, Sheng G P, et al. Dentification of key constituents and structure of the extracellular polymeric substances excreted by *Bacillus megaterium* TF10 for their flocculation capacity. Environ Sci Technol, 2010, 45: 1152-1157.

[15] Divakaran R, Pillai V N S. Flocculation of river silt using chitosan. Water Res, 2002, 36: 2414-2418.

[16] Lu Y, Shang Y, Huang X, et al. Preparation of strong cationic chitosan-graft-polyacrylamide flocculants and their flocculating properties. Ind Eng Chem Res, 2011, 50: 7141-7149.

[17] Coruh H A. Use of calcium alginate as a coagulant in water treatment. Middle East Technical

University, Ankara, 2005.
[18] Zhao Y X, Gao B Y, Wang Y, et al. Coagulation performance and floc characteristics with polyaluminum chloride using sodium alginate as coagulant aid: a preliminary assessment. Chem Eng J, 2012, 183: 387-394.
[19] Khiari R, Dridi-Dhaouadi S, Aguir C, et al. Experimental evaluation of eco-friendly flocculants prepared from date palm rachis. Environ Sci, 2010, 2: 1539-1543.
[20] Mishra S, Rani G U, Sen G. Microwave initiated synthesis and application of polyacrylic acid grafted carboxymethyl cellulose. Carbohydr Polym, 2012, 87: 2255-2262.
[21] Pang Y, Ding Y, Chen J, et al. Synthesis and flocculation characteristics of cationic modified corncob: a novel polymeric flocculant. Agric Sci, 2013, 4: 23-28.
[22] Wu H, Yang R, Li R, et al. Modeling and optimization of the flocculation processes for removal of cationic and anionic dyes from water by an amphoteric grafting chitosan-based flocculant using response surface methodology. Environ Sci Pollut Res, 2015b, 22: 13038-13048.
[23] Renault F, Sancey B, Charles J, et al. Chitosan flocculation of cardboard-mill secondary biological wastewater. Chem Eng J, 2009b, 155: 775-783.
[24] You L, Lu F, Li D, et al. Preparation and flocculation properties of cationic starch/chitosan crosslinking-copolymer. Hazard Mater, 2009, 172: 38-45.
[25] Zeng D, Hu D, Cheng J. Preparation and study of a composite flocculant for papermaking wastewater treatment. Environ Prot, 2011, 2: 1370-1374.
[26] Yuan Y H, Jia D M, Yuan Y H. Chitosan/sodium alginate, a complex flocculating agent for sewage water treatment. Adv Mater Res, 2013, 641–642: 101-114.
[27] Patil S V, Patil C D, Salunke B K, et al. Studies on characterization of bioflocculant exopolysaccharide of *Azotobacter indicus* and its potential for wastewater treatment. Appl Biochem Biotechnol, 2011, 163: 463-472.
[28] Mukherjee S, Mukhopadhyay S, Pariatamby A, et al. Optimization of pulp fibre removal by flotation using colloidal gas aphrons generated from a natural surfactant. Environ Sci, 2014, 26: 1851-1860.
[29] Zhu H, Zhang Y, Yang X, et al. An eco-friendly one-step synthesis of dicarboxyl cellulose for potential application in flocculation. Ind Eng Chem Res, 2015a, 54: 2825-2829.
[30] Prasad M D, Kumar D S. Application of polymeric flocculant for enhancing settling of the pond ash particles and water drainage from hydraulically stowed pond ash. Int J Min Sci Technol, 2013, 23: 21-26.
[31] Suopajarvi T, Liimatainen H, Hormi O, et al. Coagulation-flocculation treatment of municipal wastewater based on anionized nanocelluloses. Chem Eng J, 2013, 231: 59-67.
[32] Zamudio-Pérez E, Rojas-Valencia N, Chairez I, et al. Coliforms and helminth eggs removals by coagulation-flocculation treatment based on natural polymer. J Water Resour Protect, 2013, 5: 1027-1036.
[33] Ghorai S, Sarkar A, Panda A B, et al. Evaluation of the flocculation characteristics of polyacrylamide grafted xanthan gum/silica hybrid nanocomposite. Ind Eng Chem Res, 2013, 52: 9731-9740.
[34] Kolya H, Sasmal D, Tripathy T. Novel biodegradable flocculating agents based on grafted starch family for the industrial effluent treatment. Polym Environ, 2017, 25: 408-418.
[35] Zhu X F, Su X X, Yang X L, et al. Preparation and application of sepiolite/xanthan gum compound flocculant. J Appl Chem Ind, 2009, 9: 1241-1244.
[36] Kono H. Cationic flocculants derived from native cellulose: preparation, biodegradability and removal dyes in aqueous solution. Resour Eff Technol, 2017, 3: 55-63.

[37] Grenda K, Arnold J, Gamelas A F, et al. Environmentally friendly cellulose-based polyelectrolytes in wastewater treatment. Water Sci Technol, 2017, 76 (10p).
[38] Wang S, Hou Q, Kong F, et al. Production of cationic xylan–METAC copolymer as a flocculant for textile industry. Carbohydr Polym, 2015, 124: 229-236.
[39] Cai T, Li H, Yang R, et al. Efficient flocculation of an anionic dye from aqueous solutions using a cellulose-based flocculant. Cellulose, 2015, 22: 1439-1449.
[40] Singh R P, Pal S, Ali S K A. Novel biodegradable polymeric flocculants based on cationic polysaccharides. Adv Mater Lett, 2014, 5: 24-30.
[41] Kolya H, Tripathy T. Preparation, investigation of metal ion removal and flocculation performances of grafted hydroxyethyl starch. Int J Biol Macromol, 2013a, 62: 557-564.
[42] Zhang B, Su H, Gu X, et al. Effect of structure and charge of polysaccharide flocculants on their flocculation performance for bentonite suspensions. Colloids Surf A Physicochem Eng Asp, 2013a, 436: 443-449.
[43] Zhang Q, Wang D, Yei B, et al. Flocculation performance of trimethyl quaternary ammonium salt of lignin alginate polyampholyte. Bioresources, 2013b, 8: 3544-3555.
[44] Dong C, Chen W, Liu C. Flocculation of algal cells by amphoteric chitosan-based flocculant. Bioresour Technol, 2014a, 170: 239-247.
[45] Yang C H, Shih M C, Chiu H C, et al. Magnetic *Pycnoporus sanguineus*-loaded alginate composite beads for removing dye from aqueous solutions. Molecules, 2014, 19: 8276-8288.
[46] Mazeika D, Streckis S, Radzevicius K, et al. Flocculation of *Bacillus amyloliquefaciens* H disintegrates with cationized starch and aminated hydroxyethyl cellulose. Dispers Sci Technol, 2015, 36: 146-153.
[47] Anthony R, Sims R. Cationic starch for microalgae and total phosphorus removal from wastewater. Appl Polym Sci, 2013, 130: 2572-2578.
[48] Liberatore M W, Peterson B N, Nottoli T, et al. Effectiveness of cationically modified cellulose polymers for dewatering algae. Sep Sci Technol, 2016, 51: 892-898.
[49] Yu S, Min S K, Shin H S. Nanocellulose size regulates microalgal flocculation and lipid metabolism. Sci Rep, 2016, DOI: 10. 1038/srep35684.
[50] Zheng H L, Zhang P, Zhu G C, et al. Clinical significance of miR-155 expression in breast cancer and effects of miR-155 ASO on cell viability and apoptosis. Asian J Chem, 2012, 24: 2598-2604.
[51] Bratskaya S Y, Pestov A V, Yatluk Y G, et al. Heavy metals removal by flocculation/ precipitation using *N*-(2-carboxyethyl)chitosans. Colloids Surf A Physicochem Eng Asp, 2009, 339: 140-144.
[52] Licea-Claverie A, Schwarz S, Steinbach C, et al. Chitosan and mixtures with aqueous biocompatible temperature sensitive polymer as flocculants. Int J Carbohydr Chem, 2013, DOI: 10. 1016/j. colsurfa. 2012. 03. 048
[53] Chee S Y, Wong P K, Won C L. Extraction and characterisation of alginate from brown seaweeds (Fucales, Phaeophyceae) collected from port Dickson, Peninsular Malaysia. Appl Phycol, 2011, 23: 191-196.
[54] Rani P, Mishra S, Sen G. Microwave based synthesis of polymethyl methacrylate grafted sodium alginate: its application as flocculant. Carbohydr Polym, 2013, 91: 686-692.
[55] Sand A, Yadav M, Mishra D K, et al. Modification of alginate by grafting of N-vinyl-2-pyrrolidone and studies of physicochemical properties in terms of swelling capacity, metal-ion uptake and flocculation. Carbohydr Polym, 2010, 80: 1147-1154.
[56] Abdel-Halim E S, Al-Deyab S S. Chemically modified cellulosic adsorbent for divalent cations

removal from aqueous solutions. Carbohydr Polym, 2012, 87: 1863-1868.
[57] Ghimici L, stantin M, Fundueanu G. Novel biodegradable flocculanting agents based on pullulan. Hazard Mater, 2010, 181: 351-358.
[58] Kolya H, Tripathy T, De B R. Flocculation performance of grafted xanthangum: a comparative study. J Phys Sci, 2012, 16: 221-234.
[59] Ho Y C, Norli I, Alkarkhi A F M, et al. Analysis and optimization of flocculation activity and turbidity reduction in kaolin suspension using pectin as a biopolymer flocculant. Water Sci Technol, 2009, 60: 771-781.
[60] Ho Y C, Norli I, Alkarkhi A F M, et al. Characterization of biopolymeric flocculant (pectin) and organic synthetic flocculant (PAM): a comparative study on treatment and optimization in kaolin suspension. Bioresour Technol, 2010, 101: 1166-1174.
[61] Moral C K, Yildiz M, Alginate production from alternative carbon sources and use of polymer based adsorbent in heavy metal removal. Polym Sci, 2016, 7109825 (8p).
[62] Zamudio-Pérez E, Rojas-Valencia N, Chairez I, et al. Coliforms and helminth eggs removals by coagulation-flocculation treatment based on natural polymers. Water Resour Protect, 2013, 5: 1027-1036.
[63] Yumei L, Yamei L, Qiang L, et al. Rapid biosynthesis of silver nanoparticles based on flocculation and reduction of an exopolysaccharide from *Artheobacter* sp. B4: Its antimicrobial activity and phytotoxicity. J Nanomater, 2017, 9703614.
[64] Kanmani P, Lim S T. Synthesis and characterization of pullulan-mediated silver nanoparticles and its antimicrobial activities. Carbohydr Polym, 2013, 97: 421-428.
[65] Salehizadeh H, Hekmatian E, Sadeghi M, et al. Construction of an artificial cell membrane anchor using DARC as a fitting for artificial extracellular functionalities of eukaryotic cells. J Nanobiotechnol, 2012, 10 (7p). 2012, 10: No. 3. doi: 10. 1186/1477-3155-10-1.
[66] Wang J P, Yuan S J, Wang Y, et al. Synthesis, characterization and application of a novel starch-based flocculant with high flocculation and dewatering properties. Water Res, 2013b, 47: 2643-2648.
[67] Zou J, Zhu H, Wang F, et al. Preparation of a new inorganic–organic composite flocculant used in solid–liquid separation for waste drilling fluid. Chem Eng J, 2011, 171: 350-356.
[68] Yang K, Yang X J, Yang M. Enhanced primary treatment of low-concentration municipal wastewater by means of bio-flocculant Pullulan. J Zhejiang Univ Sci A, 2007, 8: 719-723.
[69] 张峰. 微生物絮凝剂在污泥脱水中的应用. 广州: 暨南大学, 2014.
[70] 何强斌, 张小松, 于海洋. 高效生物絮凝剂在城市污水处理厂污泥调质处理中的应用. 能源环境保护, 2016, 30(4): 31-34.
[71] Geyik A G, Kılıç B, Çeçen F. Extracellular polymeric substances (EPS) and surface properties of activated sludges: effect of organic carbon sources. Environ Sci Pollut Res, 2016, 23: 1653-1663.
[72] Zita A, Hermansson M. Effects of bacterial cell surface structures and hydrophobicity on attachment to activated sludge flocs. Appl Environ Microbiol, 1997, 63: 1168-1170.
[73] Wang L L, Wang L F, Ren X M, et al. pH dependence of structure and surface properties of microbial EPS. Environ Sci Technol, 2012, 46: 737-744.
[74] Kachlany S C, Planet P J, DeSalle R, et al. flp - 1, the first representative of a new pilin gene subfamily, is required for non-specific adherence of *Actinobacillus actinomycetemcomitans*. Mol Microbiol, 2001, 40: 542-554.
[75] Beech I B, Sunner J. Biocorrosion: towards understanding interactions between biofilms and

metals. Curr Opin Biotechnol, 2004, 15: 181-186.

[76] Santamaría M, Díaz-Marrero A R, Hernández J, et al. Effect of thorium on the growth and capsule morphology of *Bradyrhizobium*. Environ Microbiol, 2003, 5: 916-924.

[77] Gutnick D, Bach H. Engineering bacterial biopolymers for the biosorption of heavy metals; new products and novel formulations. Appl Microbiol Biotechnol, 2000, 54: 451-460.

[78] Prado Acosta M, Valdman E, Leite S G, et al. Biosorption of copper by *Paenibacillus polymyxa* cells and their exopolysaccharide. World J Microbiol Biotechnol, 2005, 21: 1157-1163.

[79] Nouha K, Hoang N, Song Y, et al. Critical review of EPS production, synthesis and composition for sludge flocculation. J Civil & Environ Eng, 2016b, 5: 191. DOI: 10. 4172/2165-784X. 1000191.

[80] Salehizadeh H, Shojaosadati S. Removal of metal ions from aqueous solution by polysaccharide produced from *Bacillus firmus*. Water Res, 2003, 37: 4231-4235.

[81] AjayKumar A V, Darwish N A, Hilal N. TiO_2 /bone composite materials for the separation of heavy metal impurities from waste water solutions. World Appl Sci J, 2009, 5: 32-40.

[82] 邱军强, 乐韵, 郑文炳, 等. 微生物絮凝剂在养殖废水处理中的应用. 生物学杂志, 2011, 28(6): 98-101.

[83] 罗国芝, 朱泽闻, 潘云峰, 等. 生物絮凝技术在水产养殖中的应用. 中国水产, 2010, 2: 62-63.

[84] 罗亮, 赵志刚, 都雪, 等. 微生物絮凝剂在水产养殖废水处理中的应用展望. 水产学杂志, 2016, 29(5): 60-64.

10 节杆菌 LF-Tou2 多糖生物絮凝剂研究

絮凝作用是采用絮凝剂通过聚集、絮凝及沉淀过程使液体体系中不易沉降的悬浮颗粒（颗粒直径一般为 1～200nm）达到快速分离的过程，其絮凝机制表现为电性中和、桥联、卷扫及吸附作用。絮凝剂已广泛地应用于各种工艺分离过程，如供水和废水处理、食品及发酵工业废水、制药下游工艺及废水、江河等地表水等的处理与净化、污泥脱水等。絮凝剂可分为三类：①无机絮凝剂，如硫酸铝和复合氯化铝；②有机合成高分子多聚物，如聚丙烯酸和聚丙烯酰胺衍生物；③生物絮凝剂，如壳聚糖、海藻酸钠、明胶和微生物多聚物[1,2]。

微生物产生的多糖生物絮凝剂是继化学合成絮凝剂之后代表着水处理剂研究与发展方向的生物净水制剂。它是由微生物自身代谢产生的具有絮凝活性的生物多聚物。微生物絮凝剂是利用现代微生物技术通过选育优良菌株，优化发酵，从细胞外分泌物或细胞结构提取、纯化而获得的一种无毒安全、高效、具有生物相容性、可生物降解和使用无二次污染的新型水处理剂。一般来说，微生物絮凝剂的生产是以单纯的碳水化合物为碳源，经特殊微生物代谢、催化合成的具有絮凝功能的多聚物大分子，整个发酵过程在常温、常压条件下进行，是一种绿色生产工艺。近几年来，微生物絮凝剂的研究开发速度之快，预示着一个新的生物技术产业的崛起。由于微生物絮凝剂的天然属性，其在饮用水处理、水产养殖废水处理和海水养殖微藻絮凝回收等方面存在着巨大的发展空间。

絮凝沉降在水处理中占有极其重要的地位，国内外的工业废水处理，使用絮凝处理的比例占 60%～70%，而自来水工业几乎 100%使用絮凝处理作为净水手段。在人类与环境和睦相处，经济与自然协同发展的时代，微生物絮凝剂将在水质无毒净化中发挥重要作用。

10.1 菌种分离与优化培养

10.1.1 材料与方法

10.1.1.1 取样

菌种的分离材料分别来自于菜地、果园、酿造厂、污水沟、污水处理厂、油田等。将取得的材料尽快放在带有冰块的保温杯中，然后在尽快短的时间内存入

4℃冰箱。若是土样应选有机质含量丰富、具有一定的湿度、距地表面 3cm 以下的土壤，取样时间以在夏季和秋季为好。取好样后应尽快进入菌种分离环节。

10.1.1.2 菌种分离

样品按微生物学常规操作方法进行系列稀释，直到获得 10^{-6} 稀释度稀释液；按常规操作方法制备分离培养基平板；稀释液涂布平板（根据具体情况取不同稀释度），用无菌吸管取 0.2mL 样品稀释液加到平板中的培养基表面上，每个稀释度做 3 个平板重复，最后把平板按稀释度分组进行培养。在培养期间不断进行生长状况观察，以获取期望的菌株。

10.1.1.3 培养基

分离用选择性培养基（IS，g/L）：甲基苯 10.0；$(NH_4)_2SO_4$ 2.5；玉米浆 0.5；$MgSO_4$ 0.2；K_2HPO_4 5.0；$CaCl_2$ 0.1。

絮凝剂产生用培养基（PM，g/L）：混合糖（98%葡萄糖+2%麦芽低聚糖）20g；K_2HPO_4 5g；$(NH_4)_2SO_4$ 0.6g；玉米浆 1g；$MgSO_4$ 0.2g；$CaCl_2$ 0.1g；蒸馏水 1000mL，调 pH 为 7.0～7.2。在 500mL 三角瓶中分装 100mL 液体培养基。1kg/cm^2 蒸汽灭菌 20min，备用。

最适碳源和氮源培养基：试验碳源 2%；玉米浆 0.5%及分离培养基中的其他成分。试验氮源 0.5%；葡萄糖 2%及分离培养基中的其他成分。

10.1.1.4 培养

固体培养平板和斜面试管在 30℃静置培养。液体三角瓶接种用斜面菌种在培养前活化培养 18～22h，接种三角瓶后在 30℃、170r/min 振荡培养。

10.1.1.5 细胞生长的测定

通过测定 660nm 的光密度值（OD_{660}）进行表示。

10.1.1.6 絮凝活性的测定

絮凝活性的测定是在 Kurane[3]报道的方法的基础上进行了某些变更。其操作过程为：在 100mL 刻度量筒中，加入 98mL pH7.5、0.4%的高岭土悬液，2mL 5%的 $CaCl_2$ 溶液和适量发酵液，室温条件下（25℃）把量筒颠倒或往复混合 30s（约 30 个往复），前 10 个混合先在强力下进行，然后温和混合，最后静置放置 5min。用吸管在 50mL 刻度处吸取上清液 5mL 进行 550nm 光密度值（OD_{550}）测定。絮凝活性及絮凝率通过下式进行计算：

$$絮凝活性（FA）=1/A-1/B$$

$$絮凝率（FR）=（B–A）/B$$

式中，A 为样品的 OD_{550}；B 为对照的 OD_{550}。

10.1.1.7　还原糖含量的测定

采用 DNS 法[4]。

10.1.1.8　多糖含量的测定

采用苯酚-硫酸法[5]。

在测定中为了消除培养体系中残留还原糖对显色的干扰，对测定样品首先进行预处理，再对获得的多糖组分进行测定。预处理过程为：在定量体积的样品中加入 3 倍体积的无水乙醇，充分混匀，静置 5min 后在 5000r/min 下离心 5min，倾掉上清液，在 30℃鼓风干燥。然后，在获得的离心物中加入蒸馏水，使其恢复原样品体积，即原样浓度。

10.1.1.9　葡萄糖基转移酶活性的测定

采用对硝基苯酚-吡啶葡萄糖苷法[6]。

10.1.1.10　细胞形态、生理、生化特征分析[7]

革兰氏反应：经典的革兰氏染色法。

个体形态：用光学显微镜 1000 倍油镜观察。

运动：12h 培养物，水浸片法观察。

菌落：用加富培养基制作平板，平板划线或点种，培养 12h 后开始观察。

氧化酶发应：盐酸、二甲基对苯撑二胺变色法。

接触酶：过氧化氢产气泡法。

硝酸盐还原为亚硝酸盐：格里斯氏试验及二苯胺试剂法。

4-硝基酚-β-D-吡啶半乳糖苷酶：ONPG 试纸培养法。

甲基红及 V.P.反应：甲基红试剂，V.P.试剂法。

酯酶：不饱和脂肪酸维克多利亚蓝反应法。

10.1.1.11　16S rRNA 分析的基因组 DNA 提取[7,8]

（1）液体摇瓶（50mL/250mL 三角瓶）12h 培养物，13 000g×30min 离心获得菌体。

（2）收集的细胞以 TE 缓冲液（10mmol/L Tris · HCl）洗 2 遍，然后悬浮于 50mmol/L Tris · HCl-5mmol/L EDTA 中。

（3）加蛋清溶菌酶 1mg/mL，置于 37℃水浴摇床 60min。

（4）加 20% SDS 至终浓度 2%，60℃水浴 10min。

（5）加 5mol/L $NaClO_4$ 至终浓度为 1mol/L。

（6）加等体积氯仿-异戊醇（24∶1，*V*/*V*），振荡 10min。

（7）离心 10 000*g*×10min。

（8）吸取含 DNA 的上层清液，加 2 倍体积乙醇。

（9）用玻璃棒卷出 DNA 丝。

（10）溶于 0.1 SSC（0.1 SSC：0.015mol/L NaCl-0.0015mol/L 柠檬酸钠）。

（11）重复（6）～（10）2～3 次，视样品蛋白质含量而定。

（12）加终浓度为 50μg/mL 的 RNA 酶（RNase 在 pH5.0，0.15mol/L NaCl 中，80℃预处理 10min，以去掉 DNase），置于 37℃水浴摇床 30min。

（13）加等体积氯仿-异戊醇摇 10min。

（14）离心 5000r/min，5min。

（15）吸取水相，加 2 倍体积无水乙醇。

（16）用玻璃棒卷出 DNA 丝，重复（13）～（16）直至无蛋白质层。

（17）加 1mL 3mol/L NaAc-0.001mol/L EDTA pH7.0。

（18）边搅边加 0.54 倍异戊醇。

（19）溶于 0.1 SSC。

（20）用 1% Sepharose 凝胶电泳，用 λDNA/*Hin*dⅢ为分子量标准，进行纯度检查。

10.1.1.12 16S rRNA 序列分析

（1）用 PCR 技术在 TP3000 Thermal Controller（TakaRa Bio INC）中进行 DNA 扩增。稀释的基因组 DNA（1μL）作为模板。正向引物 P_1（5′ CCGGATCCAGAGTTT GATCCTGGTCAGAACGAACGCT 3′）和反向引物 P_3（5′ CCGGATCCTACGGCA CCTTGTTACGACTTCACCC 3′）用作放大的引物。反应条件是 94℃（1min），55℃（30s）30 个循环。扩增的产物用 Agrose Gel DNA Purification Kit Ver.2.0（TaKaRa）进行回收和纯化。

（2）纯化的 PCR 产物用 DNA Ligation Kit（TaKaRa）连接于 PMD18-T Simple 载体上，然后转化到 *E.coli* 感受态细胞 JM109 中，并培养过夜。阳性克隆用 *Bca* BEST 引物 M13-47、*Bca* BEST 引物 RV-M 作为引物通过 PCR 方法进行筛选。

（3）提取质粒 DNA 产物并用 ABIPRISM^{TM}377×L DNA Sequencer（PERKINE LMER）及 *Bca* BEST 引物 M13-47、*Bca* BEST 引物 RV-M 和 P_2（5′CGTGCCAG CACCGCGGT 3′）作为引物进行测序。16S rDNA 序列资料与 GenBank 中现行的微生物 16S rDNA 序列相比较，从而对菌种进行分类。

（4）序列对 GenBank 的提交（Submission）及鉴定比对（Blast）。

10.1.1.13 分批补加培养

首先按分批培养方式在 30℃、170r/min 下进行 48h 摇瓶培养，然后根据生长与还原糖消耗情况确定补料时间，设定补料质量分数为 0.4%、0.6%、0.8%和 1.0%进行分批补加培养。补料时遵循先取样后补料，通过生长、絮凝活性、多糖含量等确定最适补料时间和补料浓度。

10.1.1.14 多糖生物絮凝剂提取

取定量发酵液，在 5000r/min 离心 10min 去除菌体，在上清液中，边快速搅拌边加入 2.5 倍无水乙醇，以 5000r/min 离心 3min。用无水乙醇及乙醚充分地把沉淀各洗一遍，然后在 40℃进行真空干燥。

10.1.2 结果

10.1.2.1 分离菌种的形态、生理特征与生化特征

从取得的样品中共分离到 29 株能同化甲基苯的微生物，并对它们的絮凝活性分别进行了检测。其中，LF-Tou2 菌株絮凝活性最高。表 10-1 指出了 LF-Tou2 菌株的形态、生理及生化特征。图 10-1 为 LF-Tou2 的显微摄影照片。

将斜面菌种在新鲜的培养基上进行活化培养 18h，然后制做水浸片，用 Olympus BH-2 摄影显微镜进行菌体形态拍照。从图 10-1 中可以看出菌体在生长对数后期菌体形态的典型的球-杆变化。在显微镜的视野中有快速运动的单个细胞。

10.1.2.2 分离菌株 LF-Tou2 的 16S rDNA 分析

（1）16S rDNA 扩增及克隆。

（2）引物合成：

P_1（5′ CCGGATCCAGAGTTTGATCCTGGTCAGAACGAACGCT 3′）

P_2（5′ CGTGCCAGCACCGCGGT 3′）

P_3（5′ CCGGATCCTACGGCACCTTGTTACGACTTCACCC 3′）

（3）扩增。以基因组 LF-Tou2 DNA 为模板，以 P_1/P_3 为引物，使用 16S 专用的 TaKaRa LATaq^{TM} 体系 PCR 扩增目的片段。取 5μL 进行琼脂糖凝胶电泳。

（4）目的 DNA 片段回收。使用 TaKaRa Agarose Gel DNA Purification Kit Ver. 2.0 切胶回收 LF-Tou2-16S，取 1μL 进行琼脂糖凝胶电泳。

（5）连接与转化。用 TaKaRa Agarose Gel DNA Purification Kit 中的 Solution I，将 LF-Tou2- 16S 与 PMD18-T Simple 载体连接后，热转化至 *E. coli* Competent cells JM109 中，涂布平板过夜培养菌体。

表 10-1 LF-Tou2 的形态、生理及生化特征

项目	特征
革兰氏染色	+
形状	杆（0.7～1.0μm×10～2.6μm）或球（0.7～1.0μm）
运动	+
菌落	浅黄，不规则
好氧生长	+
氧化酶反应	+
过氧化氢酶	+
硝酸盐还原为亚硝酸盐	+
4-硝基苯-β-D-半乳糖苷转移酶	+
Voges-Proskauer 反应	–
Methyl Red 反应	–
脂酶（脂肪酸同化）	+
生长	
无机氮	+
柠檬酸	+
7.5% NaCl	–
37℃	+
水解	
七叶苷（aesculin）	+
明胶	–
淀粉	–
纤维素	–
产酸	
D-葡萄糖	+
D-甘露糖	+
甘油	+

+. 生长；–. 不生长。

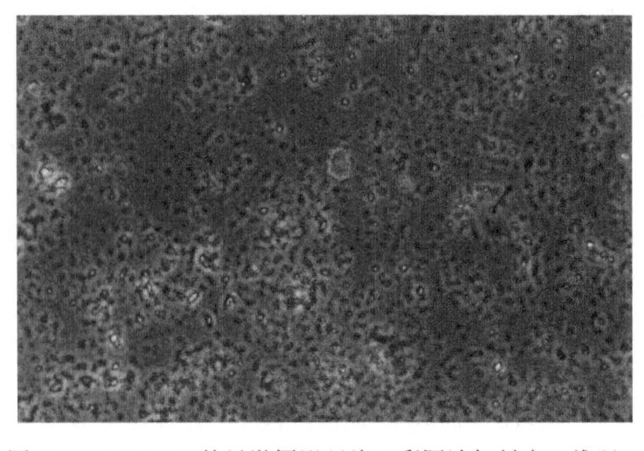

图 10-1 LF-Tou2 的显微摄影照片（彩图请扫封底二维码）

（6）阳性菌落筛选。使用 PCR 的方法，以 *Bca* BEST 引物 M13-47、*Bca* BEST Primer RV-M 为引物，对单菌落进行筛选，挑选阳性菌落进行植菌。对阳性菌提取质粒后，取 1μL 进行琼脂糖凝胶电泳。

（7）测序。分别以 *Bca* BEST Primer M13-47、*Bca* BEST Primer RV-M、P_3 为引物对 LF-4 质粒进行 DNA 测序。

LF-Tou2-16S rDNA 用 ABIPRISM^{TM}377×L DNA Sequencer 测定核苷酸序列；16S rDNA 连接图；16S rDNA 核苷酸序列，由特定引物测定的 16S rDNA 核苷酸序列的全长是 1～1554；经内切酶酶切位点分析可以看出，在测序的 16S rDNA 片段上具有切割位点的酶有：*Apa*I、*Bam*HI、*Bst*XI、*Dra*II、*Sac*II、*Sma*I 和 *Xma*III。

（8）BLAST。将测序得到的 LF-Tou2-16S rDNA 以 1～1554 个核苷酸的序列输入 GenBank 进行 Nucleotide-Nucleotede BLAST。

LF-Tou2 局部 16S rDNA 序列资料表明，在 1442 个碱基中有 1427 个与 GenBank 中的数据一致，与 *Arthrobacter siderocapsulatus* 密切相配。

根据试验的形态、生理生化特征和 16S rDNA 序列分析，分离菌株被鉴定为 *Arthrobacter* sp.。

（9）GenBank 序列号申请。把 LF-Tou2-16S rDNA 序列提交 GenBank，给出的序列号为 AY641537。

10.1.2.3　菌株 LF-Tou2 的 16S rDNA 系统发育树

用 LF-Tou2 的 16S rDNA 与 GenBank 中同源性较高的种属进行序列比对（Blast），绘制了系统发育树（图 10-2），发现菌株 LF-Tou2 在进化上与好氧或兼性厌氧的革兰氏阳性杆菌处于不同的分支，而且有节杆菌属（*Arthrobacter*）和假单孢菌属（*Pseudemonas*）与其进化具有同源性。从形态和生理生化特征上看，由于菌株 LF-Tou2 好氧，菌体具有典型的球-杆变化，G^+；而假单孢菌属好氧，G^-，菌体杆状。因此，从系统进化上来说，LF-Tou2 应属于节杆菌属。

10.1.2.4　培养条件研究

1）LF-Tou2 在特殊碳源上的生长

在试验中发现，特殊碳源即属于一般微生物难以利用的有机污染物碳源，如已烷、PEG、环已烷等能够被所分离的菌株利用，并且生长良好。生长状况示于表 10-2。试验将碳源加入 IM 培养基中，接菌后在 30℃培养 3 天，在不同碳源的菌落周围都有透明圈形成，其生长顺序为：EG>PEG>已烷>环已烷>甲基苯。

2）2%不同碳源对生长和絮凝活性的影响

所分离的菌株 LF-Tou2 不但能够利用已糖、戊糖、二糖生长和产生絮凝活性，还能利用寡糖生长和产生絮凝活性，菌株对多糖的利用能力差。结果示于表 10-3。

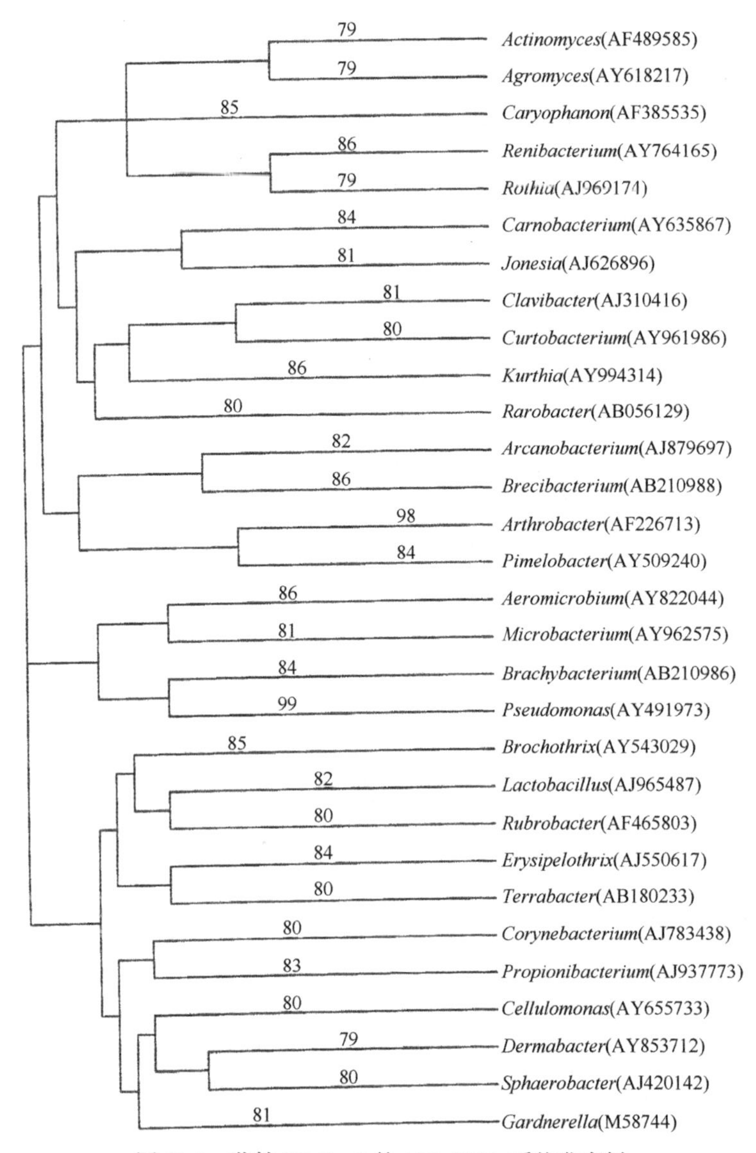

图 10-2 菌株 LF-Tou2 的 16S rDNA 系统发育树

表 10-2 LF-Tou2 在特殊碳源上的生长

特殊碳源	甲基苯	EG	PEG	己烷	环己烷
生长	++	+++	+++	++	++
菌落透明圈直径/mm	14	21	18	16	15

+. 生长程度。

由表 10-3 中的数据可以看出，寡糖、木糖及葡萄糖是优良的碳源。作为原料，由于木糖和寡糖成本昂贵，故选用葡萄糖为最适碳源进行进一步相关试验。

表 10-3 2%不同碳源的生长和絮凝活性

碳源	生长（*m*/*V*）/%	絮凝活性（OD_{550}）
D+葡萄糖	0.97	34.43
D–甘露糖	1.30	11.28
D–半乳糖	1.13	24.12
D–果糖	1.17	5.38
D+木糖	1.27	64.24
D+纤维二糖	1.21	16.22
D+麦芽糖	1.28	6.51
D+蔗糖	1.32	4.86
糊精	1.19	7.86
淀粉	1.35	6.01
寡糖	1.14	57.47
D–乳糖	1.12	16.22

3）最适葡萄糖浓度的影响

试验中将葡萄糖浓度分别设计为：1.0%、1.5%、2.0%、2.5%及 3.0%。从数据可以看出，2%的葡萄糖浓度是合适的浓度，在此浓度下发酵液的絮凝活性为 48.17。试验数据示于表 10-4。

表 10-4 葡萄糖浓度对生长和絮凝活性的影响

葡萄糖浓度(*m*/*V*)/%	1.0	1.5	2.0	2.5	3.0
生长（OD_{660}）	0.90	0.93	0.97	0.97	0.96
絮凝活性	34.43	43.57	48.17	42.73	32.61

4）氮源对生长和絮凝活性的影响

试验选择了 8 种氮源（或组合）对 LF-Tou2 的生长和絮凝活性进行了试验，结果示于表 10-5。由表 10-5 中的数据可以看出，硫酸铵是最好的氮源。牛肉浸膏虽然能够刺激细胞生长，但是经培养所产生的絮凝活性只是硫酸铵的 10.7%。

表 10-5 氮源对 LF-Tou2 生长和絮凝活性的影响

氮源	生长（OD_{660}）	絮凝活性（OD_{550}）
$(NH_4)_2SO_4$	1.08	40.58
NH_4NO_3	1.11	38.77
尿素	1.02	24.13
牛肉膏	2.8	4.35
0.25%$(NH_4)_2SO_4$+0.25%尿素	1.28	6.27
0.4%$(NH_4)_2SO_4$+0.1%L-丙氨酸、	1.19	7.85
D-丙氨酸、D-谷氨酸和 L-赖氨酸（等量混合）	0.04	
天冬氨酸	0.04	0.00
丝氨酸、苏氨酸	1.19	4.45

5）以2%葡萄糖为基础的C/N比的影响

本试验的目的就是在知道适合的碳源和适合的氮源后，针对两者比率对细胞生长与絮凝活性的影响进行研究。试验时用2%葡萄糖浓度，以不同比率的硫酸铵进行配合实验。结果列于表10-6。由表10-6中的数据看出，形成絮凝活性的最适C/N比为6∶1，并且在不同的C/N比下，絮凝活性的形成与细胞生长不呈平行关系。大于或小于最适C/N比，细胞生长得到促进，但明显不利于絮凝活性的形成。

表10-6　C/N比对LF-Tou2生长和絮凝活性的影响

C/N比	2∶1	4∶1	6∶1	8∶1	12∶1	16∶1	20∶1	24∶1
生长（OD_{660}）	0.95	0.71	0.71	0.86	0.90	0.90	0.94	0.87
絮凝活性（OD_{550}）	26.07	56.32	74.42	45.12	37.50	34.54	23.14	19.72

6）不同起始培养pH对LF-Tou2生长与絮凝活性的影响

表10-7中的数据指出，细胞生长和絮凝活性的产生与起始培养基的pH关系密切。中性pH能够明显地促进絮凝剂的形成。一方面，在酸性起始pH，细胞生长和絮凝活性的形成都低于中性pH。另一方面，碱性起始pH下刺激细胞生长，但却降低絮凝活性的形成。如表10-7中数据所表明的一样，发酵液的最终pH与起始pH有着平行关系，也就是说，最终pH随着起始pH的降低而降低，但在酸性起始pH下最终pH降低的程度要比在碱性起始pH下小得多。

表10-7　起始培养pH对LF-Tou2生长及絮凝率的影响

起始pH	5	6	7	8	9
最终pH	3.48	3.67	3.72	4.09	5.05
生长（OD_{660}）	0.22	0.74	0.85	1.20	1.20
絮凝率/%	28.41	89.32	97.66	76.59	72.73

7）不同接种量对LF-Tou2生长和絮凝活性的影响

表10-8指出，接种量对絮凝活性的生成影响很大，但接种量的大小对细胞生物量的生成影响很小。当每毫升培养液的接种量为1.0×10^5个细胞时，形成的絮凝剂絮凝活性达到最高。这时如果继续增加接种量，所获得的絮凝活性反而降低。这一现象说明，接种微生物细胞的生长阶段影响发酵周期的长短及产物的生成，接种微生物细胞的数量由于受环境空间与营养位限制也影响着特定产物的生成。LF-Tou2微生物絮凝剂的合成是一耗能过程。作为培养体系中的碳源，其代谢去路有三：①作为细胞生长的结构物质；②为细胞生长和多糖多聚物合成产生能量；③作为多糖多聚物的结构物质，在为获取生物絮凝剂的培养体系中，细胞的生长是一种基础，故通过接种细胞数的控制来促进产物合成是一种重要的代谢调控手段。

表 10-8 不同接种量对 LF-Tou2 生长和絮凝率的影响

细胞数/（个/mL）	1×10^4	1×10^5	1×10^6	1×10^7
细胞生长（OD_{660}）	0.94	0.92	0.92	0.97
絮凝率/%	91.70	97.85	93.60	88.27

8）不同无机盐对菌体生长和絮凝剂产生的影响

微生物絮凝剂的形成与菌株的遗传性能和培养条件密切相关，温度、无机盐、接种量、维生素和 pH 都明显地影响着细胞生长、絮凝剂的产生及絮凝活性的展示。在试验中用 7 种浓度为 4mmol/L 的无机盐，分别加入液体培养基中进行絮凝活性产生的培养试验，结果列于表 10-9。由表 10-9 中的试验数据可以看出，在试验的无机盐中，$CaCl_2$ 和 $ZnCl_2$ 对于培养过程中絮凝活性的产生非常有效。虽然 $FeCl_3$ 能够刺激细胞生长，但却降低了絮凝活性的形成。$CoCl_2$ 的添加严重地抑制了絮凝剂形成。至于 $AlCl_3$，它在菌种发酵工程中既降低了细胞生长又影响了絮凝活性的形成。絮凝活性的形成和细胞生物量则没有完全的平行关系。

表 10-9 不同无机盐对菌体生长和絮凝率产生的影响

无机盐	细胞生长（OD_{660}）	絮凝率/%
$CaCl_2$	1.10	95.37
Na_2SeO_3	1.07	92.51
$CrCl_2$	1.10	79.29
$AlCl_3$	0.55	72.63
$ZnCl_2$	1.12	95.36
$FeCl_3$	1.28	77.21
$CoCl_2$	0.80	42.42
对照	0.81	90.48

9）培养温度的影响

设定不同的培养温度，测定其对应发酵液的絮凝活性，以发现最合适的培养温度条件。节杆菌 LF-Tou2 产生微生物絮凝剂的最适温度为 27℃。通过试验发现，在不同试验温度下，絮凝剂的活性与细胞生长之间不存在绝对的平行关系，即絮凝活性并不是完全随着生物量的增加而增加。细胞生物量在 27℃最低，但絮凝活性却最高。这可以解释为随着细胞生长多糖絮凝剂随之产生，菌体生长达到稳定期后，产物仍在合成；菌体生长和产物合成存在温度差异及在此条件下的底物分配路径。温度对细胞生长及絮凝活性的影响数据列于表 10-10。

表 10-10　培养温度的影响

温度/℃	细胞生长（OD_{660}）	絮凝率/%
24	0.85	86.36
27	0.70	92.98
30	0.73	89.19
33	0.79	88.76
36	0.83	87.00

10）维生素 B_9 和 B_{12} 对细胞生长和形成絮凝活性的影响

该试验的目的是观察维生素 B_9 和 B_{12} 对细胞生长和絮凝剂形成的关系。如表 10-11 所示，维生素 B_9 能够促进细胞生长并显著地提高絮凝剂的形成。当加入维生素 B_9 40mg/L 时，絮凝活性提高 5.4%。

表 10-11　维生素 B_9 和 B_{12} 的影响

质量浓度/（mg/L）		细胞生长（OD_{660}）	絮凝率/%
维生素 B_9	20	0.82	92.73
	30	0.83	94.91
	40	0.93	95.13
	50	1.10	94.85
维生素 B_{12}	6	1.20	93.43
	9	1.19	89.19
	12	1.18	87.56
	15	1.17	87.08
对照		0.78	90.26

维生素 B_{12} 能够大大地刺激细胞生物量的积累。在低于 6mg/L 时能促进絮凝剂的形成，但当在培养液中加入较高浓度的维生素 B_{12} 则对絮凝剂的形成出现抑制现象。维生素 B_9 在节杆菌 LF-Tou2 絮凝剂的形成中起着比较重要的作用，其最适质量浓度为 40mg/L。

10.1.2.5　培养的动态分析

1）分批培养动态分析

表 10-12 为该菌在液体分批培养条件下的生长与代谢状况。从表 10-12 中可以看出菌体生长在 12h 就达到指数生长期，18h 进入稳定期，在以后的培养时间里基本保持稳定仍稍有生长。最初多糖的产生与细胞生长有平行关系，24h 达到最高，随着培养时间的延长，多糖的含量反而稍有下降。这说明节杆菌 LF-Tou2

产生的多糖生物絮凝剂是在菌体生长过程中同步合成的；在稳定期絮凝剂产量最高，若继续培养可能是有关酶，如糖苷酶的降解作用使其含量下降。还原糖在 12h 时就消耗掉 96%。絮凝活性在 24h 达到最高，若在 30h 后继续培养，其活性逐渐有所下降。葡萄糖基转移酶是絮凝剂生物大分子合成的关键酶之一，它的产生与细胞生长同步，活性在 18h 达到顶峰。在培养过程中该酶活性显现出与 pH 变化的关联，即该酶从产生到达到峰值都发生在较高 pH 上，随着 pH 降低酶活性逐渐降低，在培养末期随 pH 回升，酶活性也稍有增加。综合分析，在分批培养中 LF-Tou2 产生多糖生物絮凝剂的最佳发酵周期为 24h。利用 20g/L 混合糖源在最佳培养时间 24h 内产生多糖生物絮凝剂 9.26g/L，多糖物质/碳源的生成率为 46.3%。

表 10-12　分批培养动态分析

项目＼培养时间	6 h	12 h	18 h	24 h	30 h	36 h	42 h	48 h
生长 OD_{660}	0.249	1.905	2.035	2.071	2.084	2.132	2.206	2.251
FR OD_{550}/%	40.49	97.72	97.78	98.08	98.02	96.76	96.70	96.46
GTase OD_{660}/（×10U/mL）	2.37	3.60	22.28	12.42	3.41	2.37	3.98	7.30
RS OD_{550}/（g/L）	5.52	0.87	0.60	0.56	0.45	0.40	0.30	0.30
DW/（g/L）	3.46	4.46	5.29	9.26	8.05	5.13	4.66	4.40
pH	6.88	6.29	5.72	5.37	5.13	5.21	5.65	6.27

注：FR. 絮凝率；GTase. 葡萄糖基转移酶活性；RS. 还原糖；DW. 多糖干重。

2）分批补加培养的动态分析

分批补加培养的主要目的是为控制液体培养中培养基质的浓度，降低基质对细胞生长与代谢的抑制，提高设备利用率，以使培养完成时获得更多的产物，降低生产成本。由分批培养的生长与还原糖消耗分析，确定在分批培养进行到 12h 时进行混合糖源补加。每隔 6h 取样一次，培养至 48h，然后测定各样的菌体生长、絮凝率、葡萄糖基转移酶活性、还原糖残留、多糖生成及 pH 变化。通过不同基质补加量试验后的对比分析认为，质量浓度 0.8%的基质补加量最为适宜。表 10-13 为质量浓度 0.8%的基质分批补加培养的动态分析。由表 10-13 中数据可以看出添加混合糖源对细胞生长的稳定状态，与分批发酵具有共同的表观现象。多糖的产生在开始阶段仍与细胞生长同步，在 30h 达到峰值，继续培养多糖生物絮凝剂含量很快下降，这与絮凝率、葡萄糖基转移酶活性表现出相关性。值得注意的是还原糖在补料后的 6h 基本消耗完，并且残留量高于分批培养；pH 在补料后下降，然后上升，继而恒定。还原酶的残留增加和 pH 的特别变化说明可能是底物渗透压、产物浓度对细胞代谢产生了影响。在分批培养的第 12 小时进行补料（0.8%）。发酵的结果是，利用 18g/L 混合糖源在最佳培养时间 30h 内产生多糖干重 12.81g。

分批补加培养中多糖物质/碳源的生成率为 45.75%，比分批培养生成率略有降低，这可能是基质浓度抑制所致。

表 10-13　分批补加培养的动态分析

项目 \ 培养时间	6 h	12 h	18 h	24 h	30 h	36 h	42 h	48 h
生长 OD_{660}	0.186	1.851	2.087	2.150	2.193	2.206	2.255	2.285
FR OD_{550}/%	40.85	97.60	98.05	98.26	98.32	96.82	96.82	96.82
GTase OD_{660}/（×10U/mL）	2.18	3.41	7.99	19.53	15.55	8.34	5.88	4.64
RS OD_{550}/（g/L）	4.99	1.08	1.87	1.82	1.75	1.56	1.47	1.33
DW/（g/L）	2.24	2.81	8.12	8.65	12.81	12.03	6.54	5.21
pH	6.82	5.54	4.84	5.15	5.89	5.88	5.86	5.80

注：FR. 絮凝率；GTase. 葡萄糖基转移酶活性；RS. 还原糖；DW. 多糖干重。

10.1.3　结论

用污染有机物为唯一碳源的选择性培养基分离出了生长速度快、能够产生高活性微生物絮凝剂的菌株。经形态、生理生化特征及 16S rDNA 分析，该菌鉴定为节杆菌 LF-Tou2（*Arthrobacter* sp.）。最优化培养条件的研究证明：该菌能够利用属于有机污染物的特殊碳源，如 PEG、己烷、环己烷等进行良好的生长；葡萄糖是优良的碳源，其对分离菌株生长和产生高活性微生物絮凝剂的最适浓度为 2%；最适氮源为无机氮源，$(NH_4)_2SO_4$；在以$(NH_4)_2SO_4$为氮源，以 2%葡萄糖碳源为基础时，生长和产生絮凝剂活性的 C/N 比为 6∶1；培养的最适起始 pH7.0 和最适接种量为每毫升培养液 1.0×10^5 个细胞；在试验的无机盐中，$CaCl_2$ 和 $ZnCl_2$ 对于培养过程中絮凝活性的形成非常有效，在起始浓度为 4mmol/L 时，其相对絮凝率分别提高 5.93%和 5.92%；在设定的试验温度下，分离菌株产生的絮凝剂的最适培养温度为 27℃，絮凝活性的形成与细胞生物量之间并不存在完全的平行关系；B 族维生素能够促进细胞形成絮凝剂，当在培养体系中加入 40mg/L B_9 和 6mg/L B_{12} 时，相应的絮凝活性分别提高 5.68%和 3.80%。1L 摇瓶动态分析表明：在分批培养中菌体在 12h 达到指数后期，18h 进入稳定期。还原糖在 12h 时就消耗掉 96%。最初多糖的产生与细胞生长有平行关系，24h 达到最高，此时相对絮凝率也达到最高（98.08%）。随着时间延长多糖的含量反而有所下降。葡萄糖基转移酶形成波形曲线，在 18h 时最高。有趣的是 pH 在培养前期不断下降，在后期反而又有所回升。分批培养的结果是，利用 20g/L 碳源发酵产生 9.26g 多糖。分批补料培养采取在分批培养的第 12 小时补料 0.8%的混合糖，其多糖物质和相对絮凝活性达到峰值的时间推迟了 6h，但 18g/L 碳源形成的多糖量总量却达到了 12.81g，多糖物质/碳源的生成率达到了 45.75%。

10.2 节杆菌 LF-Tou2 多糖生物絮凝剂絮凝作用的影响因素

10.2.1 材料与方法

10.2.1.1 培养方法

培养采用分批补加培养的方法。首先在分批培养的条件下发酵 12h，然后补加糖源，至发酵结束。

分批培养采用 1000mL 三角瓶，装料系数为 20%，控制摇瓶的培养条件为：27～30℃、170r/min，碳源浓度为 1%，待碳源在分批培养中的残留低于 90%时，开始无菌补加碳源，继续进行培养至 24h。

10.2.1.2 各种重金属离子的检测方法[9]

Fe^{2+}：邻菲啰啉分光光度法
Mn^{2+}：高碘酸钾氧化光度法
Cu^{2+}：二乙氨基硫代甲酸钠萃取分光光度法
Zn^{2+}：双硫腙分光光度法
Hg^{2+}：双硫腙光度法
Ni^{2+}：丁二酮肟光度法

10.2.1.3 Ca^{2+}的作用方式试验

在进行絮凝率测定时，设计了在 100mL 反应系统中不同的阶段加入 Ca^{2+}的三种方式：①2mL 5% $CaCl_2$ 与发酵液一起加入絮凝体系；②取 1mL 5% $CaCl_2$ 溶液与发酵液一起加入絮凝体系，按絮凝活性测定方法的程序充分混合后再加入另外 1mL 5% $CaCl_2$ 溶液，再混合，静置沉降；③首先加入发酵液，混合后再加入 1mL 5% $CaCl_2$ 溶液，再混合，静置沉降。以下按絮凝活性测定方法步骤进行，得出测定的 OD_{550} 值。

在不同的 pH 试验中，将高岭土悬液用 5% NaOH 把 pH 调整为所需要的值。pH 的检测用精密复合电极酸度计（pHS-3C，上海雷磁仪器厂）。

10.2.1.4 絮凝功能的影响因子试验

1）SDS 对蛋白质的变性试验

十二烷基硫酸钠（sodium dodecyl sulfate，SDS）配成 10%的母液，按不同浓度配制好后（表 10-14），与一定量微生物絮凝剂配置，在 60℃处理 10min 后，对不同的处理样品进行絮凝效果检查。

表 10-14 SDS 对 LF16 影响的试验配置表

SDS 浓度/%	0.27	0.46	0.92	1.38	1.85	2.78	3.69	对照
10% SDS/mL	0.018	0.036	0.072	0.108	0.144	0.216	0.228	
1% LF16/mL	0.5	0.5	0.5	0.5	0.5	0.5	0.5	0.5
ddH_2O/mL	0.262	0.244	0.208	0.172	0.140	0.064	0	0.28

注：LF16. LF-Tou2 发酵、提取和干燥获得的粉状产品。

2）EDTA 对絮凝体的解絮作用

乙二胺四乙酸（ethylene diamine tetraacetic acid，EDTA）配成 250mmol/L 母液，按以下步骤进行解絮作用研究（表 10-15）。由 98mL pH7.5、0.4%高岭土悬液，2mL 5% $CaCl_2$ 和 0.5mL 1%微生物絮凝剂组成絮凝体系，絮凝沉降后倒掉上清液，在量筒底部的絮块中加入 28℃水至 100mL，并根据试验设计加入对应的 EDTA 母液，混合 20 次，静置 5min，测 50mL 处上清液 OD_{550} 值，以不加 EDTA 的絮凝体为对照。

表 10-15 EDTA 对 LF16 影响的试验配置表

EDTA 浓度/%	0.128	0.250	0.500	0.750	1.000	1.250	1.500	2.000	对照
250mmol/L EDTA/mL	0.051	0.100	0.200	0.300	0.400	0.500	0.600	0.800	0

3）高氯酸钠对—OH 的氧化试验

高氯酸钠（sodium perchlorate，$NaClO_4 \cdot H_2O$，MW 140.16，氧化剂，上海润捷化学试剂有限公司）配成 5mol/L 的母液，然后用一系列浓度与一定量 LF16 进行配置（表 10-16），将生物絮凝剂进行氧化处理后，再进行絮凝效果检测。

表 10-16 高氯酸钠对 LF16 影响的试验配置表

$NaClO_4$浓度/（mol/L）	0.09	0.18	0.37	0.73	1.10	1.47	对照
5mol/L $NaClO_4$/mL	0.013	0.026	0.052	0.104	0.156	0.208	
1%LF_{16}/mL	0.5	0.5	0.5	0.5	0.5	0.5	0.5
ddH_2O/mL	0.195	0.182	0.156	0.104	0.052	0	0.208

10.2.2 结果与讨论

10.2.2.1 环境因素对絮凝剂活性展示的影响

近年来，有许多研究报道了多糖生物絮凝剂絮凝机制及影响絮凝的相关因素[10~12]。

1）阳离子对絮凝活性展示的影响

试验按 10.1.1.6 絮凝体系，对一价（KCl、NaCl）、二价（$CaCl_2$、$CuCl_2$、$BaCl_2$、

$MnCl_2$）和三价（$FeCl_3$、$AlCl_3$）阳离子对 LF16 的絮凝影响进行了系列试验，结果列于表 10-17。

表 10-17　阳离子对絮凝活性展示的影响

阳离子浓度/（mmol/L）	1.0	1.5	2.0	2.5	3.0	4.0	6.0	8.0	10.0
KCl	90.72		91.75			91.34	90.72		22.8
NaCl	91.75		92.18			93.81	92.16		
$CaCl_2$			91.13			92.37	92.78	**97.94**	97.31
$CuCl_2$	93.81	92.16	91.34			86.86	85.57		
$BaCl_2$			88.66			89.69	90.10	90.51	91.75
$MnCl_2$		93.81	93.86			**98.35**	98.35		
$FeCl_3$	93.20	95.46	**98.35**	92.16	66.60				
$AlCl_3$	**96.29**	89.28	55.67	0.11					

注：不加任何阳离子的培养液絮凝活性对照为 95.88。

试验选择一价阳离子 K^+、Na^+，二价阳离子 Ca^{2+}、Cu^{2+}、Ba^{2+}、Mn^{2+}和三价金属阳离子 Fe^{3+}、Al^{3+}加入絮凝体系，用来观察阳离子在生物絮凝剂絮凝过程中对活性展示的影响。试验除观察阳离子种类的影响外，还进行了离子强度对活性展示的影响。由表 10-17 中的数据可以看出，在絮凝系统中添加不同的金属阳离子对絮凝活性的影响各不相同。絮凝效果由于添加 Ca^{2+}、Mn^{2+}和 Fe^{3+}、Al^{3+}而提高。从安全性、得到较高絮凝效果和最低添加量的角度考虑，Fe^{3+}是产生絮凝效果最有利的阳离子。对絮凝活性具有促进作用的顺序依次为：$Fe^{3+}>Mn^{2+}>Ca^{2+}$。K^+、Na^+、Cu^{2+}和 Ba^{2+}都对絮凝活性的展示有抑制作用。对于 Al^{3+}来说，在低浓度下能够提高絮凝活性，但随着添加量的增加，其絮凝活性反而降低。

2）pH 环境对絮凝剂活性展示的影响

这一试验的目的是为了观察在絮凝系统中 pH 环境对絮凝活性展示的直接影响。从表 10-18 中数据可以明显看出，碱性 pH 环境特别有利于絮凝剂絮凝活性的展示。虽然试剂所用的发酵液完全一样，但行使絮凝的 pH 环境不同所展示的最终絮凝活性亦不同，随着环境 pH 由 5.00 升到 10.00 絮凝活性呈逐渐增加的趋势。

表 10-18　pH 环境对絮凝剂活性展示的影响

pH	5.00	6.00	7.00	8.00	9.00	**10.00**
FR/%	88.6	90.1	91.26	92.16	92.75	**93.8**

3）$CaCl_2$ 的不同添加方式对絮凝活性展示的影响

Ca^{2+}对絮凝活性的展示有促进作用已在试验中得到证实。试验发现在固定 $CaCl_2$ 溶液剂量的条件下，不同的添加方式会影响并产生不同的絮凝效果。这种由于 $CaCl_2$ 的不同添加方式和顺序（这反映了 Ca^{2+}是和被絮凝物作用还是和被絮凝物-絮凝剂复合体作用）对絮凝效果的影响也和 pH 相关联。在试验的三个 pH 中，中性 pH 反映出的絮凝活性最高，酸性 pH 不利于絮凝活性的展示和发挥。由表 10-19 可以看出，按方式 1 添加的最后絮凝活性提高 6%（在 pH7 的环境条件下）。

表 10-19 $CaCl_2$ 的不同添加方式对絮凝活性展示的影响

pH	方式 1	方式 2		方式 3
		1mL	1mL	
5.00	89.69	88.66	95.67	92.57
6.00	92.58	91.13	96.90	93.20
7.00	92.78	91.72	98.35	96.26

把方式 3 与方式 2 作比较，可以发现絮凝的另一种现象，这就是由方式 3 添加 $CaCl_2$ 产生的絮凝活性要比方式 2 中的第 1 次加入产生的高 5.7%，也就是说 $CaCl_2$ 的添加顺序（对絮凝剂的添加而言）使絮凝剂产生了不同的絮凝效果。这是一组非常有趣的试验设计，从这几组数据中了解到—OH 占优势的环境有利于生物絮凝的发生：Ca^{2+}的三种加入方式实际上反映的絮凝机制就是：①颗粒电性中和→大分子架桥→絮凝、沉降；②颗粒电性中和→大分子架桥→颗粒、大分子电性中和→絮凝、沉降；③大分子架桥→颗粒、大分子聚集体电性中和→絮凝、沉降。对于大分子连接体电性中和产生的絮凝效果远远大于对小颗粒先行中和产生的效果。在大分子结构链足够长的情况下，能通过本身的反电荷吸引、物理吸附、包围运动而形成随机絮块，正是由于电性中和造成的大分子连接体的失稳，而形成更大、更致密的絮块。在第①种方式中，颗粒电荷得到有效中和，压缩双电层处于失稳状态，经大分子多聚物架桥而形成絮块，在絮凝急剧形成的时刻可能造成部分大分子链中的负电荷游离，形成一定的排斥作用，而絮凝不彻底。在第②种方式中，大部分颗粒电荷被中和，在与大分子多聚物碰撞后形成的中性颗粒一负电颗粒一大分子多聚物（负电）聚集体，即絮块，若此时加入部分阳离子，则与连接体的第二次中和发生，造成聚集体大分子整体失稳，由于质量间有若干数量级的差异，其沉降效果要远远大于颗粒层次的中和。第③种方式中，尽管 Ca^{2+}的加量只是第①种方式的一半，其效果却高出 3.6%（在 pH7 的水平上），这是因为 Ca^{2+}是对连接体进行中和。多聚物絮凝剂本身带有负电荷，碱性 pH 环境，即一OH 数量大于 H^{+}时，体系带负电荷，通过互相排斥，而使大分子伸展；若在前期颗粒中和时加入的反电荷过量，其反电荷在中和颗粒后还会对大分子进行中和，从而会使大分子发生卷曲，产生降低的絮凝效果。

10.2.2.2 LF-Tou2 细胞培养及絮凝剂絮凝对重金属阳离子的吸附去除作用

活细胞在培养过程中对重金属的去除作用主要通过两个途径：其一是对重金

属有抗性的细胞能够在细胞中吸收、累积重金属，其二是细胞本身对重金属没有抗性，但当在重金属的环境中这种细胞会利用代谢作用通过分泌胞外多糖等大分子物质对重金属进行包裹，以消除重金属的影响。为了研究节杆菌 LF-Tou2 对环境中重金属的去除作用，试验设计 Fe^{2+}、Mn^{2+}、Cu^{2+}、Zn^{2+}、Hg^{2+}和 Ni^{2+}分别由 $Fe(NH_4)_2(SO_4)_2 \cdot 6H_2O$、$Mn(NO_3)_2$、$Cu(NO_3)_2$、$ZnCl_2$、$HgCl_2$和 $NiCl_2$配制。各种金属离子在培养液或絮凝体系中的浓度分别控制为：Fe^{2+}，3.0mg/L；Mn^{2+}，1.0mg/L；Cu^{2+}，10mg/L；Zn^{2+}，10mg/L；Hg^{2+}，0.10mg/L 和 Ni^{2+}，0.5mg/L。对培养物和絮凝体系的上清液进行指标测定。

1）细胞培养对重金属的去除作用

将同样接种量的细胞接种于含有不同重金属的液体培养基中，经过一定时间培养后，检测培养清液中重金属的残留，其去除效果见表 10-20。

表 10-20　细胞培养对重金属的去除率　（单位：%）

重金属种类＼培养时间	0 h	12 h	18 h	24 h	30 h
Fe^{2+}		100	100	100	
Mn^{2+}	17.39	100	100	100	
Cu^{2+}		43.48	46.74	54.70	
Zn^{2+}			63.59	63.6	73.7
Hg^{2+}			100	100	100
Ni^{2+}		100	100	100	

由表 10-20 可以看出，在培养到 12h 时，Fe^{2+}、Mn^{2+}和 Ni^{2+}的去除率已达 100%；培养 18h 时，Hg^{2+}的去除率达到 100%。

通过另外的试验还发现，由于 Fe^{2+}的存在，在细胞培养过程中 pH 严重下降，在 30h 时达到 3.80。Fe^{2+}对最后的絮凝率（96.36%）和细胞生长（OD_{660}=2.150）没有负面影响。Mn^{2+}在细胞培养过程中使 pH 发生由降到升的变化，有利于絮凝率的提高（97.87%），对细胞生长没有不利影响（OD_{660}=2.056）。Cu^{2+}对细胞生长的负面影响非常明显，在接种后的 6h、12h 都没有生长，直到第 18 小时才开始表现生长。Cu^{2+}对絮凝活性的负面影响也很大，其絮凝率在 30h 时只有 86.10%。Zn^{2+}对 pH（30h 时为 6.40）、细胞生长（OD_{660}=2.024）和絮凝率（94.4%）的影响都不明显。Hg^{2+}的存在抑制了絮凝活性的形成（絮凝率在 30h 为 85.17%）。Ni^{2+}对细胞生长（24h 时 OD_{660}=2.047）和最后絮凝率（93.9%）的不利影响不太显著。

2）絮凝剂絮凝对重金属的吸附去除作用

试验用分批补料法 30h 培养物对各金属体系中的金属离子进行絮凝去除的效果见表 10-21，絮凝时间为 5min。

表 10-21 不同样品处理对重金属的絮凝去除率 （单位：%）

重金属种类＼样品	原培养物	F^{NaOH}	$F^{alcohol}$
Fe^{2+}	100	100	100
Mn^{2+}	79.67	93.86	92.83
Cu^{2+}	62.63	55.98	66.30
Zn^{2+}	65.09	65.76	62.50
Ni^{2+}	18.13	26.57	21.93

注：F^{NaOH}. 原培养物用 0.1mol/L NaOH 30℃处理 30min；$F^{alcohol}$. 原培养物用 30%乙醇 30℃处理 30min。

由表 10-21 可以看出 Fe^{2+}与 Mn^{2+}的絮凝去除率非常高，分别为 100%和 93.86%。Cu^{2+}和 Zn^{2+}的去除率也都超过 60%。尽管细胞培养 Ni^{2+}的去除率达到 100%，但絮凝去除率却不超过 30%。对于 Cu^{2+}去除来说，用乙醇处理过的培养物去除率比原培养物提高 5.5%；对于 Ni^{2+}，用 NaOH 处理过的培养物去除率比原培养物提高 31.77%；用 NaOH 和乙醇处理过的培养物都大大提高了 Mn^{2+}的去除效果，其去除率分别提高 15%和 14.18%。

试验的培养物用 NaOH 处理后，絮凝率略有降低，从 97.42%降到 96.45%；而用乙醇处理过的培养物的絮凝率由 97.42%提高到 97.69%。

10.2.2.3 絮凝功能的影响因子研究

1）SDS 对蛋白质的变性作用

SDS 为非离子表面活性剂，它能与蛋白质结合成为 R-O-SO_3-…R^+-蛋白质的复合物，使蛋白质变性。在生物絮凝剂中如果含有蛋白质成分，无论这种成分是直接的功能基团，还是与功能发挥有关的结构基团，经过 SDS 的变性处理絮凝剂的絮凝活性都会降低。表 10-22 列举了 SDS 对絮凝功能的影响。

表 10-22 SDS 对絮凝功能的影响*

SDS 浓度/%	0.27	0.46	0.92	1.38	0.85	2.78	3.69	对照
FR/%	82.53	77.68	67.77	5.67	34.75	17.48		100

注：FR. 絮凝率。* 1%絮凝剂加量为 400μL/100mL；高岭土 OD_{550} 为 0.820，悬液温度为 25℃；SDS 处理条件为 60℃，10min。

由表 10-22 可以看出，在研究的生物絮凝剂中确实含有蛋白质成分，SDS 的变性作用使絮凝剂降低了絮凝活性。在处理过程中随着 SDS 量的逐渐增加，絮凝活性逐渐降低。

2）EDTA 对絮凝体的解絮作用

EDTA 对金属阳离子具有络合作用，形成 EDTA 盐类物质。如果二价以上的金属阳离子在生物絮凝剂行使絮凝功能的过程中发挥了反电荷中和作用，那么在絮凝体形成以后有 EDTA 存在时，由于络合作用发生，从而造成金属阳离子从絮块中发生转移，以致导致絮块中的部分颗粒挣脱范德华力的束缚后分散进入液相体系，还原为稳定状态。表 10-23 说明了 EDTA 通过络合作用使絮凝体解絮的试验数据。

表 10-23　EDTA 对絮凝体的解絮作用

EDTA 浓度/%	0.128	0.250	0.500	0.750	1.000	1.250	1.500	2.000	对照
FR/%	96.10	96.10	95.98	95.61	94.88	94.15	93.66	91.71	96.22

注：EDTA 在 28℃处理 5min。

由表 10-23 中的数据可以看出，随着 EDTA 加量的逐渐增加，其解絮作用逐渐增强。

3）高氯酸钠（$NaClO_4$）的氧化作用

表 10-24 说明了生物絮凝剂经过高氯酸钠氧化以后絮凝效果发生的变化。经过高氯酸钠的氧化作用，微生物絮凝剂的絮凝功能得到加强。在试验的浓度范围内（0.09～1.47mol/L），产生一个加强的最高添加量，即 0.18mol/L。在生物絮凝剂的多糖糖环中有大量的羟基（—OH），适当的氧化后增加了电离，增强了絮块内部的引拉作用，提高了絮凝效果。这一现象充分反映了絮凝剂中羟基的存在。

表 10-24　高氯酸钠的氧化作用

$NaClO_4$ 浓度/（mol/L）	0.09	0.18	0.37	0.73	1.10	1.47	对照
FR/%	104.13	109.25	109.06	107.88	103.94	103.34	100

注：28℃ $NaClO_4$ 处理 10min；高龄土悬液对照（OD_{550}）=0.82；测定温度 8℃。

4）乙醇的羟基及非极性作用

有机溶剂乙醇是非极性液体，含有大量—OH，在水溶液中以氢键缔合能够降低水的极性，在低浓度时能够增强生物絮凝剂大分子物质的溶解能力，及使颗粒产生失稳倾向，进而促进絮凝功能的发挥。通过这一试验可以证明絮凝剂的多糖结构中—OH 的存在。试验结果示于表 10-25。

表 10-25　乙醇羟基的非极性作用

乙醇浓度/%	1	2	3	4	5	6	7	对照
FR/%	109.366	111.544	118.388	129.200	119.100	115.322	100.900	100

5）多聚物絮凝剂的添加剂量及絮凝体系中的颗粒浓度

（1）多聚物絮凝剂的添加剂量

表 10-26 表明了在固定高岭土浓度的悬液中，添加不同量微生物絮凝剂的絮凝效果。在 100mL 的絮凝体系中，高岭土浓度为 0.4%。当絮凝剂的加量为 350μL 时絮凝效果最好。加量低于这一数值时，由于没有足够的多聚物把颗粒充分吸附，从而沉降不完全；当加量高于这一数值时，多聚物分子阻碍或掩盖了颗粒的聚集，同样造成沉降效果不好。

表 10-26　多聚物絮凝剂适合的添加剂量

1% LF16/μL	150	175	200	225	250	275	300	325	**350**	375	400
FR/%	65.48	75.48	79.19	79.90	78.59	89.46	90.32	93.55	**97.26**	94.75	91.18

（2）絮凝体系中的颗粒浓度

表 10-27 表明了在添加定量（400μL）1%絮凝剂的前提下，反映出的絮凝活性随着颗粒浓度的增加而增加，在浓度为 0.35%时达到最高相对絮凝活性，即 98.01%；若颗粒浓度进一步增加，相对絮凝活性又逐渐下降。这一现象说明，在低颗粒浓度时，由于没有空余的颗粒位点供多聚物连接，形成的絮凝体块小且轻，沉降效率低；在颗粒高浓度时，有多余的颗粒没有机会与多聚物连接，以自由颗粒状态存在，沉降效率同样低。所以，我们可以这样说，在一定的悬液浓度中有一最适絮凝剂添加剂量；在一定的絮凝剂存在下，有一最适的颗粒浓度。

表 10-27　絮凝的最适颗粒浓度

高岭土浓度/%	0.05	0.10	0.15	0.20	0.25	0.30	**0.35**	0.40	0.45	0.50	0.55	0.60
FR/%	74.64	77.56	79.61	87.66	87.95	88.09	**98.01**	97.18	93.22	92.93	92.10	90.73

10.2.3　总结

本部分探讨了影响 LF_{16} 生物絮凝剂发生絮凝的诸多因素：①环境因素，如金属阳离子、H^+浓度、电性和方式；②影响絮凝功能的因子，如蛋白质成分、—OH、反离子。重金属的吸附作用，如细胞培养中的吸附、絮凝吸附、—OH 与吸附的关系等。结果证明：金属阳离子能够促进絮凝的发生，其促进作用的顺序为：Fe^{2+}>Mn^{2+}>Ca^{2+}，Ca^{2+}最安全且最有使用性，它在絮凝发生中执行着电性中和作用；碱性 pH 条件下，随着 pH 的增加絮凝活性逐渐增强，这反映了—OH 有助于多聚物内部结构的伸展，从而提高生物絮凝活性的展示；以桥联机制为基础，在设计的三种电性中和方式中，于絮凝发生前后两次进行电性中和效果最好，第一次对小分子颗粒电性中和，第二次对颗粒-大分子多聚物连接体电性中和，最后使絮凝率达到98.35%。对絮凝体系而言，对重金属的吸附反映出了电性中和作用，试验证明：在试验浓度下，Fe^{2+}、Mn^{2+}、Hg^{2+}及Ni^{2+}在细胞培养中的吸附率为100%，Cu^{2+}对细胞的初始生长及生物絮凝剂的形成都有明显的抑制作用。生物絮凝剂培养物对Fe^{2+}和Mn^{2+}的吸附率非常高，分别达到100%、93.86%。对絮凝功能的影响因子研究证明：蛋白质是絮凝剂的功能组分；EDTA 对絮凝体具有解絮作用；—OH 是絮凝的功能基团；对合适的颗粒浓度来说，发生理想絮凝有一合适的多聚物浓度，从另一方面说明对于一定浓度的生物絮凝剂而言，也有一合适的对应颗粒浓度。简言之，研制的生物絮凝剂 LF16 的最佳反应模式为：在—OH 环境中，恰好量的阳离子（如Ca^{2+}）与絮凝体系中的负电颗粒中和，经混合后本身带有净负电的多聚物絮凝剂与中性失稳颗粒桥联，然后另行加入合适量的阳离子使生物絮凝剂大分子上所带电荷得以中和，从而产生期望的絮凝效果。

10.3 节杆菌 LF-Tou2 絮凝剂的纯化与结构特征

10.3.1 材料与方法

10.3.1.1 培养基和培养条件

培养基由下列成分组成：混合糖（98%葡萄糖＋2%麦芽低聚糖），10g；K_2HPO_4，5g；$(NH_4)_2SO_4$，0.6g；NaCl，0.1g；$MgSO_4$，0.2g 及蒸馏水1000mL，调节pH7.0～7.2。在250mL 三角瓶中分装50mL 液体培养基，1kg/cm^2 蒸汽压力下灭菌20min，备用。

菌种保存于固体斜面培养基上。在接种液体三角瓶前活化18～22h。每瓶接入0.2mL 新鲜的细胞悬液（4×10^7个细胞/mL），在30℃、170r/min 条件下摇瓶培养。

10.3.1.2 多糖含量的测定

采用苯酚-硫酸法。

10.3.1.3 用 CTAB 制备多糖纯化样品

采用在糖复合物生化技术研究[13]的基础上进一步修改的方法。方法如下：制备新鲜的24h 发酵液→16 000r/min 离心30min 去除菌体及其他杂质→将发酵液体积10%，加入2%的十六烷基三甲基溴化铵（cetyltrimethyl ammonium bromide，CTAB，Amresco，美国）→充分混匀后，于65℃温育10min→5000r/min 离心5min→收集CTAB 多糖复合物沉淀，并将沉淀溶于2mol/L NaCl 中，使成均匀的多糖溶液，此时多糖组分与CTAB 分离→重复CTAB 反应和2mol/L NaCl 分离两次→在高浓度NaCl 和含有游离CTAB 的多糖溶液中加入2.5 倍无水乙醇，充分混合，并静置 20min，使沉淀充分析出→5000r/min 离心 5min，收集沉淀→将沉淀溶于 300mL ddH$_2$O 中制成多糖 CTAB 纯化样品或真空干燥获得粉状固体样品。

10.3.1.4 DEAE-Sepharose Fast Flow 多糖纯化柱层析

将 DEAE-Sepharose Fast Flow（Pharmacia）装入层析柱（1.6cm×40cm，上海华美实验仪器厂），用 pH7.6 Tris•HCl 平衡 24h，上样 3mL，用 0.7mol/L NaCl 进行洗脱。洗脱所用的仪器为：TH-500 梯度混合器（上海青浦沪西仪器厂）、BT00-100M 蠕动泵（保定兰格恒流泵有限公司）、8823A-紫外监测仪（北京市新科技研究所）、FC-95A 馏分自动收集器（北京市新科技研究所）、LM17 型记录仪（贵阳永青示波器厂）。洗脱条件：洗脱液为 0.7mol/L NaCl，泵速为 3.6r/min，收集馏分量 5mL/管，每管控制时间 300s。取 0.2mL 馏分进行苯酚-硫酸法多糖含量分析。

10.3.1.5 Sephadex G-200 多糖纯化柱层析

Sephadex G-200[Pharmacia，相关参数为：吸水量（mL/g），20.0±2.0；膨胀度（床体积，mL/g）20～25；溶胀时间，20～25℃为 72h，90～100℃为 5h；流速[mL/（cm^2·h），0.25]。

操作方法如下。

（1）水力浮选去除过细颗粒。取干胶 4g，加入 30mL 蒸馏水使胶悬浮，且让其自然沉降，10min 后，用倾泻法除去悬浮的过细颗粒，反复几次。

（2）热法溶胀。在沸水浴中，将悬浮于洗脱液中的凝胶浆逐步升温至近沸，1～2h 即可完成，溶胀必须充分。

（3）装柱。向柱中加入约 1/3 高度的洗脱液，在搅拌下将烧杯中的凝胶悬浮液倒入柱中。待底面上沉积起 2cm 的凝胶柱床后，打开柱的出口，随着下面水的流出，上面不断加入凝胶悬浮液。

新柱装成后，继续用洗脱液 0.05mol/L NaCl 平衡，一般用柱床体积 3 倍以上的缓冲液在蠕动泵泵速 3.0r/min 形成的压力下流过柱。

（4）加样。用玻璃棒轻搅柱床上表面，使胶面平整；保留高于柱床上表面 2cm 的洗脱液，多余部分用吸管吸去；打开出口，使洗脱液流至距柱床表面 1cm 时关闭；用滴管慢慢加样，加样体积为 2mL，上样量不大于 10mg；打开出口，使样渗入胶内；像加样那样，用滴管仔细加入高于柱床表面 4cm 的洗脱液；然后进行恒压洗脱。

（5）洗脱条件。恒流蠕动泵流速为 9mL/h，洗脱液为 0.05mol/L NaCl，3mL/管，360s/管，样品配成多糖含量为 0.5%的溶液[14,15]。

10.3.1.6　多糖的蛋白质含量测定

蛋白质含量测定采用 UV 吸收法，用牛血清白蛋白作标准曲线。

本项测定的目的是分析纯化产物中是否含有蛋白质组分，即是否为蛋白质结合多糖。

10.3.1.7　多糖分子量测定（凝胶色谱法）

取用 0.05mol/L NaCl 充分溶胀的 Sephadex G-200 装柱（1.5cm×60cm），用 0.05mol/L NaCl 溶液平衡 3 天，先后将 4 种已知分子量的葡聚糖标准品（Dextran 系列，Pharmacia，相对分子量为 1 万、4 万、7 万、50 万）进行凝胶层析，上样量各 5mg，用 0.05mol/L NaCl 溶液洗胶，流速为 6mL/h，按 1mL/管分部收集，用苯酚-硫酸法测定多糖含量，分别求得相应的洗脱体积 V_e。再用蓝色葡聚糖（Pharmacia，相对分子量 200 万）上柱求得柱的外水体积 V_0，以 V_e/V_0 为纵坐标，lgMW 为横坐标，得到分子量测定标准曲线。

取待测分子量的多糖样品 5mg 上样，按与 Dextran 标准品层析相同的条件操作，求得相应的洗脱体积，求得 V_e/V_0 值，查标准曲线求得多糖的分子量。

10.3.1.8　多糖的红外光谱测定

用 NEXUS470 红外光谱仪（IR，Nicolet，America），KBr 压片法进行官能团、糖环、构型（糖苷键）分析。

基本操作参考糖复合物生化技术研究及其他文献[13,16]。

10.3.1.9　多糖的单糖组分及物质的量比计算——毛细管电泳法

单糖组成分析用多糖水解、衍生、毛细管电泳法[16,17]。

分析所用的毛细管电泳仪为 Beckman P/ACE MDQ 型。毛细管为 50μm×50cm。电泳条件为电压 8.1kV，电流 56.7μA，温度 25.1℃，检测波长为 200nm。

其操作过程如下所述。

（1）多糖的水解。在 10mg 样品中加入 2mol/L HCl 1mL，封管后，在 100℃水解 6h。将水解样冷却，加入碳酸钡中和，5000r/min 离心 5min。

（2）单糖的 α-萘胺衍生。衍生试剂的配制：称取 α-萘胺 143.2mg 和 $NaBH_3CN$ 35mg，溶于 150μL 无水甲醇中，再加入 41μL 冰乙酸，置于冰箱中待用。单糖的 α-萘胺衍生：取葡萄糖、半乳糖、鼠李糖、甘露糖、木糖、阿拉伯糖用 ddH_2O 配成浓度为 20mg/mL 的水溶液，各取 200μL，加 40μL 的衍生试剂置于安瓿管中封管，80℃恒温 2h 衍生化。然后各加入三氯甲烷和 ddH_2O 1mL，反复离心萃取 3 次，取上层水相过滤后定容至 5mL，冷藏待测。

将多糖水解获得的单糖混合液按标准品单糖的处理方法进行衍生化。

电泳缓冲液为：75mmol/L 硼砂/NaOH，pH10.5。测定时加样量为 100μL。

根据电泳图谱的出峰时间对单糖成分进行鉴定，根据峰高及峰宽计算的峰面积进行单糖物质的量比的分析。

10.3.1.10 多糖中单糖组分的 TLC 分析

薄层层析硅胶 GF254（荧光 60 型，青岛化工集团公司），层析板 20cm×20cm。

根据参考文献，多次操作得出的具体操作方法如下。

（1）制胶。取胶粉 13g，按胶粉∶0.3mol/L NaH_2PO_4＝1∶2.4 的比例配制，配制在研砵中进行。当两种成分混合后应尽快搅匀，避免混入气泡，尽快倒胶。首先用有机玻璃尺先摊平，然后再从一头开始刮平。胶板的三边用厚度大于 0.5mm 的玻璃条围住，并在结合处不漏胶。

（2）干胶。涂胶后，风干 1～2h 或过夜。

（3）活化。用前在烤箱中 100～110℃活化 1h，注意缓慢升温和降温。

（4）点样。点样线距底边 1cm，样距 1cm，用微量点样器点样 2μL，样点直径小于 3mm，风干。

（5）层展。使用的层展剂为：乙酸乙酯∶吡啶∶冰乙酸＝8∶5∶1.5。在密闭时，停止层展。展开的时间大概为 60min。取出层析胶板后，立即划出层展剂前沿线，以计算 Rf 值。

（6）显色。把展开过的薄板晾干，然后在 100℃烤箱中烤 10～30min。喷显色剂，在 110℃烘烤 10min 或更长时间显色。显色剂为：苯胺-邻苯二甲酸。其配制方法为：取 1.6g 邻苯二甲酸溶于 100mL 水饱和的正丁醇中，溶解后再加入 0.9mL 苯胺。

10.3.1.11 多糖的 ^{1}H-NMR 和 ^{13}C-NMR 波谱分析

分析所用的仪器为瑞士 Bruker 公司的配备 ^{13}C、^{1}H 双核超低温探头的 AVANCE 600MHz 超导体超屏蔽傅里叶变换磁共振波谱仪，其 ^{13}C、^{1}H 双核的灵敏度高达 900MHz。测定温度为 70℃，溶剂为 D_2O，以 DSS 为内标，测定样品量为纯化样品 10mg。

10.3.1.12 多糖的氨基酸组分含量分析

分析所用的设备为 HITACHI 835-50 自动氨基酸分析仪。取纯化样品 10mg，用 HCl 进行蛋白质水解。水解控制的条件为：纯化样品 10mg＋2mL 6mol/L HCl，封管后在 110℃水解 18h，进行氨基酸分析仪色谱分析。检测条件如下所述。①分析柱：内径 2.6mm，柱长 150mm，日立 2619 型树脂。②柱温 53℃，缓冲液流速为 0.225mL/min，泵压 80～130kg/cm^2；茚三酮流速为 0.3mL/min，泵压 15kg/cm^2。

缓冲液为柠檬酸、柠檬酸钠溶液，茚三酮为显色剂。将水解后蒸干的样品加水配成 16.7μg/μL，进样量为 10μL。

将分析得出的直接数值通过配样时的稀释倍数和水解的样品总量进行换算，计算出以结合状态存在的蛋白质组分在总样品中所占的百分比值。

10.3.2　结果

10.3.2.1　生物絮凝剂多糖的纯化

在优化的条件下进行菌种液体培养，得到适合的发酵液后首先在 16 000r/min 下离心 20min 去除菌体及杂质，然后采用 CTAB 反复反应，得到初步纯化的多糖，并通过 DEAE-Sepharose Fast Flow 和 Sephadex G-200 进一步色谱层析得出絮凝剂多糖纯品，以供进一步研究。

1）DEAE-Sepharose Fast Flow 柱层析

样品浓度控制在 0.5mg/mL，上样量为 3mL，用 0.7mol/L NaCl 溶液作为洗脱液进行恒压洗脱，自动定滴部分收集器进行组分收集，组分中的多糖含量由苯酚-硫酸法用分光光度计进行检测。收集 80 管。将第 20～25 管的组分收集、干燥后进行分子筛层析。

2）DEAE-Sepharose Fast Flow 纯化多糖的 Sephadex 分子筛柱层析

样品浓度控制在 0.5mg/mL，上样量为 3mL，用 0.05mol/mL NaCl 进行洗脱，洗脱速度为 9mL/h，用自动定滴部分收集器进行组分收集，对馏分中的多糖采用苯酚-硫酸法 OD_{490} 进行检测，取样量为 200μL。

进行相关测定后，收集第 12～17 号管，沉淀、干燥后留作样品进行下一步分析。

3）纯化微生物絮凝剂的絮凝作用

为证明纯化微生物絮凝剂为絮凝剂功能成分，将纯化后的干粉样品配成 3mg/mL 的溶液，以 100μL 的加样量进行絮凝活性检验。同时对液体微生物絮凝剂在不同温度下活性的耐受程度进行了试验。由表 10-28 的试验结果可以看出，纯化的干粉样品为絮凝剂功能成分，具有典型的絮凝作用。在温度耐受方面，纯化微生物絮凝剂的活性对高温敏感，随着温度的升高和加热时间的延长，絮凝活性逐渐丧失。

表 10-28　纯化微生物絮凝剂热处理后的絮凝效果（FR）（单位：%）

温度＼加热时间	0.5h	1.0h	1.5h	2.0h
73℃	90.782	87.989	81.006	74.022
68℃	93.016	92.737	92.458	90.223
63℃	93.575	93.016	92.737	91.620
58℃	93.575	93.575	93.575	93.575

10.3.2.2 纯化样品的紫外吸收分析

1）纯化样品的 Unico UV-2000 紫外分光光度计各波段吸收

取 Sephadex G-200 纯化样品第 14 号管多糖溶液进行紫外各波段吸收测定。波长间隔为 5～10nm，测定波长 200～280nm。纯化样品在短波长下具有较高的吸收，随着波长增加吸收逐渐降低，在 215nm 处吸收达到最高峰。换句话说，纯化样品在 215nm 处具有特征性吸收。

2）纯化样品的全波长扫描

扫描所用的仪器为 UV-2100 SHIMADZU 紫外分光光度计，扫描波长范围 210.0～400.0nm。结果示于图 10-3。结果显示，在波长 210nm 处的短波长紫外区产生特征性吸收。扫描条件：25℃、1cm 石英杯、时间 3s、溶剂 ddH_2O。

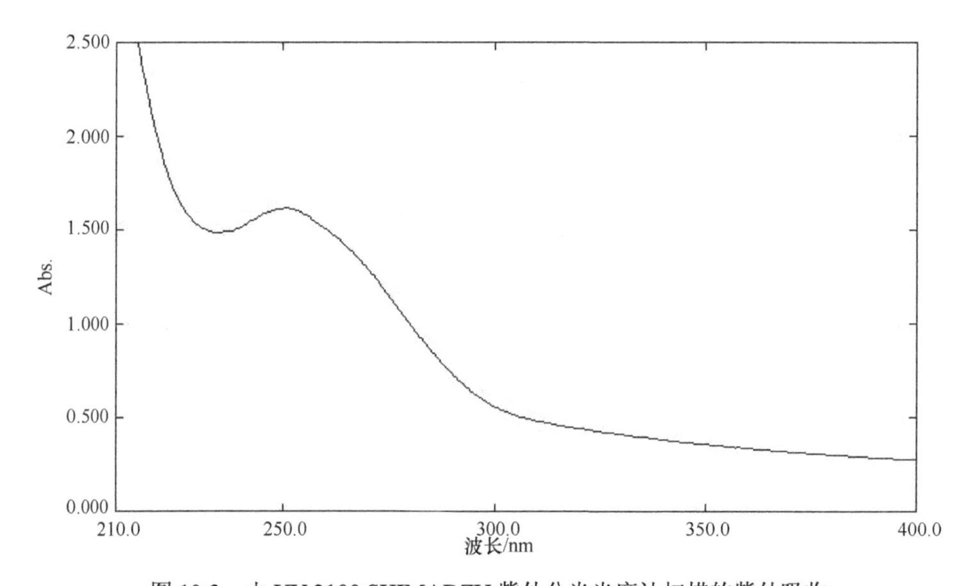

图 10-3 由 UV-2100 SHIMADZU 紫外分光光度计扫描的紫外吸收

10.3.2.3 远红外光谱扫描

样品用 KBr 压片法，在 500～4000cm^{-1} 范围内获得红外光谱，主要吸收强峰有 3423.21cm^{-1}、2239.92cm^{-1}、1627.02cm^{-1}、1400.76cm^{-1}、1136.44cm^{-1} 及 616.77cm^{-1}，如图 10-4 所示。

由光谱可知，3423.21cm^{-1} 峰为—OH 伸缩振动的强吸收峰；3000～2800cm^{-1} 的弱峰示 C—H 的伸缩振动；1400.76cm^{-1} 是 C—H 键的变角振动；1627.02cm^{-1} 和 1136.44cm^{-1} 是由糖环的 C—O—C 伸缩振动所产生的，以上出现的峰都是多糖特征性吸收峰。在 1775～1735cm^{-1} 无吸收峰，说明无乙酰酯；890cm^{-1} 处无特征性吸收峰，表明多糖中含 β 型糖苷键；1136.44cm^{-1} 还进一步说明，这一强吸收峰表面为吡喃单体。

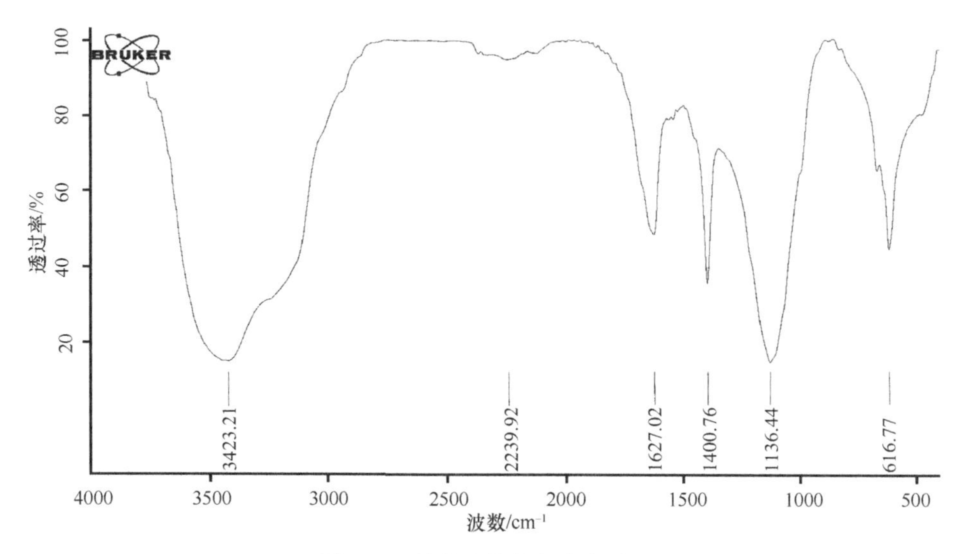

图 10-4 纯化多糖的红外光谱图

10.3.2.4 ^{1}H-NMR 和 ^{13}C-NMR 波谱分析

^{1}H-NMR 和 ^{13}C-NMR 波谱（略）。

图谱表明，共振信号主要在化学位移 5.0ppm 的左侧，表明纯化的多糖样品中单糖间的连接主要为 β 型糖苷键。另外，5.347 11ppm、5.381 84ppm 和 5.494 16ppm 处的微弱信号表明分子中有少量的 α 型糖苷键，应在侧链部位。

从 ^{13}C-NMR 图谱可以看出，在糖苷键（异头碳）信号 107～105ppm 共振范围内清楚地出现了 4 个共振信号，说明测定样品是由 4 个不同的单糖残基（异头碳）组成的杂多糖，其中鼠李糖有 α、β 两种构型。根据振动 101.30ppm、70.97ppm、71.90ppm、69.71ppm、73.86ppm、62.22ppm 及 55.58ppm 推测在多糖的结构中含有 α-甲基-D-吡喃甘露糖苷，其中 α-位被甲氧基取代（OCH_3）。根据振动 101.30ppm、70.97ppm、71.94ppm、73.86ppm、69.72ppm、17.74ppm 及 55.58ppm 推测含有 α-甲基-L-吡喃鼠李糖苷，并且有甲基取代。根据振动峰 103.96ppm、73.86ppm、76.55ppm、70.82ppm、76.55ppm、61.61ppm 及 57.39ppm 推测有 β-甲基-D-吡喃葡萄糖苷存在。根据振动峰 103.96ppm、71.94ppm、73.86ppm、69.72ppm、76.25ppm、62.22ppm 及 57.39ppm 说明有 β-甲基-D-吡喃半乳糖苷。同时，在吡喃葡萄糖及吡喃甘露糖中发生乙酰氨基取代，其振动为 170.67～178.68ppm。

10.3.2.5 纯化多糖分子量的测定

采用凝胶色谱法对纯化多糖进行分子量的测定。用瑞典 Pharmacia 葡聚糖 Dextran T 系列作为标准品。

洗脱条件：洗脱液，0.05mol/L NaCl；恒流泵，1.0r/min；自动馏分收集器 360s/管，1mL/管。

（1）由蓝色葡聚糖（2×10^6Da）得出的外水体积 V_0 为 26.0mL。

（2）标准葡聚糖的 V_e 及 V_e/V_0。根据标准葡萄糖 V_e/V_0-lgMW 绘制标准曲线（表 10-29）。由曲线得出的函数关系式为 $y=-0.4062x+3.5594$，$R^2=0.995$。

表 10-29 标准曲线参数测定

项目 \ 标准葡聚糖	T_{10}	T_{40}	T_{70}	T_{500}
V_e	50	44	42	32
V_e/V_0	1.92	1.69	1.62	1.23
lgMW	4	4.602	4.845	5.699

（3）样品 V_e 为 23mL，$V_e/V_0=0.885$。将 $y=0.885$ 代入以上函数关系式，得 $x=6.59$，即 lgMW＝6.59。经换算，样品 MW＝3.89×10^6Da。

10.3.2.6 纯化多糖的单糖组成及其物质的量比分析

1）单糖组成的 TLC 分析

在胶板活化时升温或降温要缓慢，以避免层展时胶粉脱板。点样采取用微量加样器加样、干燥，然后再加样的程序，以免一次点样造成的样斑直径太大影响展出的效果，一般控制样斑直径小于 3mm，越小越好。确定点样量的多少可用一块小板先做预试验。

分析所用的标准单糖为：$L_{(+)}$-鼠李糖、$D_{(-)}$-核酸、$D_{(+)}$-木糖、$L_{(+)}$-阿拉伯糖、$D_{(+)}$-甘露糖、$D_{(+)}$-葡萄糖、$D_{(+)}$-半乳糖。

单糖组分的获得采用 HCl 水解法，控制的条件为：在样品 10mg 中加入 2mol/L HCl 1mL，封管后在 100℃水解 6h，然后冷却，加入碳酸钡中和，在 5000r/min 离心 5min，取上清液备用。

由图 10-5 的层析结果可以看出，在试验的絮凝剂多糖中含有半乳糖、葡萄糖、鼠李糖、甘露糖。

2）单糖组分的毛细管电泳分析

试验采用首先对每一衍生的单糖标准品进行电泳，在分别确定出峰时间后，再将各单糖标准品衍生物的混合物进行电泳，从而得出标准品图谱。根据样品单糖混合物的出峰时间进行组分鉴定，并由峰面积计算物质的量比。图 10-6 为单糖组分的毛细管电泳图谱。图谱说明单糖组分中含有鼠李糖、葡萄糖、甘露糖、半乳糖，其出峰时间分别为：18.767min、27.367min、28.413min 和 36.967min。其他参数列于表 10-30。通过计算，在纯化多糖中各单糖的物质的量比大致为：葡萄糖∶鼠李糖∶甘露糖∶半乳糖＝9∶6∶1∶1。

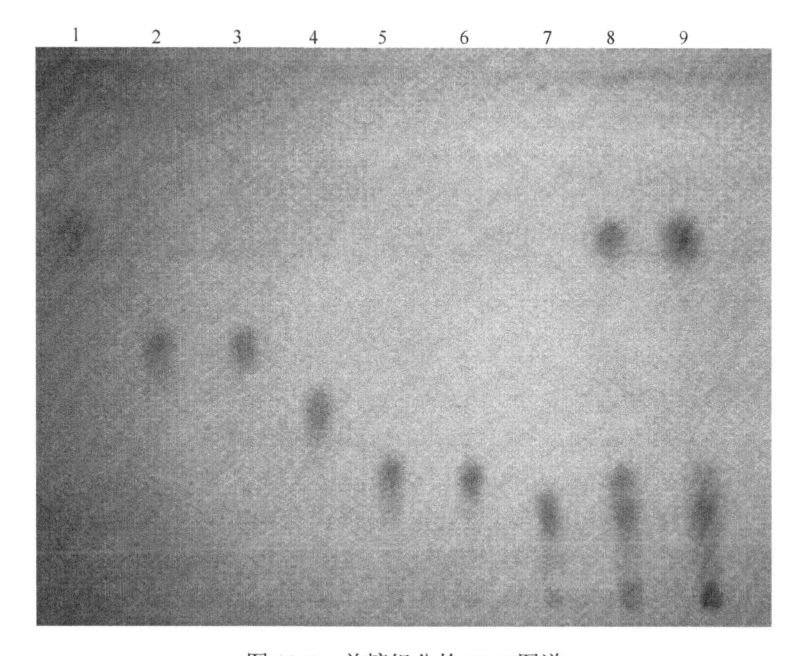

图 10-5 单糖组分的 TLC 图谱

1. Rha；2. Rib；3. Xyl；4. Ara；5. Man；6. Glu；7. Gla；8、9. 样品

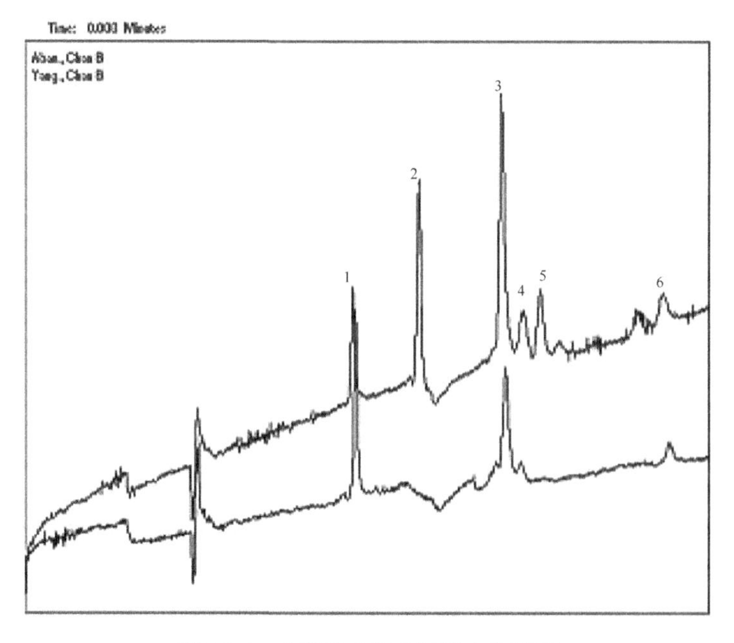

图 10-6 单糖组分的毛细管电泳图谱

1. Rha；2. Xyl；3. Glu；4. Man；5. Ara；6. Gal

表 10-30 单糖组分的毛细管电泳数据

单糖种类	峰现时间/min	峰高/μm	峰宽/μm	面积/μm^2	百分比/%
鼠李糖	18.767	234 31	3000	35 146 500	33.67
葡萄糖	27.367	226 53	4800	54 367 200	52.08
甘露糖	28.413	466 8	3800	8 869 200	8.50
半乳糖	36.976	400 0	3000	6 000 000	5.75

通过单糖组分的分析可以看出，节杆菌 LF-Tou2 产生的生物絮凝多糖中含有葡萄糖、鼠李糖、甘露糖、半乳糖 4 种单糖组分，此种多糖属于杂多糖。

10.3.2.7 纯化多糖中蛋白质组分的氨基酸分析

通过全自动氨基酸测定，以确认在纯化的样品中是否含有蛋白质成分。表 10-31 是相关的氨基酸分析数据。通过氨基酸分析可以得知，测定出的氨基酸占总测定样品的 4.849%，研究的微生物絮凝剂应是蛋白质多糖。在絮凝剂的蛋白质组分中脂肪族氨基酸∶疏水氨基酸∶芳香族氨基酸（质量比）＝30.51∶7.08∶1.00。

表 10-31 纯化絮凝剂样品的氨基酸数据

符号	名称	含量/μg	符号	名称	含量/μg
Tau	牛磺酸	/	Met	蛋氨酸	1.5594
Hypro	羟脯氨酸	/	Ile	异亮氨酸	0.8988
Asp	天冬氨酸	29.0736	Leu	亮氨酸	26.9130
Thr	苏氨酸	10.4538	Tyr	酪氨酸	8.1078
Ser	丝氨酸	8.7486	Phe	苯丙氨酸	5.9052
Glu	谷氨酸	273.291	Orn	鸟氨酸	/
Pro	脯氨酸	22.4940	Lys	赖氨酸	12.7284
Gly	甘氨酸	20.1546	NH_3	氨	11.5884
Ala	丙氨酸	22.7556	His	组氨酸	4.1952
Cys	半胱氨酸	4.6938	Trp	色氨酸	/
Val	缬氨酸	23.4210	Arg	精氨酸	9.5334
				合 计	484.9240

在测定的氨基酸组分中，谷氨酸是第一大氨基酸，含量占总测定氨基酸的 56%。天冬氨酸为第二大氨基酸成分，占 6%。两种酸性氨基酸的总量超过 62%，故在絮凝剂的蛋白质组分中存在着大量的羧基，这些基团在絮凝功能的展示中发挥着重要的作用。FTIR 光谱在 1400.76cm^{-1} 处的较强吸收峰也证明了絮凝剂结构中羧基的存在。以上组成成分显示了所研究的生物絮凝剂的结构特征。在已报道的微生物絮凝剂的结构研究中，结构以多糖多聚物为多，在功能成分中都含有氨

基、羧基、羟基等亲水性活性基团。

10.3.3 总结

将在优化条件下液体培养的节杆菌 LF-Tou2 发酵液，通过 CTAB 反应，DEAE-Sepharose Fast Flow 离子交换层析及 Sephadex G-200 凝胶层析进行了纯化，并对纯化样品进行系列结构特征分析。结果表明：经 Unico UV-2000 紫外分光光度计分段波长测定及 UV-2100 SHIMADZU 紫外分光光度计连续扫描，纯化样品在 215nm 波长处具有特征性吸收；NEXUS470 红外光谱仪扫描可知，纯化样品在 3423.21cm^{-1} 有—OH 伸缩振动的强吸收峰，3000～2800cm^{-1} 有 C—H 伸缩振动的弱峰，1400.76cm^{-1} 有 C—H 键的变角振动，1627.02cm^{-1} 和 1136.44cm^{-1} 有糖环 C—O—C 的伸缩振动，多糖中含有 β 型糖苷键，是典型的多糖物质；^{1}H-NMR 波谱说明单糖中连接的键主要为 β 型糖苷键，在侧链部位有少量的 α 型糖苷键。^{13}C-NMR 波谱在 107～105ppm 内的 4 个共振信号说明测定样品是由 4 个不同单糖残基（异头碳）组成的杂多糖，推测有 α、β 两种构型，并有甲基和乙酰氨基取代；用 Sephadex G-200 凝胶法测定的多糖分子量为 $3.89×10^{6}$kDa；单糖组成的 TLC 层析及毛细管电泳仪对多糖水解复合单糖衍生化电泳，证明在多糖中含有半乳糖、葡萄糖、鼠李糖及甘露糖，其物质的量比大致为：葡萄糖∶鼠李糖∶甘露糖∶半乳糖＝9∶6∶1∶1；全自动氨基酸分析仪对多糖样品蛋白质水解物的测定说明，在纯化的样品中氨基酸含量为 4.849%，其中脂肪族氨基酸∶疏水氨基酸∶芳香族氨基酸=30.51∶7.08∶1.00（质量比）。

通过纯化和结构特征分析可以得出如下结论：节杆菌 LF16 生物絮凝剂为蛋白质多糖大分子生物物质，其中的多糖为杂多糖。

10.4 葡萄糖基转移酶的性质与化学修饰

10.4.1 材料与方法

10.4.1.1 菌种培养基

菌种培养基同 10.1.1.3。

10.4.1.2 葡萄糖基转移酶（GTase）活性的标准测定方法

采用对硝基苯酚-吡啶葡萄糖苷法。

4-硝基酚-α-D-吡啶葡萄糖苷（4-nitrophenyl-α-D-glucopyranoside，Merck 德国）；4-硝基酚（4-nitrophenol，Sigma-Aldrich 美国），甘氨酸（氨基乙酸，glycine，分析

纯 AR，上海医药集团上海化学试剂公司）；乙酸钠（sodium acetate，分析纯 AR，天津市广成化学试剂有限公司）。

HH-4 磁力搅拌数显恒温水浴锅（常州国华电器有限公司）；尤尼柯可视-紫外分光光度计（Unico UV-2000 Spectrophotometer，尤尼柯上海仪器有限公司）；FC104 精密电子分析天平（FC104 Analytic Balance，实际标尺分度值 0.1mg，220V 50Hz 14W，信号输出端口 RS232C，上海精密科学仪器有限公司）。

测定程序如下所述。

（1）在 10mm×150mm 试管加入 0.2mL，10mmol/L 4-硝基-α-D-吡啶葡萄糖苷，在 40℃水浴中进行温度平衡 5min（4-硝基-α-D-吡啶葡萄糖苷用 0.1mol/L，pH4.0 乙酸钠缓冲液进行配制）。

（2）在温度平衡的底物试管中加入 0.2mL 经过适当稀释的待测酶液，快速混匀后，开始计时，反应时间共 5min。

（3）反应到达预定时间时，加入 3mL，pH10.5，0.4mol/L 甘氨酸-NaOH 缓冲液中止反应。

（4）测定 OD_{405}，由标准曲线进行计算。

一个单位酶活定义为：每分钟释放一个微摩尔的 4-硝基酚。

10.4.1.3 GTase 的制备

将过夜培养的发酵液在 12 000r/min 下离心 20min 收集菌体，然后把收集的细胞悬浮于 20mmol/L This • HCl，pH6.0，0.5mmol/L PMSF，1mmol/L EDTA 和 0.4mg/mL 的溶菌酶中，菌悬液在 37℃温育 1h 后用 Vibra Cell TM（美国，COLE-PARMER 公司）超声波仪破碎 20s，连续两次。超声物在 30 000r/min 离心 30min 后去除沉淀物，收集上清液。在上清液中以 65%饱和度加入$(NH_4)_2SO_4$。把收集的沉淀溶解于缓冲液 A 中（20mmol/L Tris • HCl，pH6.0，1mmol/L EDTA，12mmol/L β-巯基乙醇，10%甘油），并以相同缓冲液过夜透析。透析的溶液上样于用缓冲液 A 平衡的 Sephadex G-200 柱（2.5cm×60cm，瑞典，安玛西亚），并以同种缓冲液以 20mL/h 的流速进行层析分离。收集 GTase 活性组分。将活性组分加样于缓冲液 A 平衡的 DEAE-Sepharose Fast Flow 柱（2.5cm×60cm，瑞典，安玛西亚），并用线性梯度 0～500mmol/L NaCl 进行洗脱，收集活性组分。把活性组分通过 Microsep & Microsep MF 离心浓缩装置进行超滤除盐。

10.4.1.4 纯度的测定

反相高效液相色谱法。岛津 LC-10A 高效液相色谱仪，LC-10ATVP 泵，SCL-10AVP 控制器，SPD-10AVP 紫外监测器，CTO-10AVP 控温箱。色谱柱：C_{18} 柱（Phenomenex Luna，150mm×4.6mm，粒径 5μm）。流动相：A 为 0.1%TFA，B

为 0.1%TFA+乙腈。梯度：100min 由 100%A→50%B，检测波长为 220nm。

10.4.1.5　SDS-聚丙烯酰胺凝胶电泳法测分子量

试验用电泳仪为 DYY-10 型（ECP3000）三恒电泳仪（北京市六一仪器厂），电泳槽为 DYC-24D 型电泳槽（北京市六一仪器厂），最大使用电压为 600V，最大使用电流为 200mA，板的规格为 8cm×10cm×0.15cm。

丙烯酰胺（acrylamide，Amresco，美国）；双丙烯酰胺（bisacrylamide，Promega，美国）；*N,N,N,N*-四甲基乙二胺（TEMED，Amresco，美国）；过硫酸铵（APS，分析纯，上海鑫运精细化工有限公司）；三羟甲基氨基甲烷（Tris，Xiamen Sanland chemicals Company limited）；十二烷基硫酸钠（SDS，分析纯，天津福晨化学试剂厂）；低分子量蛋白质标准品（上海中国科学院生物化学研究所，低分子量蛋白质标准品的组成为：兔磷酸化酶 B，rabbit phosphorylase b，97 400Da；牛血清白蛋白，bovine serum albumin，66 200Da；兔肌动蛋白，rabbit actin，43 000Da；牛碳酸酐酶，bovine carbonic anhydrase，31 000Da；胰蛋白酶抑制剂，trypsin inhibitor，20 100Da；鸡蛋清溶菌酶，hen egg white lysozyme，14 400Da）。考马斯亮蓝 R-250（Coomassie brilliant blue R-250，Amresco，美国）；2-巯基乙醇（B-mercaptoethanol，Sigma，美国）；溴酚蓝（bromphonol blue，Amresco，美国）。

分离胶采用丙烯酰胺/双丙烯酰胺（30∶0.8）混合物，所需成分的用量为 12%。国产 APS 的浓度改为 15%（*m*/*V*）；TEMED 加量在原配方基础上增加 20%；灌胶后在 25～30℃（室温低时放于恒温箱中）聚合，聚合时间在 1h 以上。

浓缩胶用终浓度 3%（*m*/*V*）丙烯酰胺/双丙烯酰胺，国产 APS 与 TEMED 的浓度及用量同分离胶制作。浓缩胶应在 10min 内聚合，在 2h 内时使用。

10.4.1.6　MALDI-TOF-MS 分子量的测定

样品采用带有 PSD 基质辅助激光解吸附飞行时间质谱仪（MALDI-TOF-MS，Reflex Ⅲ，德国 Bruker 公司）进行分析。检测条件：N_2 激光源，波长 337nm；离子类型：正离子；检测方式：线性方式（飞行管长 1.6m，加速电压 20kV）；基质：芥子酸（SA）。

10.4.1.7　GTase K_m 值与 V_{max} 的测定

试剂配制及测定所用仪器参照 10.4.1.2 部分。

试验采用 Eadie- Hofstec 作图法，即 $v=-K_m \cdot v/[S]+V_{max}$。式中，斜率为$-K_m$，横轴截距为 V_{max}/K_m，纵轴截距为 V_{max}。

试验以 10.4.1.2 中 GTase 的标准测定方法为基础，在设计的试验号中固定酶液用量（200μL），底物（pH4.0，10mmol/L 4-硝基酚-α-D-吡啶葡萄糖苷）终浓度分别为 0.5mmol/L、2.5mmol/L、5mmol/L、7.5mmol/L、10mmol/L，底物的配制体积分别为 10μL、50μL、100μL、150μL、200μL，通过反应测定每分钟时间内4-硝基酚产生的微摩尔数，得出反应速度 v，然后由对应的底物浓度计算出 $v/[S]$，以 v 对 $v/[S]$作图，求出 K_m 值与 V_{max}。

10.4.1.8　最适反应温度及热稳定性，最适反应 pH 及 pH 稳定性，金属离子及 EDTA 对酶活性的影响的测定

各试验酶活性的测定均以标准测定方法为基础。

温度分别用水浴锅和冰箱控制，利用常温室温和冷室室温两种环境条件，最适反应温度的温度值定在 20℃、30℃、40℃、50℃、60℃，热稳定性试验的温度值定在 4℃、20℃、30℃、40℃、50℃。反应环境 pH4.0，酶液的浓度为 10^{-5}mol/L。

在 40℃水浴中进行最适 pH 及 pH 稳定性测定。酶的制备采用将固体纯化 GTase 分别溶解于 pH3、pH4、pH5、pH6、pH7、pH8，0.2mol/L 磷酸氢二钠–0.1mol/L 柠檬酸缓冲液中，以溶于 ddH_2O（pH6.86）中的酶液为对照。

通过最适反应 pH 试验得出了在 40℃下的最适反应 pH，以此 pH 的缓冲液配制各种不同浓度的阳离子溶液，再以阳离子溶液配制酶液进行金属离子及 EDTA 对酶活性影响的试验。试验的对照为不含金属阳离子，用 ddH_2O 配制的酶液，测定对照为 ddH_2O。所采用的金属阳离子是 Mg^{2+}、Ca^{2+}、Mn^{2+}、Zn^{2+}、Fe^{2+}，分别来自于 $MgCl_2$、$CaCl_2$、$MnCl_2$、$ZnSO_4$、$FeSO_4$。在试验中金属离子及 EDTA 的终浓度分别配成为：0.1mmol/L、0.3mmol/L、0.6mmol/L、0.9mmol/L、1.2mmol/L、1.5mmol/L、1.8mmol/L、2.1mmol/L。

10.4.1.9　圆二色谱分析

用 J-715 型圆二色谱仪（CD，日本分光公司）对样品进行远紫外圆二色谱测定，扫描波长 250～190nm；测定溶剂：H_2O；测定时温度：25℃；色谱模型：HT；分辨率：0.2nm；带宽：0.2nm；灵敏度：20mDeg；响应时间：0.5s；聚焦度：8；速度：100nm/min。

10.4.1.10　酶的化学修饰

N-乙酰咪唑（*N*-acetylimidazole，*N*-AI，Aldrich），羟胺（hydroxylamine，Aldrich），巯基乙醇（α-mercaptoethanol，Sigma）分别溶解于 pH8.0，0.05mol/L Tris・HCl；*N*-溴化琥珀酰亚胺（*N*-bromosuccinimide，NBS，北京化学试剂公司），溶解于 pH4.0，50mmol/L 乙酸；对氯汞苯甲酸（p-chloromercuribenzoate，PCMB，Fluka），半胱氨酸溶解于 pH5.0，02mol/L 乙酸缓冲液中；二乙基焦碳酸（diethyl pyrocarbonate，DEPC，Sigma）用乙醇溶解。将各种化学试剂配制成所需溶液，在 30℃与酶（终

浓度为 2×10^{-5}mol/L）作用 1h，组氨酸、酪氨酸保护试剂羟胺和巯基保护试剂半胱氨酸则是在保温 0.5h 后加入。

10.4.1.11 pI 分析[18]

DYY-10 型三恒电泳仪（北京市六一仪器厂），DYC-21 型多用途电泳槽（北京市六一仪器厂，最大使用电压 600V，最大使用电流为 200mA，凝胶管内径 5mm×长 170mm），SHB-B_{95} 型循环水式多用真空泵（真空度为 0.1MPa，郑州长城科工贸有限公司），pHS-3C 精密 pH 计（测量范围：0.00～14.00，mV：（0±1999）mV；最小显示单位 0.01pH，1mV。上海精密科学仪器有限公司）。

丙烯酰胺、甲叉双丙烯酰胺、过硫酸铵、TEMED；两性电解质载体 Ampholine（40%，pH3.5～1.0，Pharmacia）。磷酸（H_3PO_4，分析纯 AR，南京中山集团公司化工厂）；氢氧化钠（NaOH，分析纯 AR，天津市广成化学试剂有限公司）。

配胶：胶浓度 5%，胶液总体积 12mL。丙烯酰胺储液（丙烯酰胺/甲叉双丙烯酰胺＝30/0.8）2.0mL。Ampholine 0.6mL，TEMED 14.4mL，蛋白质样品 120μL，H_2O 3.27mL，APS（1.5mg/mL）6.0mL。

酶样品：浓度为 5mg/mL，每根管中加量<100μg。

阳极电极液：0.1mol/L H_3PO_4。3.4mL 浓磷酸（85%）加水至 500mL。

阴极电极液：0.5mol/L NaOH。2g NaOH 加水溶解至 500mL。

装管：用移液管将配好的胶立即装管，每管灌胶 3.75mL，液面加至距管口 1mm 处，用注射管轻轻加入少许 H_2O，进行水封，以消除弯月面使胶柱顶端平坦。胶管垂直聚合约 30min，聚合完成时可观察到水封下的折光面。

装槽和电泳：用滤纸条吸去胶管管上端的水封，除去下端的封膜，水封端向上，记下管号。上槽加入 500mL 0.1mol/L H_3PO_4 溶液，下槽加入 500mL 0.5mol/L NaOH 溶液，淹没管口和电极，用注射器或滴管吸去管口的气泡。上槽接正极，下槽接负极，开启电泳仪，恒压 160V，聚焦 2～3h，至电流近于零不再降低时，停止电泳。

剥胶：取下胶管，用 H_2O 将胶管和两端洗 2 次，用注射器（10mL）将针头（7 号，针部净长 15cm）沿内壁轻轻插入，在转动胶管和内插针头的同时，分别向胶管两端注入少许 H_2O，胶条自动滑出，若不滑出可用吸耳球轻轻吹出。胶条置于内径 14.5cm 的培养皿内，记住正极端为“头”，负极端为“尾”，若分不清时可用 pH 试纸鉴定，酸性端为正，碱性端为负。

染色：胶条用考马斯亮蓝 R-250 染色液，30℃染色 20～30min。染色液的配制方法为：考马斯亮蓝 R-250 2.5g；甲醇 454mL；冰乙酸 92mL；ddH_2O 454mL，用定性滤纸过滤（新星牌 102 型，杭州富阳特种纸业有限公司）。

脱色：用高甲醇脱色液脱色 2～3h（脱色在脱色摇床中进行，脱色温度 30℃，摇动往复次数为28r/min)。当脱色液的颜色和胶条颜色一样时，更换新的脱色液，一般应更换3～4次。然后用低甲醇脱色液脱色4～6h或过夜，使之完全脱色。至此，胶条的本底应基本清洁。胶条在脱色液中时间过长（数日或数周），会使染上的蛋白质带的颜色变浅。脱色后，胶条应保持在室温、蒸馏水中。为了长时间保存胶条（4℃）或用干胶器干燥，胶条在甘油（4%，*V*/*V*）水溶液中平衡至少60min。高甲醇脱色液1000mL：甲醇454mL；冰乙醇75mL；ddH_2O 471mL。低甲醇脱色液1000mL：甲醇50mL；冰乙酸75mL；ddH_2O 875mL。

测定pH梯度：将未染色放在另一培养皿中的胶条，用直尺量出待测pH胶条的长度“L_1”。

按由正极至负极的顺序，用镊子和小刀依次将胶条切成10mm长的小段，分别置于小试管中，加入1mL H_2O，浸泡0.5h以上或过夜，用仔细校正后的复合电极酸度计测出每管浸出液的pH。

数据处理如下所述。

（1）以胶条长度（mm）为横坐标，pH为纵坐标作图，得到一条pH梯度曲线。所测每管的pH为10mm胶条pH的混合平均值。作图时将此pH取为10mm小段中心，即5mm处的pH。

（2）用下列计算蛋白质聚胶部位至胶条正极端的实际长度L：$L=L'\times L_1/L_2$

式中，L'为测出的蛋白质染色带至胶条正极端的长度；L_1为测pH的胶条的长度；L_2为染色后胶条的长度。

（3）根据计算出的L值，由pH梯度曲线上查出相应的pH，即为蛋白质的等电点。

10.4.1.12 GTase的氨基酸组成分析

仪器为HITACHI 835-50 Amino Acid Analyzer，生产厂家为日本日立公司。

仪器主要性能指标如下所述

（1）光度计：凹面共点光栅，波长570.44nm。

（2）分离度：（标准分析）苏氨酸-丝氨酸<70%，甘氨酸-丙氨酸<80%。

（3）重复性：峰位偏差1%，峰积偏差2.5%；最大检测灵敏度：30pmol。

（4）水浴温度：反应浴为98℃±0.3℃；循环浴为30～70℃±0.3℃。

（5）基线稳定性：干扰<0.5格（500mV），漂移<2格/d，温度漂移<3格/10℃。

检测条件如下所述

（1）分析柱：内径2.6mm，柱长150mm，日立2619型树脂。

（2）去氨柱：内径4mm，柱长150mm，日立2619型树脂。

（3）柱温53℃，缓冲液流速为0.225mL/min，泵压80～130kg/cm^2；茚三酮流速为0.3mL/min，泵压15kg/cm^2。缓冲液为柠檬酸、柠檬酸钠溶液，茚三酮为显色剂。

样品浓度为 5μg/μL，上样量 50μL。

10.4.2　研究结果

10.4.2.1　GTase 的纯化

节杆菌 LF-Tou2 多糖合成葡萄糖基转移酶的纯化结果见表 10-32。经盐析所得的酶液进行 Sephadex G-200 柱分离，控制上样量为 3mL，自动馏分收集器条件为 360s/管，3mL/管，洗脱蠕动泵转动速度为 3.0r/min，记录仪走纸速度为 0.5mm/min，峰谱图示于图 10-7，图 10-7 中第 1 个峰（尖峰）为目的峰。将凝胶柱分离到的样品进行 DEAE-Sepharose Fast Flow 离子交换柱分离，运行条件为：上样量 2mL，洗脱时自动馏分收集器 180s/管，1.5mL/管，蠕动泵转速 3.0r/min，记录仪走纸速度为 0.5mm/min，组分图谱示于图 10-8，图 10-8 中的第 2 个峰（低峰）为目的峰。经纯化所得到的酶的比活力为 7.7U/mg，纯化倍数为 2.8，活力回收率为 16.9。

表 10-32　GTase 的纯化步骤与结果

步骤	总活性/U	总蛋白/mg	比活性/（U/mg）	纯化倍数	活性得率/%
粗酶	1000	361.34	2.8	1.0	100.0
$(NH_4)_2SO_4$ 沉淀	868.6	226.7	3.8	1.4	86.9
Sephadex G-200	370.1	73.4	5.1	1.8	37.0
DEAE-Sepharose Fast Flow	169.1	21.9	7.7	2.8	16.9

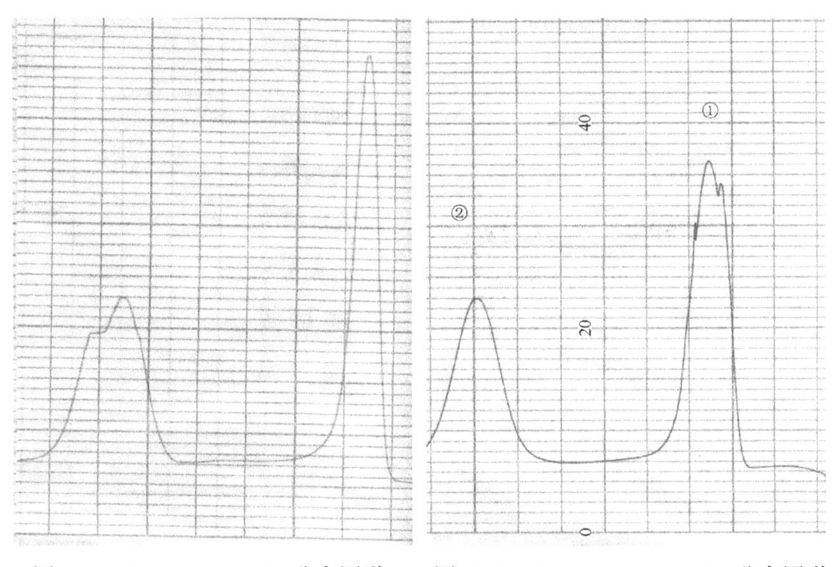

图 10-7　Sephadex G-200 分离图谱　　图 10-8　DEAE-Sepharose FF 分离图谱

10.4.2.2 GTase 的酶学性质

1）酶的纯度

经反相高效液相色谱法分析的图谱为单一峰（图 10-9），说明纯化的节杆菌 LF-Tou2 GTase 为纯品。

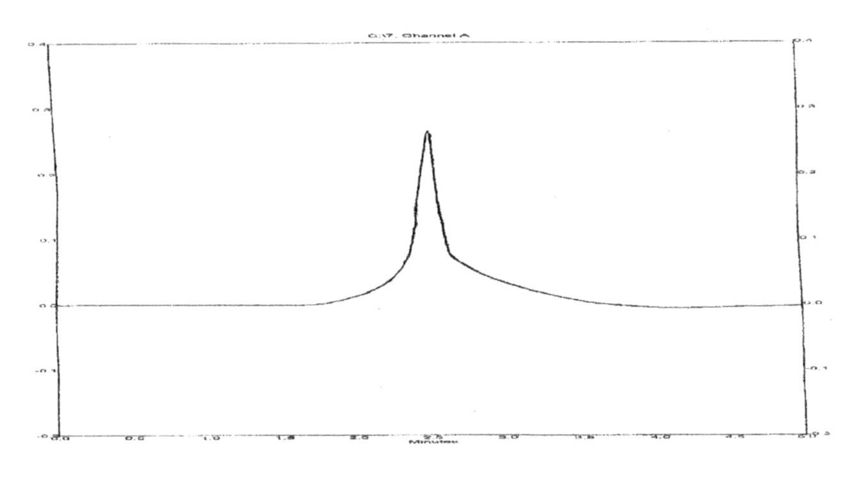

图 10-9 纯度检验的反相高效液相色谱图

2）SDS-PAGE 测定 GTase 分子量

低分子量蛋白质标准品（5μg/μL）在上样前均经沸水浴加热 5min。标准及样品上样体积为 2μL，经 12% SDS-聚丙烯酰胺凝胶电泳后用考马斯亮蓝 R-250 染色。表 10-33 为蛋白质标准品的标准曲线。图 10-10 为电泳图谱。

表 10-33 用低分子量蛋白质标准品所做的标准曲线

低分子量蛋白质标准品/Da	14 400	20 100	31 000	43 000	66 200	97 400
相对迁移率/%	81.82	71.72	55.56	48.99	32.32	19.19
分子量对数	4.16	4.30	4.49	4.63	4.82	4.99

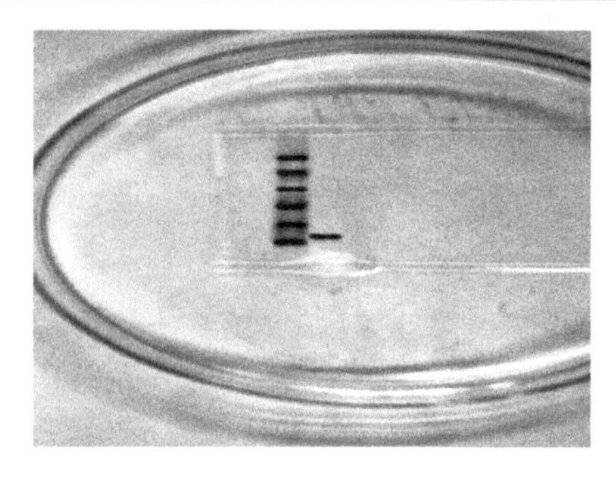

图 10-10 低分子量蛋白质标准品与样品的电泳图谱（彩图请扫封底二维码）

由电泳图谱可知，样品在图谱中的相对迁移率为 81.31%，通过标准曲线求得分子量为 1.4kDa。

3）MALDI-TOF-MS 法测定酶的分子量

图 10-11 指出用激光解吸附飞行时间质谱分析方法测得纯化样品的分子量为 14 315Da。

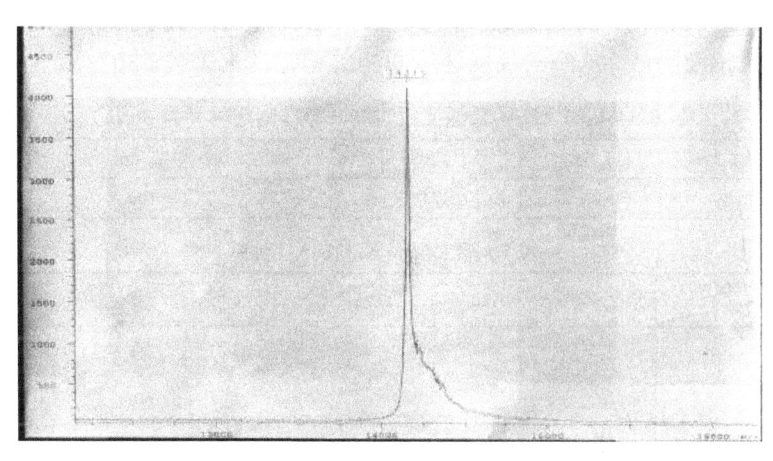

图 10-11　由 MALDI-TOP-MS 法测定的纯化样品的分子量

横坐标为 *m/s*；纵坐标为丰度 a.i，即分子量

4）圆二色谱分析

远紫外圆二色谱测定显示，样品有 31.7%的 α 螺旋，34.1%的 β 转角及 34.2%无规卷曲，没有 β 折叠（图 10-12）。

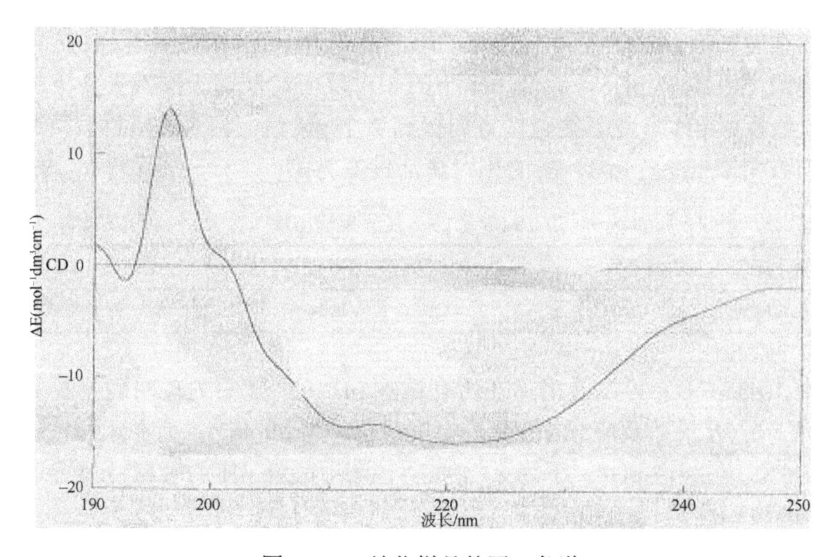

图 10-12　纯化样品的圆二色谱

5）酶的适合反应温度和热稳定性

在固定 pH 的条件下，用本试验 GTase 活性测定的标准方法测定不同反应温度下的酶活性。把产生最高酶活温度下的酶活规定为 100%。由表 10-34（A）中的数据可以看出，在标准方法下，即反应时间为 5min 下酶在 50℃表现出最高的相对酶活，在 60℃时酶活则大量降低。由表 10-34（B）中的数据进一步看出，在 50℃温度下，保温 0.5h，酶活全部丧失；在 40℃保温时间在 1h 内相对酶活为 100%，继后活性大幅度降低。从酶的反应速度和酶的稳定性上来说，30℃以下更为恰当。

表 10-34（A） 酶的最适反应温度（标准测定时间为 5min）

反应温度/℃	20	30	40	50	60
相对酶活/%	26.26	47.09	67.89	100.00	39.34

表 10-34（B） 酶的热稳定性

控制温度/℃ 维持时间/h	4	20	30	40	50	60
0.5	100	100	100	100	0	0
1.0	100	100	100	100	0	0
1.5	100	100	100	83.1	0	
2.0	100	100	96.2	75.6		
2.5	100	100	88.6	50.7		
3.0	100	100	72.1	46.4		

6）pH 对酶活性的影响及 pH 稳定性

用不同 pH 的缓冲液配制酶液，用标准方法测定各 pH 下的酶活性来探讨 pH 值对酶活性的影响。最高酶活性 pH 下的酶活性定为 100%相对酶活。由表 10-35（A）可以看出最适反应为 pH5，碱性 pH 下的相对反应活性优于酸性条件下的相对酶活。在最适反应 pH 条件下往碱性方向提高 2 个 pH 值，相对酶活性只降低 0.4%；而往酸性方向降低 2 个 pH，酶的相对酶活性变为零。

表 10-35（A） 最适反应 pH

pH	3	4	5	6	7	8
相对酶活/%	0	43.8	100	99.8	99.6	96.1

由表 10-35（B）可以看出，在所有试验 pH 下，随着处理时间延长其酶活性都在下降。在 3h 最适反应 pH 下降的幅度最小，为 39.86%；而在远碱性 pH8，下降为 56.95%，在酸性 pH4，下降 83.49%。该酶对酸性 pH 的敏感性要远远高于对碱性 pH 的敏感性。

表 10-35（B） pH 稳定性

维持时间/h \ 控制 pH	3	4	5	6	7	8
0.5	0	42.4	99.1	95.8	95.7	83.4
1.0	0	37.2	93.2	87.7	85.1	77.0
1.5	0	30.1	88.6	82.8	80.1	75.9
2.0	0	16.8	70.9	67.8	67.8	60.4
2.5	0	8.5	69.6	65.2	63.6	54.5
3.0	0	7.0	59.6	58.9	54.0	35.9

7）葡萄糖基转移酶的 K_m 值和 V_{max} 值

试验采用 v-$v/[S]$法。各组分配好后 40℃反应 5min。数据列于表 10-36，以 v 对 $v/[S]$作图，得米氏方程：$v=-2.752v/[S]+58.056$。由方程可知该酶的 K_m 值为 2.752μmol，其 V_{max}＝58.056μmol/min。

表 10-36 葡萄糖基转移酶反应的 v 及 $v/[S]$

4-硝苯基-α-D-葡萄糖吡啶糖苷终浓度/（mmol/L）	0.5	2.5	5.0	7.5	10.0
OD_{405}	0.168	0.211	0.301	0.327	0.348
V/（μmol/min 4-硝基苯）	21.56	27.14	38.83	42.21	44.94
$v/[S]$	43.12	10.86	7.27	5.63	4.49

注：酶的最终浓为 2×10^{-5}mol/L。

8）pI 分析

将 pH 测定胶条从负极向正极依次切成 10mm 长的小段，按顺序放入已编号并放有 1mL ddH_2O 的试管中浸泡过夜，翌日用精密度 pH 计测定每管的 pH。数值见表 10-37。

表 10-37 测定的 pH

管号	1	2	3	4	5	6	7	8	9	10	11	12	13	14
pH	9.89	9.61	9.38	8.97	8.49	8.06	7.43	6.60	5.47	4.65	4.18	3.99	2.74	2.69

待测胶管的长度 L_1＝12cm。

染色脱色后胶条的长度 L_2＝15.5cm。

蛋白质带至胶条负极端的长度 L'=14cm。

故实际长度 $L=L'\times L_1/L_2$=14×12/15.5＝10.84cm。

将胶条长度与 pH 的对应关系绘成 pI 标准曲线。得函数关系式 $y=-0.6132x+11.181$，R^2＝0.9771。式中，x 为蛋白质带至胶条负极端的实际长度；y 为等电点。

将 GTase SDS-PAGE 等点聚焦蛋白质带胶条实际长度（x）10.84cm 代入 pI 函数关系式得 y，即 pI 为 4.2。

9）金属离子和 EDTA 对于 GTase 活性的影响

试验选用 5 种二价金属盐和 EDTA 在 40℃保温 1h 进行对酶活力影响的研究，

所用的 5 种二价金属离子分别来自于 $MgCl_2$、$CaCl_2$、$MnCl_2$、$FeSO_4$ 和 $ZnSO_4$。结果列于表 10-38。由表 10-38 中的数据可以看出 Mn^{2+}对酶活性有显著的激活作用，其次是 Fe^{2+}，然后是 Ca^{2+}。Mg^{2+}、EDTA 对酶活性表现出不同程度的抑制；Zn^{2+}则表现出 100%的抑制，使酶活性完全不能发挥。

表 10-38　金属离子和 EDTA 对酶活性的影响

金属离子和 EDTA	Mg^{2+}	Ca^{2+}	Mn^{2+}	Fe^{2+}	Zn^{2+}	EDTA（0.6mmol/L）
相对酶活性/%	86.6	120.9	221.6	192.2	0	81.4

10）氨基酸组成分析

GTase 经盐酸水解后进行全自动氨基酸分析仪测定，数据经分析列于表 10-39。由表 10-39 中的数据可以算出在分析的总氨基酸中（色氨酸除外），芳香族氨基酸（Phe、Tyr）为 5.1%；脂肪族氨基酸（Gly、Ala、Val、Ile）为 32.77%；疏水性氨基酸（Ala、Val、Lea、Ile、Pro、Phe、Trp、Met）为 33.18%；酸性氨基酸（Asp、Glu）为 36.14%；碱性氨基酸（Lys、Arg）为 11.04%；含羟基的氨基酸（Ser、Thr）为 9.08%；含硫氨基酸（Cys、Met）为 1.39%；半胱氨酸（Cys）为 0.70%；酪氨酸（Tyr）为 2.38%；组氨酸（His）为 1.41%。

表 10-39　GTase 氨基酸分析

符号	名称	含量/（mg/100mL）	符号	名称	含量/（mg/100mL）
Tau	牛磺酸	/	Ile	异亮氨酸	74.11
HYP	羟脯氨酸	/	Leu	亮氨酸	113.21
Asp	天冬氨酸	166.58	Tyr	酪氨酸	37.92
Thr	苏氨酸	72.59	Phe	苯丙氨酸	43.29
Ser	丝氨酸	71.86	Orn	鸟氨酸	/
Glu	谷氨酸	408.05	Lys	赖氨酸	87.43
Pro	脯氨酸	47.91	NH_3	氨	60.12
Gly	甘氨酸	95.61	His	组氨酸	22.39
Ala	丙氨酸	120.45	Trp	色氨酸	/
Cys	半胱氨酸	11.14	Arg	精氨酸	88.11
Val	缬氨酸	117.78			
Met	蛋氨酸	10.98	合计		1590.22

10.4.2.3　酶的化学修饰

1）N-Al 对酪氨酸残基的化学修饰

N-Al 在一定条件下能够使蛋白质的酪氨酸残基发生乙酰化作用。保护剂羟胺则能使被修饰的酪氨酸脱乙酰化后恢复原状。由表 10-40 可以看出，在实验浓度范围内 N-Al 的修饰对酶活力有明显的激活作用，羟胺的加入对酶活力产生明显的抑制作用。这表明 N-Al 修饰的是酪氨酸残基，酪氨酸是结构基团，经修饰后乙酰化的酪氨酸残基使活性基团与底物的亲和性更大，所以表现出了更高的酶活。加入羟胺造成酶结构的不稳定，从而使活性下降。

表 10-40　N-Al 对酪氨酸的化学修饰对酶活性的影响

修饰剂 \ 浓度/（mmol/L）	0	1	2	4	6	8	10	12
N-Al	100	120	130	140	142	142	142	142
N-Al 羟胺	100	80	78	76	60	58	52	50

2）NBS 对色氨酸残基的化学修饰

NBS 在酸性条件下能够选择性地修饰蛋白质的色氨酸残基。NBS 的修饰对酶活力有强烈的抑制作用。在 NBS 终浓度仅为 2mmol/L 时，相对酶活就已为零。这表明葡萄糖基转移酶中的色氨酸残基对该酶活性有重要影响，色氨酸残基是活性基团。

3）巯基乙醇对二硫键的化学修饰

把酶与不同剂量的巯基乙醇溶液混合，在 30℃保温 1h 后，测定酶活，已加缓冲液的酶液酶活力为 100%。由表 10-41 可以看出，巯基乙醇的加入明显地提高了酶的活性。巯基乙醇能够还原酶中的二硫键，使巯基游离。酶活的提高证明，二硫键是酶活力的结构组分。

表 10-41　巯基乙醇对二硫键的化学修饰

α-巯基乙醇终浓度/（mmol/L）	1	2	3	4	5	0
相对酶活性/%	112.4	137.6	117.7	117.8	117.5	100

4）PCMB 对巯基的化学修饰

PCMB 是蛋白质巯基的常用修饰剂。由表 10-42 可以看出，PCMB 能够明显地抑制酶的活性。保护剂半胱氨酸的加入没有恢复酶的活性，这也表明巯基是酶的重要活性基团，它的修饰会导致酶的不可逆的失活。

表 10-42　PCMB 对巯基的化学修饰对酶活性的影响

修饰剂 \ 浓度/（mmol/L）	0	1	2	4	6	8
PCMB	100	84	43	20	0	0
PCMB-半胱氨酸	100	50	28	0	0	0

5）DEPC 对组氨酸的化学修饰

DEPC 是同组氨酸的咪唑基发生作用的试剂。羟胺则是处理被 DEPC 作用过的酶，能够使组氨酸残基恢复到原来状态的试剂。表 10-43 的实验数据证明 DEPC 对组氨酸的修饰明显抑制了酶的活性，加入羟胺也不能使酶的活性恢复，这说明组氨酸是酶活力的必需成分，也可能是酶的结构成分，在被修饰以后造成酶的结构不稳定或导致不可逆的失活。

表 10-43　DEPC 对组氨酸的化学修饰对酶活性的影响

修饰剂 \ 浓度/（mmol/L）	0	2.5	5	7.5	10	20	30	40
DEPC	100	62	56	48	44	42	40	39
DEPC-羟胺	100	58	24	20	8	4	2	0

10.4.2.4　GTase 酶活性与絮凝活性、细胞生长的关系

节杆菌 LF-Tou2 在培养过程中 GTase 酶活性与絮凝活性、多糖物质生成呈正相关。在对酶进行纯化，并对酶学性质进行分析后，为对 GTase 与絮凝活性的关系进一步确证研究设计了以下培养试验。在酶学性质的研究中发现 Mn^{2+}对 GTase 酶活性具有明显的促进作用，而 Zn^{2+}对 GTase 酶活性则具有特别的抑制作用。那么在含不同浓度 Mn^{2+}、Zn^{2+}的培养中絮凝活性呈现的对应现象将证明 GTase 与絮凝活性形成的因果关系。表 10-44 说明，在含有 0.6mmol/L Mn^{2+}或 Zn^{2+}的培养中，Mn^{2+}促进了 GTase 酶活，相应地提高了絮凝活性；Zn^{2+}抑制了酶活，也相应地抑制了絮凝活性。两种离子对生长的影响都不大。GTase 是微生物絮凝剂合成中聚糖合成的关键酶之一。

表 10-44　GTase 酶活性与絮凝活性形成的关系

		6h	8h	10h	12h	14h
对照	生长（OD_{660}）	1.637	1.785	1.803	1.808	1.829
	GTase（OD_{405}，×10U/mL）	1.428	4.190	8.571	24.000	26.473
	FR/%	94.04	94.82	97.75	95.84	97.04
Mn^{2+}（0.6mmol/L）	生长（OD_{660}）	1.554	1.783	1.791	1.803	1.822
	GTase（OD_{405}，×10U/mL）	1.714	5.238	13.523	34.472	36.680
	FR/%	95.10	95.84	96.30	96.67	97.60
Zn^{2+}（0.6mmol/L）	生长（OD_{660}）	1.603	1.791	1.836	1.841	1.856
	GTase（OD_{405}，×10U/mL）	0.572	1.715	3.239	11.713	12.284
	FR/%	91.21	92.88	94.18	94.55	95.29

10.4.3　总结

节杆菌 LF-Tou2 GTase 的分子量为 14 315Da；样品有 31.7%的 α 螺旋，34.1%

的 β 转角及 34.2%的无规卷曲；K_m 为 2.752μmol，V_{max} 为 58.056μmol/min；Mn^{2+} 是酶活性强有力的激活剂，Fe^{2+} 次之。N-Al 可能与酶活性中心以外的某些酪氨酸残基发生修饰反应，影响蛋白质的空间结构，从而激活了酶的活性；巯基乙醇对二硫键的作用提高了酶的活性也说明二硫键的还原使酶的结构发生了变化，从而影响了酶活。这表明酪氨酸与二硫键是酶分子中决定结构的成分，不是酶的活性中心基团。酶经过 NBS、PCMB 及 DEPC 修饰后，其活性明显降低，尤其是 NBS 对色氨酸残基的修饰，使活性降为零，这表明色氨酸、巯基和组氨酸是酶活力必需基团。极微量 NBS 的修饰作用就能使酶活性彻底丧失，这说明色氨酸在酶的活性中心中是最关键的基团。

10.5　节杆菌 LF-Tou2 多糖生物絮凝剂的中试及应用效果

本节报道了节杆菌 LF-Tou2 生物絮凝剂的发酵工艺及中试条件、下游条件对微生物絮凝剂提取收率的影响、实地取样进行的絮凝处理试验效果。

10.5.1　材料与方法

10.5.1.1　培养基和培养条件

培养基由下列组分组成：混合糖（98%葡萄糖+2%麦芽低聚糖）18g；K_2HPO_4 5g；$(NH_4)_2SO_4$ 2.5g；玉米浆 1g；$MgSO_4$ 0.2g；$CaCl_2$ 0.1g；蒸馏水 1000mL。配制：1.0%混合糖首先配入上述培养基中，调节 pH7.2～7.4，在 1000mL 三角瓶中分装 200mL 培养基，1kg/cm^2 压力下灭菌。0.8%的混合糖单独灭菌，备用。

培养：培养条件为 28℃、170r/min，培养周期为 30h。培养方式采用分批补加方式，即在分批摇瓶培养至 12h 时，补加 0.8%的混合糖，然后继续培养。

10.5.1.2　多糖含量的测定

多糖含量采用苯酚-硫酸法测定。

10.5.1.3　蛋白质多糖絮凝剂沉淀重量的测定

取 100mL 发酵液→12 000r/min 离心 30min 去菌体→得无细胞发酵液→进行 CTAB 反应(加 10%的 CTAB 至 2%～5%直到无沉淀析出)→5000r/min 离心 5min→将沉淀溶于 2mol/L NaCl 溶液中→加入 2～4 倍的无水乙醇进行沉淀（直到无沉淀析出）→将沉淀分别用 75%乙醇、无水乙醇、乙醚进行洗涤→40℃真空干燥→溶于双蒸水，得 CTAB 纯化蛋白质多糖液→进行不同条件下的沉淀提取→重量测定→进行收率计算。

10.5.1.4　2000L 中试罐的发酵动态分析

试验参数：通气量、搅拌、pH、搅拌方式等。

控制条件：温度 28℃，底物碳源浓度 2%，发酵周期 30h，通气量 0.25～0.6 VVM，空气流量 18～30m^3/h，接种量 2%，搅拌转速 100～130r/min。

设备配套：空气过滤系统及发酵系统图 10-13：0.5m^3/min 空气压缩机，200L 种子罐，2000L 发酵罐；过滤浓缩提取系统图 10-14：0.25μm 陶瓷膜，8000MW 有机膜及 500MW 反渗透膜组合浓缩系统（福建厦门三达膜科技有限公司）；1800L×6 提取罐；洗涤干燥装置；沉淀剂蒸发回收装置。

图 10-13　2000L 中试发酵罐（配 200L 种子罐及空气过滤系统）（彩图请扫封底二维码）

图 10-14　2000L 中试膜浓缩系统（彩图请扫封底二维码）

10.5.2　结果

10.5.2.1　2000L 中试罐的发酵动态分析

操作流程：试管种→摇瓶种→种罐种→发酵罐→膜浓缩→提取→干燥→产品。

在优化了通气量、搅拌转速、加料方式以后，针对恒定 pH 进行试验时，从发酵开始 3h 后每隔 1h 取样一次进行 pH 的测定和调整(用 2.5mol/L NaOH 溶液)。从 6h 开始 pH 的调整，15h 结束。在综合指标（生长、干重、还原糖及相对絮凝率，每隔 6h 取样一次）的取样时间点，如果与 pH 取样调整点重合，则先取样后再调 pH。数据如表 10-45 所示。

表 10-45　pH 的变化（调整）动态

发酵时间/h	3	4	5	6	7	8	9	10	11	12	13	14
pH	6.97	6.74	5.69	5.59	5.66	5.67	5.74	5.24	5.27	5.70	5.81	5.88
发酵时间/h	15	16	17	18	19	20	21	22	23	24	25	
pH	6.05	6.07	6.15	6.28	6.38	6.40	6.43	6.43	6.40	6.40	6.40	

从 6h 开始生酸幅度加大，开始进行 pH 调整，到第 15 小时时生酸幅度明显降低，已达预期值，故中止 pH 调整。实际上，在停止调整 pH 后，发酵液 pH 缓慢上升，继而稳定。数据如表 10-46 所示。

表 10-46　调整 pH 的发酵动态

发酵时间/h	6	12	18	24	30
生长（OD_{660}）	2.085	3.870	4.230	4.611	4.935
RS（OD_{550}）/%	0.541	0.161	0.119	0.094	0.074
多糖 DW/%	0.65	0.76	0.87	0.90	0.91
FR/%	89.76	92.34	95.98	96.10	94.88

注：RS. 还原糖；FR. 絮凝率；DW. 干重。

由表 10-46 可以明显看出，调 pH 培养 24h 可使培养体系中絮凝活性的积累达到最高。与自然 pH 的分批补料培养相比，培养周期短近 6h。图 10-15 为中试产品（发酵原液、5 倍膜浓缩液和经乙醇沉淀、乙醇洗涤、离心、干燥、粉碎的固体粉状产品）。

10.5.2.2　下游条件对微生物絮凝剂提取收率的影响

在优化的条件下，控制好菌体生长与代谢的碳氮比、温度、通气量、接种比例及培养周期等参数，能够使多糖生物絮凝剂在培养体系中获得最大量的生物合成。进一步来说，在上游发酵工艺过程培养完成后，研究发现既能满足产品保持生物功能性又能获得最大收率的下游工艺条件仍显得十分重要。提取条件对于多糖生物絮凝剂的产业化有着根本的影响，其重要性仅次于菌种的选育及不亚于发酵条件和进程的控制。

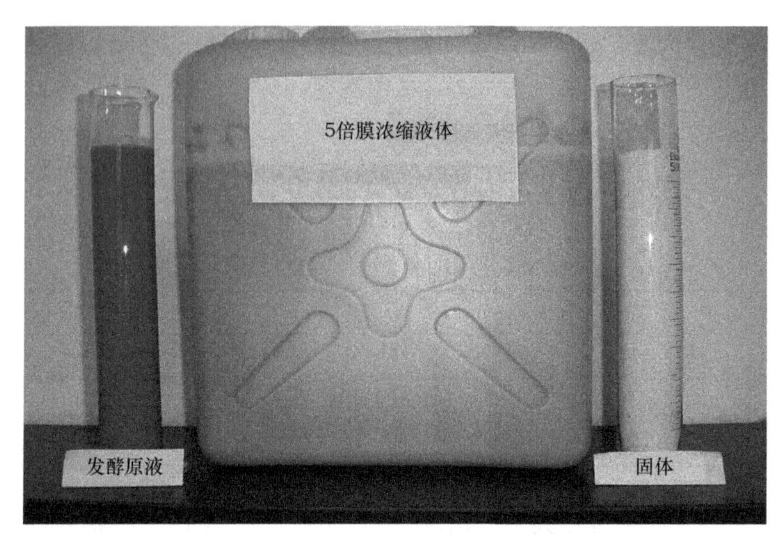

图 10-15 中试产品（彩图请扫封底二维码）

研究的微生物多糖生物絮凝剂，具有溶于水，不溶于甲醇、乙醇、丙酮、乙醚、氯仿、正丁醇、异戊醇等有机溶剂的特点。在低浓度的 NaCl 溶液中能与 CTAB 快速生成复合物沉淀，生成的 CTAB-多糖复合物在较高浓度 NaCl 存在下又具有解离的性质。为了发现提取条件对多糖生物絮凝剂物质提取收率的影响，试验分别对发酵液沉淀环境的 pH、有机溶剂的添加量及离子种类和离子强度对提取收率的影响进行了研究。

1）不同乙醇添加量对提取收率的影响

表 10-47 说明了 CTAB 纯化蛋白质多糖液添加不同倍数乙醇的提取收率情况。结果指出在 pH4.00 的条件下（发酵终了时发酵液的 pH 为 4.00 左右），蛋白质多糖提取收率随着乙醇添加倍数的增加而逐渐提高。

表 10-47 不同乙醇添加倍数对提取收率的影响*

乙醇倍数	1.60	1.80	2.00	2.20	2.40	2.60
沉淀重量/（g/100mL）	0.5281	0.5888	0.6251	0.6393	0.6527	0.6528
多糖提取收率/%	58.68	65.42	69.45	71.03	72.52	72.53

* CTAB 纯化蛋白质多糖液的 pH 为 4.00。

2）不同 pH 条件下的提取收率

表 10-48 指出，在酸性 pH 条件下随着 pH 的升高蛋白质多糖提取收率逐渐增加，在中性 pH 和碱性 pH 提取收率达到最高，并保持收率稳定。也就是说，中性或偏碱性的沉淀环境有利于发酵所形成的蛋白质多糖絮凝剂产物的提取，同体积的蛋白质多糖产物在 pH7.00 的条件下进行提取其蛋白质多糖絮凝剂的收率要比

在 pH4.00 的条件下提高 7.29%。pH 影响了蛋白质多糖絮凝剂物质的带电性质，在 H^+浓度越高的环境中稳定性越强；相反在 OH^-浓度越高的环境中，由于电性中和，降低了溶解性能，使其脱稳而沉淀的倾向加强。乙醇的加入改变了蛋白质多糖存在环境中的极性状况，沉淀的发生及沉淀的完全程度是环境极性与分子本身极性相互作用的结果。

表 10-48　不同 pH 条件对提取收率的影响

项目 \ pH	4.00	5.00	6.00	7.00	8.00	9.00
沉淀重量/（g/100mL）	0.585	0.612	0.623	0.631	0.631	0.631
多糖提取收率/%	73.03	76.40	77.77	78.78	78.78	78.78

3）不同无机金属阳离子浓度下的提取收率

由表 10-49 可以看出，所有试验的金属阳离子对蛋白质多糖絮凝剂的提取收率都有不同程度的提高。Fe^{3+}的影响是随着沉淀的增加，收率逐渐增加，效果最为明显，到 0.6mmol/L 时收率达到最高，即 99.75%，比对照提高收率 21.02%；Mn^{2+}在试验的浓度范围内均表现出正的影响，对收率的影响由低到高，然后趋于降低，在高峰浓度时比对照提高提取收率 15.07%；Ca^{2+}的影响比较平稳，0.3mmol/L 时使沉淀收率提高 9.99%；Al^{3+}在 0.3mmol/L 浓度时可使蛋白质多糖絮凝剂提取收率达到 96.53%，比对照提高 18.39%。

表 10-49　不同金属阳离子的不同浓度对提取收率的影响*

种类及项目 \ 金属阳离子浓度/（mmol/L）	0.1	0.2	0.3	0.4	0.5	0.6
$FeCl_3·6H_2O$ 的提取物重量/（g/100mL）	0.671	0.708	0.745	0.749	0.769	0.799
蛋白质多糖提取收率/%	83.77	88.39	93.01	93.51	96.00	99.75
$MnCl_2·4H_2O$ 的提取物重量/（g/100mL）	0.685	0.724	0.743	0.720	0.714	0.695
蛋白质多糖提取收率/%	85.52	90.39	92.76	89.89	89.14	86.77
$CaCl_2$ 的提取物重量/（g/100mL）	0.652	0.699	0.701	0.683	0.682	0.680
蛋白质多糖提取收率/%	86.39	86.77	87.52	85.27	85.14	84.89
$AlCl_3·6H_2O$ 的提取物重量/（g/100mL）	0.646	0.684	0.732	0.733	0.733	0.734
蛋白质多糖提取收率/%	80.65	85.39	96.53	91.51	91.51	91.64

* CTAB 液的 pH 为 7.00。

10.5.2.3　不同现场水质样品的絮凝处理效果

现场试验分别采取济南北部黄河水，东营自来水厂（黄河原水）一级泵水、水库水，济南市花园路生活污水，新泰市煤矿洗煤水，济南市污水处理二厂曝气处理后水样及煤井水样。对用生物絮凝剂絮凝后的絮凝率（FR）、浊度、SS、COD及铁、锰、铜、锌、镍、汞的含量，pH等进行了对比分析。

（1）黄河水的絮凝效果列于表10-50。

表10-50　黄河水的絮凝效果

指标	絮凝处理前	絮凝处理后	国家饮用水标准
浊度	1375	4.15	5
SS/（mg/L）	184	0	—
COD/（mg/L）	94.668	0	—
Fe/（mg/L）	15.16	0.0437	0.3
Mn/（mg/L）	4.42	0.0556	0.1
Cu/（mg/L）	0.2101	0	1.0
Zn/（mg/L）	0.5153	0.0323	1.0
Ni/（mg/L）	0.0191	0	0.05
Hg/（mg/L）	0.008	<0.002	0.001
FR/%	—	98.92	—
pH	7.86	7.84	6.5～8.5

从黄河水的絮凝效果看：絮凝非常显著。浊度降低99.7%；SS去除100%；COD去除率100%；Fe^{3+}的去除率99.7%；Mn^{2+}的去除率98.7%；Cu^{2+}的去除率100%；Zn^{2+}的去除率93.73%；Ni^{2+}的去除率为100%；Hg^{2+}的去除率为75%以上；FR为98.92%。图10-16为黄河水的生物絮凝效果。

图10-16　黄河水的絮凝效果（彩图请扫封底二维码）

（2）生活污水的絮凝效果列于表10-51。

表 10-51 生活污水的絮凝效果

指标	絮凝处理前	絮凝处理后	国家饮用水标准
浊度	7.5	5	5
SS/（mg/L）	—	0	—
COD/（mg/L）	568.512	37.044	—
Fe/（mg/L）	1.1131	0.0314	0.3
Mn/（mg/L）	0.048	0	0.1
Cu/（mg/L）	0.2067	0.0092	1.0
Zn/（mg/L）	0.2160	0.0102	1.0
Ni/（mg/L）	0.0553	0.0142	0.05
Hg/（mg/L）	0.0368	0.0025	0.001
FR/%	—	94.8	—
pH	7.26	7.83	6.5～8.5

由表 10-51 中结果可以看出，在絮凝处理后 COD 降低 93.5%；FR 为 94.8%；SS 去除率 100%；原水中的重金属 Fe^{3+}、Ni^{2+}和 Hg^{2+}不达国家饮用水标准，经絮凝处理后，去除率全部超过 74.3%。图 10-17 是生活污水的生物絮凝效果。

图 10-17 生活污水的絮凝效果（彩图请扫封底二维码）

（3）洗煤水的絮凝效果列于表 10-52。

表 10-52 洗煤水的絮凝效果

指标	絮凝处理前	絮凝处理后	国家饮用水标准
浊度	62.5	17.5	5
SS/（mg/L）	342	0	—
COD/（mg/L）	12 300	8.232	—
Fe/（mg/L）	14.84	0	0.3
Mn/（mg/L）	158.04	0	0.1
Cu/（mg/L）	0.322 7	0.129 1	1.0
Zn/（mg/L）	0.083 0	0.032 1	1.0
Ni/（mg/L）	0.083 0	0	0.05
Hg/（mg/L）	0.284 8	0.020 9	0.001
FR/%	—	97.65	—
pH	7.80	8.45	6.5～8.5

由表 10-52 可以看出，经絮凝后浊度降低 72%；SS 去除率 100%；COD 去除率大于 99%；对 Fe^{3+}、Mn^{2+}、Ni^{2+}的去除率大于 100%；但对 Cu^{2+}、Zn^{2+}的去除效果稍差，在 60%左右；FR 为 97.65%。图 10-18 显示的是洗煤水的絮凝效果。

图 10-18 洗煤水的絮凝效果（彩图请扫封底二维码）

（4）污水处理厂曝气处理后的废水的絮凝效果列于表 10-53。

表 10-53 污水处理厂曝气处理后的废水絮凝效果

指标	絮凝处理前	絮凝处理后	国家饮用水标准
浊度	17.5	11.67	5
SS/（mg/L）	0	0	—
COD/（mg/L）	24.696	20.16	—
Fe/（mg/L）	0	0	0.3
Mn/（mg/L）	0.035	0.02	0.1
Cu/（mg/L）	0.0056	0	1.0
Zn/（mg/L）	0.0160	0.0064	1.0
Ni/（mg/L）	0.0702	0	0.05
Hg/（mg/L）	0.0053	0.0025	0.001
FR/%	—	94.8	—
pH	8.97	7.89	6.5～8.5

由表 10-53 中的数据可以看出，污水处理厂曝气处理后的废水经微生物絮凝剂絮凝后，SS、Fe、Cu、Ni 的去除率为 100%；Mn 的去除率为 42.9%；COD 和浊度去除率不是太高，分别为 18.4%和 33.3%；FR 为 94.8%。

（5）对煤矿矿井水的絮凝效果列于表 10-54。

表 10-54　煤矿矿井水的絮凝效果

指标	絮凝处理前	絮凝处理后	国家饮用水标准
浊度	23.3	5.83	5
SS/（mg/L）	0	0	—
COD/（mg/L）	78.204	4.116	—
Fe/（mg/L）	0	0.0641	0
Mn/（mg/L）	0.035	0.385	0.055
Cu/（mg/L）	0.0056	0	0
Zn/（mg/L）	0.0160	0.0122	0.0029
Ni/（mg/L）	0.0404	0	0.05
Hg/（mg/L）	0.0139	—	0.001
FR/%	—	—	—
pH	7.80	8.11	6.5～8.5

由表 10-54 中的数据可以看出，经过对煤矿矿井水的微生物絮凝剂絮凝处理后，SS、Cu、Ni 去除率为 100%；浊度和 COD 去除率分别达到 75.0%和 97.4%；其他指标去除率不理想或没测。

（6）小球藻养殖液的絮凝处理效果

图 10-19 展示的是用 LF16 微生物絮凝剂对小球藻养殖液的絮凝回收效果。

图 10-19　LF16 微生物多糖絮凝剂絮凝回收藻液照片（彩图请扫封底二维码）

藻类生物量被认为是平衡全球对食物、饲料、生物燃料和化学生产的持续需求的最有保障的原材料[19,20]。微藻具有明显的生长速率、高脂、碳水化合物产量和蛋白质、维生素等生物化学物质，微藻的培养也可以纳入不同的环境生物修复方案[21~23]。然而，不管这些优点如何，最主要的挑战在于微藻培养物收集时的脱水，因为它们细胞浓度低，尺寸小，表面电荷是负电荷。目前，生物絮凝技术被认为是一种可以降低微藻脱水成本的有发展潜力的技术。目前所报道的大多数生物絮凝微藻的研究都还局限于实验室规模。本研究用 LF16 微生物絮凝剂对微藻的絮凝回收进行了扩大规模的 80L 中试试验。絮凝前微藻悬浮物呈现均匀的深绿色，絮凝后絮凝容器底部可见絮体（图 10-19）。当微藻细胞生物质浓度为 0.8g/L 时，沉降时间 1min 左右，絮凝率可达 99%以上，沉降时间 10min 后，絮凝率保持不变。在絮凝后容器底部则可看到一层深绿色（絮体）的沉积。

试验结果证明了作者研制的生物絮凝剂适用于规模化微藻的絮凝收获。操作过程只需配置带有混合装置的絮凝池，现场操作可以显著降低生物絮凝的工艺成本。由于微生物絮凝剂独特的优势，如高效率、无毒无害，所以生物絮凝法是一种有价值的微藻收获方法，能够有效解决微藻回收成本高的瓶颈问题，可用于藻类生物燃料的生产环节，创造成本效益。

10.5.3 总结

本节对微生物多糖絮凝剂生产的发酵中试工艺、下游优化提取、与化学絮凝剂的效果对比、与某些已报道生物絮凝剂生产参数对比和实地取样进行了效果试验。2000L 中试动态分析证明：pH 恒定培养中，24h 时可使培养体系中多糖物质及絮凝活性达到最高，即 0.90%和 96.1%，与自然 pH 的分批补料相比，周期缩短 6h。下游条件优化研究表明：当对起始碳源浓度为 1.8%的发酵液进行乙醇沉淀提取时，合适的乙醇添加倍数为 2.4，发酵液最适沉淀 pH 为 7.00。另外，研究所用的无机金属阳离子对沉淀收率均有显著的影响，其影响顺序为 $Fe^{3+}>Al^{3+}>Mn^{2+}>Ca^{2+}$，其中 Fe^{3+}的影响最为突出，在 0.6mmol/L 浓度时使蛋白质多糖絮凝剂收率达到最高，即 99.75%，比对照提高收率 21.02%。从黄河水的絮凝效果看：絮凝非常显著，浊度降低 99.7%；SS 的去除率为 100%；COD 的去除率为 100%；Fe^{3+}的去除率为 99.7%；Mn^{2+}的去除率为 98.7%；Cu^{2+}的去除率为 100%；Zn^{2+}的去除率为 91.8%；Ni^{2+}的去除率为 100%；Hg^{2+}的去除率为 75%以上；FR 为 98.92%。由生活污水絮凝结果可以看出，在絮凝处理后 COD 降低 93.5%；FR 为 94.8%；SS 去除率 100%；原水中的重金属 Fe^{3+}、Ni^{2+}和 Hg^{2+}不达国家饮用水标准，经絮凝处理后，去除率全部超过 90%。洗煤水经絮凝后浊度降低 72%；SS 去除率 100%；COD 去除率大于 99%；对 Fe^{3+}、Mn^{2+}、Ni^{2+}的去除率大于 100%；但对 Cu^{2+}、Zn^{2+}的去除效果稍差，在 60%左右；FR 为 97.65%。把研制的微生物絮凝剂用于藻液细胞回收扩大规模研究，当藻液生物量浓度为 0.8g/L 时，加入生物絮凝剂沉降 1min 左右，絮凝率可达 99%以上，这为解决微藻无毒、高效回收提供了有效的技术方案，展现了广阔前景。对现场水样的处理成本只为 0.2～0.325 元/t。经与化学同类产品比较发现，研究的微生物絮凝剂每吨水的用量只有 4g 左右，对高岭土悬液的絮凝率高达 98.9%。与已报道的微生物絮凝剂研究所用的菌种、培养周期、产率、培养基主体部分等进行综合比较可以看出，无论在培养基组成（淀粉、硫酸铵）、培养周期（1 天）、产率（6.66g/L），还是大分子量（3.8×10^6Da）上，由 *Arthrobacrer* sp. LF-Tou2 产生的微生物絮凝剂都处于较高水平。

参 考 文 献

[1] 栾兴社. 节杆菌 LF-Tou2 的分离和产生生物絮凝剂的特征研究. 济南: 山东大学, 2005, 200220219.

[2] Nwodo U U, Green E, Mabinya L V, et al. Bioflocculant production by a consortium of Streptomyces and *Cellulomonas* species and media optimization via surface response model. Colloids Surf B Biointerfaces, 2014, 116: 257-264.

[3] Kurane R, Toeda K, Takeda K, et al. Culture cnditions for production of microbial flocculant by *Rhodococcus erythropolis*. Agric Biol Chem, 1986, 50(9): 2309-2313.

[4] Dubis M. Colometric method for determination of sugar and related substance. Anal Chem, 1965, 28(3): 350-365.

[5] Reese E T, Mandels M. β-Glucanases other than cellulase. Methods in Enzyme. New York: Academic Press, 1963: 139.

[6] Lee S L, Chen W C. Optimization of medium composition for the production of glucosyltransferase by Aspergillus-Niger with response-surface methodology. Enzyme and Microbial Technology, 1997, 21: 436-440.

[7] 东秀珠, 蔡妙英. 常见细菌系统鉴定手册. 北京: 科学出版社, 2001: 349-419.

[8] 奥斯伯 F, 布伦特 R, 金斯顿 R E, 等. 现代生物技术译从: 精编分子生物实验指南. 颜子颖, 王海林译. 北京: 科学出版社, 2001: 39-40.

[9] 国家环保总局. 水和废水检测分析方法(第四版). 北京: 中国环境科学出版社, 2002.

[10] Tao L, Wang X, Song G, et al. Preparation of pure chitosan film using ternary solvents and its super absorbency. Carbohydr Polym, 2017, 170: 182-189.

[11] Pathak M, Sarma H K, Bhattacharyya K G, et al. Characterization of a novel polymeric bioflocculant produced from bacterial utilization of n-hexadecane and its application in removal of heavy metals. Front Microbiol, 2017, 7: 1-15.

[12] Yang R, Li H, Huang M, et al. A review on chitosan-based flocculants and their applications in watertreatment. Water Res, 2016b, 95: 59-89.

[13] 谭周进, 谢达平, 王征, 等. 蜜环菌多糖分离纯化及性质的研究. 食品科学, 2002, 9: 49-53.

[14] Zhang C, Wang X, Wang Y, et al. Synergistic effect and mechanisms of compound bioflocculant and $AlCl_3$ salts on enhancing Chlorella regularis harvesting. Appl Microbiol Biotechnol, 2016, 100: 5656-5660.

[15] Subudhi S, Bisht V, Batta N, et al. Purification and characterization of exopolysaccharide

bioflocculant produced by heavy metal resistant *Achromobacter xylosoxidans*. Carbohydr Polym, 2016, 137: 441-451.
[16] 张维杰. 糖复合物生化技术研究. 杭州: 浙江大学出版社, 1997: 8.
[17] 耿越, 王暖波, 李海燕. 花粉多糖组分的高效毛细管电泳分析. 山东科学, 2001, 4: 10-13.
[18] 萧能赓, 余瑞元, 袁明秀, 等. 生物化学实验原理和方法(第二版). 北京: 北京大学出版社, 2005: 271-277.
[19] Vandamme D, Foubert I, Muylaert K. Flocculation as a low-cost method for harvesting microalgae for bulk biomass production. Trends Biotechnol, 2013, 31(4): 233-239.
[20] Foley J A, Ramankutty N, Brauman K A, et al. Effects of corridor networks on plant species composition and diversity in an intensive agriculture landscape. Nature, 2011, 478(7369): 337-342.
[21] Wijffels R H, Barbosa M J. Comprehensive evaluation of algal biofuel production: experimental and target results. Science, 2010, 329(5993): 796-799.
[22] Chisti Y. Biodiesel from microalgae beats bioethanol. Trends Biotechnol, 2008, 26(3): 126-131.
[23] Posten C, Schaub G. Microalgae and terrestrial biomass as source of fuels a process review. J Biotechnol, 2009, 142(1): 64-69.

回顾与展望

作者经过二十几年的倾心研究，使两株微生物絮凝剂高产菌的相关科学事实基本得以清晰。当初发现节杆菌 LF-Tou2 时，它在含有一般微生物难以利用的有机污染物平板上能够快速生长，且伴随生长大量分泌黏稠物质，深入试验发现其具有强有力的絮凝活性。把分离的菌株移植培养时看到，用接种针挑起拉起的细丝竟长达 7cm，以至于在操作黏上这一培养物的器皿时很难抓牢。在进行絮凝条件的研究中发现，对样品最好的絮凝效果是絮凝沉淀样品上清液 OD 值比自来水还要小，更加光泽清澈。因为培养的多糖生物絮凝剂不但絮凝去除了体系中的悬浮颗粒，同时还吸附了水中原有的矿物成分。每每这种外观现象的出现，都会使追求深入的目标更加明确。微生物絮凝剂产生菌克雷伯氏杆菌 LDX1-1 是在典型的真菌培养基上发现的，是作者在分离产生胞外甘油氧化酶的菌种时偶然的遇见，培养 2 天菌落直径竟然达到了 17mm, 具备了极快的生长和代谢速度。培养时，发酵周期只有 26h，发酵液拉丝达到了 60cm。菌苔在水中如棉团，像云卷云舒。后来又发现，在它生存环境中的松树提取物能够有力激活生物絮凝剂的产生，使转化率明显增加。当然，由这两个菌株制备的多糖生物絮凝剂产品的絮凝效率已进入世界一流行列。创新主要在三点：发酵周期短、产量高和使用效率高。能够形成特殊代谢产物的微生物一定具有特殊的代谢功能，生理性状是代谢结构的外在表现，黏度（不是稠度）大是优良生物絮凝剂的重要物理参数。

生物絮凝剂是一种无毒、对环境友好、剪切稳定的絮凝剂，与有机合成絮凝剂相比，其对浊度、悬浮物、色素和染料的去除能力普遍较强。它们的使用并未造成环境和健康问题。多糖生物絮凝剂在各种工业操作中的应用表明，这些絮凝剂在生物加工、水和废水处理等工业中对提高产品质量和生产效率有着巨大的潜力。

目前，对生物絮凝剂的研究在世界范围内已形成了庞大的技术群体，发现的菌种数量越来越多，絮凝剂产物的成分、结构、合成途径、絮凝机制及功能等愈加清晰。生物絮凝剂的研究已成为生命科学与技术的世界前沿，用无毒高效、具有成本效益的生物絮凝剂作为化学合成絮凝剂的替代品已成为科技工作者努力奋斗的方向。

在生物絮凝剂的众多成员中，微生物絮凝剂的生产更具优势，可以建立生产的细胞工厂，实现生产的规模化、自动化、清洁化。微生物絮凝剂生产条件温和，下游提取技术效率高，生产所采用的原料为生物质——光合作用的产物，可以说微生物絮凝剂是支持可持续发展取之不尽的绿色自然资源。

世界各国都把环境的无害化治理作为国策。中国也把微生物絮凝剂的研究列入国家科技攻关和要鼓励发展的产品结构目录，并由此形成新兴环保与生物高新技术产业。化学合成絮凝剂的限制使用也给微生物絮凝剂的发展提供了空间。

下一步的研究方向，应深入研究微生物絮凝剂生产的生物合成途径，从而提高生物絮凝剂的产量和生产率；探索新的发酵方式和进行发酵条件大范围优化，以提高产品的功能性；开发合适的、温和的提取方法，以提高絮凝剂的纯度和效率；进一步的研究生产不依赖阳离子的生物絮凝剂，以增加应用范围和降低絮凝成本。相信不久的将来，具有优良生物属性的生物絮凝剂会以广泛的可用性和经济的使用成本面向发展中的各个领域。